绿水青山的国家战略、生态技术及经济学

Lucid Water and Lush Mountains: China's National Strategy, Eco-Technology and Economics

王　浩　李文华　李百炼
吕永龙　伍业钢　严晋跃　**编著**
侯立安　俞孔坚　傅伯杰

江苏凤凰科学技术出版社

《绿水青山的国家战略、生态技术及经济学》编写组

编著（按姓氏笔画排序）

王　浩　李文华　李百炼　吕永龙　伍业钢
严晋跃　侯立安　俞孔坚　傅伯杰

参编（按姓氏笔画排序）

马　鑫　马　静　方　进　王海花　白甲林
孙雪峰　乔梦颖　许　梦　刘某承　朱　兵
朱永楠　李　政　张世丹　张建生　陈炯炯
陈晓辉　幸益民　金韩燕　周　熹　姜　楠
胡　鹏　钟建林　唐克旺　徐　菁　柴淼瑞
郭展婷　湖　晨　傅　汕　蒋　超　董黎明

序一

“绿水青山”是绿色发展、生态发展之国家战略

王浩、业钢、晋跃、百炼等九位院士专家的合力之作《绿水青山的国家战略、生态技术及经济学》一书即将付梓，嘱我为之作序，实感诚惶诚恐。感于与他们数十年的兄弟情谊，却之不恭，恭敬不如从命。

2017 年 5 月 27 日是全国科技工作者日，由中国科学技术协会海智计划领导小组办公室（简称中国科协海智办）和浙江省科学技术协会发起，浙江省科协和浙江日报报业集团主办，由浙江省科技馆和网易公司联合承办了“绿水青山就是金山银山”报告会，邀请李百炼院士在习近平总书记“绿水青山就是金山银山”这一科学论断的发源地浙江省安吉县余村作了主题为“未来新经济：人与自然和谐的生态发展”的报告。网易公司做了网上现场直播，点播人次一度超过了 120 万。为了满足大众对“绿水青山就是金山银山”这一科学论断的关注和推动国家的绿色发展，9 月 23—29 日中国科协海智办和浙江省科协又共同发起了“绿水青山就是金山银山”院士专家报告会，邀请了王浩、李文华、倪晋仁、严晋跃、侯立安、吕永龙、俞孔坚、李百炼、傅伯杰、伍业钢共 10 位海内外院士专家学者，先后在杭州、湖州、温州作了系列巡回演讲。报告会结束后，诸位院士专家学者按照各自专业研究领域分别贡献文章，由伍业钢博士及其团队编撰成书。

本书是这些生态环保领域的院士专家数年来科学研究探索的智慧结晶，从水生态治理技术、生态保育与生态发展、未来能源系统、水安全保障技术的创新发展、美丽乡村建设、绿色发展和生态城市建设路径、“生态中国和美丽中国”建设、生态技术与商业模式、可持续发展、生态系统的服务价值与功能、绿水青山的经济学等方面，对“绿水青山就是金山银山”这一科学论断如何指导中国的经济发展和生态保护作了详细阐述和论证，并结合他们多年研究与探索的成果和经验，提出了许多建议。

党的十九大报告提出，人与自然是生命共同体，人类必须尊重自然、顺应自然、保护自然。我们要建设的现代化是人与自然和谐共生的现代化，既要创造更多物质财富和精神财富以满足人民日益增长的美好生活需要，也要提供更多优质生态产品以满足人民日益增长的优美生态环境需要。要实行最严格的生态环境保护制度，形成绿色发展方式和生活方式，坚定地走生产发展、生活富裕、生态良好的文明发展道路，建设美丽中国，为人民创造良好生产生活环境，为全球生态安全做出贡献。

本书的出版，正逢其时，必将使广大读者从中受益。海内外院士专家积极参加中国科协海智计划，为国家的生态环保事业呕心沥血、鞠躬尽瘁，多有建言献策，可钦可佩。让我们勠力同心，携手共进，为中国的美丽和美丽的中国贡献力量！

是为序。

中国科学技术协会国际联络部部长、海智计划领导小组办公室主任

张建生

序二

照着“绿水青山就是金山银山”这条路走下去

浙江省湖州市安吉县余村，位于天目山北麓，因天目山余脉、余岭及余村坞而得名。村庄三面环山，余村溪自西向东绕村而过。

2005 年 8 月 15 日，时任浙江省委书记的习近平来到安吉县调研，实地考察了这里。他走田头、访农户，与镇村干部面对面座谈。结合当时浙江省大力推进生态省建设工作和在各地进行的实践工作，习近平在余村首次阐释了“绿水青山就是金山银山”的科学论断：

“生态资源是这里最可宝贵的资源，应该说安吉你们都强烈地感受到，今后真正地、扎扎实实地走一条生态立县的道路。既然要生态立县，总是有所为有所不为，而不是说什么都看着好，什么都要。不要以环境为代价去推动经济增长，因为这样的经济增长不是发展。反过来讲，就是为了使我们留下最美好的、最可宝贵的，我们也要有所不为。也可能现在会牺牲一些增长速度，所以我讲到，凤凰涅槃，浴火重生，脱胎换骨。长三角有多少游客啊，逆城市化过程中，你们这里更是一块宝地。因为经济发展到一定程度以后，5000 美金以后逆城市化会更加明显。就是人们不住在城市了，要住在农村，要住在郊区了。那到哪里合适呢？你看你这里，我看有两小时交通圈吧，到杭州一个小时，到上海两个小时，到苏州两个小时，两小时交通圈，整个长三角这里这个位置。我们现在在说建设生态省，推进‘八八战略’，建设生态省，建设节约型社会，推行循环经济，对湖州来讲是个必由之路，也是一个康庄大道。一定不要说再想着走老路，还是迷恋着过去的那种发展模式。所以刚才你们讲了下决心停掉一些矿山，这个都是高明之举，绿水青山就是金山银山。我们过去讲了，既要绿水青山又要金山银山，实际上绿水青山就是金山银山，本身它有它的这种含金量。我感觉到安吉，从安吉的名字我想到和谐社会的建设，我想到人与自然的和谐，我想到经济发展的转变。坚定不移地走下去，有所得有所失，熊掌和鱼不可兼得的时候，要知道放弃，要知道选择。总的我感觉在安吉，能够感受到一种和谐的氛围，人与自然的和谐，人与人的和谐。”

2017年9月26日，中国科协海智办副主任方进（左六）与海智专家严晋跃院士（左七）、伍业钢博士（右六）在浙江省科协的带领下参观习近平“绿水青山就是金山银山”科学论断的发源地——湖州市安吉县余村

九天后，从安吉县余村考察归来的习近平在2005年8月24日出版的《浙江日报》头版“之江新语”专栏，用笔名“哲欣”发表了评论文章《绿水青山也是金山银山》。他指出：浙江省“七山一水两分田”，许多地方“绿水逶迤去，青山相向开”，拥有良好的生态优势。如果能够把这些生态环境优势转化为生态农业、生态工业、生态旅游等生态经济的优势，那么绿水青山也就变成了金山银山。

十年来，余村坚持绿色发展的理念，重新编制了发展规划，把全村划分为生态旅游区、美丽宜居区和田园观光区三个区块，将村民生活、生产与发展的空间做了合理布局。十年间，余村的生活垃圾收集在分类的基础上实现了“不落地收集”，污水处理率从30%提高到95%，绿化面积从 1 万平方米增加到 10 万平方米。与此同时，村集体经济总收入从 2005 年的 91 万元增加到 2015 年的 375 万元，村民年人均收入从 8732 元增加到 32990 元。2016 年上半年，余村的各项指标依然扬起美丽的曲线。这样的曲线，正是“绿水青山就是金山银山”这一科学论断在基层的生动实践。而这样的实践，从余村出发，荡漾出千层涟漪，正在让安吉、让湖州、让之江大地的绿水青山源源不断地变成金山银山。

十年来，浙江坚持一张蓝图绘到底，一茬接着一茬干，从“绿色浙江”到“生态浙江”，再到“两美浙江”，从“千村示范、万村整治”，到当下的“五水共治”“三改一拆”“四边三化”，体现了浙江省对走“绿水青山就是金山银山”发展之路坚定不移的决心和敢于实践的担当。我们牢记习总书记的谆谆嘱托，按照省委、省政府的决策部署，探索走出了一条生态美、产业兴、百姓富的可持续发展路子。

十年来，湖州先后开展了污染减排、重污染高能耗行业整治、农村环境连片整治、“五水共治”、“三改一拆”、“四边三化”、矿山综合治理等专项行动，使湖州的天更蓝、水更净、山更青，城乡更美丽。市控以上Ⅱ～Ⅲ类水质断面比例达 96.4%，入太湖水连续 8 年保持Ⅲ类水以上，农村生活污水治理规划保留自然村实现全覆盖；矿山企业从 612 家削减到 56 家，年开采量从 1.64 亿吨下降到 0.73 亿吨；近三年全市完成“三改”6383 万平方米、“拆违”3312 万平方米；十年完成造林更新 2.28 万公顷，2015 年全市森林覆盖率达 51.4%，其中平原林木覆盖率达 27%，居全省前列。

十年来，以“凤凰涅槃”的决心，实施企业“关、停、并、转”，打好腾笼换鸟、机器换人、空间换地、电商换市等转型升级组合拳，淘汰落后产能，倒逼转型升级。累计关停低小散、落后产能企业 1900 多家；蓄电池行业“脱胎换骨”，企业数量由 225 家减少到 16 家，产值增加了 14 倍，税收增长了 6 倍。

大力推进“生态 +”绿色发展，加快构筑生态农业为基础、新型工业为支撑、现代服务业为引领的现代产业体系。做好生态工业的文章，湖州重点培育“4+3+*N*”的现代产业新体系。信息经济、高端装备、休闲旅游、健康产业等重点主导产业加快形成规模，美妆时尚、地理信息、智能汽车等新增长点正在蓄势发力。2005—2015 年，规模以上工业增加值年均增长 13%，规模以上工业利税年均增长 16%。

做好生态旅游的文章，把湖州作为一个全域景区来打造，乡村旅游呈现爆发式增长，形成了“洋式 + 中式”“生态 + 文化”“景区 + 农家”“农庄 + 游购”四大模式和十大乡村旅游集聚示范区，走出一条由“农家乐”到“乡村游”，到“乡村度假”，再到“乡村生活”的湖州模式，成为百姓致富的一条绝佳路径。2015 年，湖州市旅游人数、旅游收入分别占到全省的 13.2% 和 9.8%；旅游业增加值占全市生产总值比重达 7.6%，比 2005 年提高了 3.4 个百分点；接待乡村旅游人次 3218.1 万，经营收入达 64.8 亿元。

做好生态农业的文章，湖州推动农业向二、三产业的横向融合和涉农产业链的纵向延伸，建设国家生态循环农业示范市，连续三年农业现代化发展指数位列全省第一，成为全国第二个基本实现农业现代化的地级市。

十年间，湖州经济社会取得长足进步：地区生产总值从 2005 年的 639.42 亿元增加到 2015 年的 2084.26 亿元；财政收入从 74.24 亿元增加到 327.82 亿元；城镇居民、农村居民年人均可支配收入分别从 15375 元、7288 元增加到 42238 元、24410 元；城乡居民收入比为 1.73：1，是全国城乡差距最小的地区之一。

十年间，湖州先后获得国家卫生城市、国家园林城市、国家环保模范城市、中国优秀旅游城市、国家森林城市、国家历史文化名城、全国国土资源集约节约模范市、国家生态市等城市名片，成为“两山”重要思想的诞生地、美丽乡村建设的发源地、“生态 +”绿色发展的先行地、太湖流域的生态涵养地和全国首个地市级生态文明先行示范区。

十年的探索和实践，充分诠释了“绿水青山就是金山银山”不是靠山吃山消耗自然资源的“竭泽而渔”，也不是贫守青山无所作为，而是“经济强、百姓富”与“生态优、环境好”的辩证统一。

十年的探索和实践，充分证明了走“绿水青山就是金山银山”之路是一条康庄大道，坚定不移地照着这条路走下去，必将进一步引领湖州生态文明建设迈向更高水平、更高境界，为“两美浙江”、美丽中国建设做出新的更大贡献。

湖州市安吉县余村村民委员会

前言

非常感谢中国科协、浙江省科协、浙江省社会主义学院、杭州市临安区和余杭区政府、湖州市政府、温州市政府对我们举办这次“绿水青山就是金山银山”院士专家考察报告会给予的支持和指导。

中国科协海智办策划和组织了这次“绿水青山就是金山银山”院士专家考察报告会，邀请十余名国内外生态能源资源专业的院士专家参加了对杭州、湖州和温州的考察和报告会。院士专家们在湖州，认真研究了时任浙江省委书记的习近平于 2005 年 8 月 15 日来到安吉县调研考察时首次阐释的“绿水青山就是金山银山”的科学论断，并结合浙江省十年来对“绿水青山”理念的实践与“五水共治”的经验，作了系统的解读报告。

考察与思考：自 1978 年中国改革开放以来，一直倡导“发展是硬道理”。40 年来，中国的经济发展一枝独秀，同时也遇到了巨大的生态环境挑战。国家未来的发展需要有一个可持续发展战略，“中国梦”需要一个支撑未来 30 年发展的国家战略。十年前，习近平提出了“绿水青山就是金山银山”的科学论断。他指出：许多地方“绿水逶迤去，青山相向开”，拥有良好的生态优势。如果能够把这些生态环境优势转化为生态农业、生态工业、生态旅游等生态经济的优势，那么绿水青山也就变成了金山银山。十年来，余村坚持绿色发展的理念，余村的生活垃圾收集在分类的基础上实现了“不落地收集”，污水处理率从 30% 提高到 95%，绿化面积从 1 万平方米增加到 10 万平方米。与此同时，村集体经济总收入从 2005 年的 91 万元增加到 2015 年的 375 万元，村民年人均收入从 8732 元增加到 32990 元。这正是“绿水青山就是金山银山”科学论断的生动实践。

愿景与目标：“绿水青山就是金山银山”作为国家未来 30 年可持续发展战略，它不是一个权宜之计，也不仅是一个保护的概念，它是一个发展的概念，是一个可持续经济发展的概念。从“发展是硬道理” 这个阶段，中国的发展走过了 40 年，如今我们需要一个新的发展模式、新的经济模式和新的生活模式，还有新的经济增长模式。这个模式就是“绿水青山” 模式、绿色发展模式、生态发展模式、“生态 +”模式。这个发展模式是中国发展的 2.0 版，是一个新的台阶、新的版本、新的模式。

通过这次“绿水青山就是金山银山”院士专家考察报告会，院士专家们要告诉人们为什么湖州十年的道路是成功之路、可复制之路，为什么湖州可以作为践行“绿水青山就是金山银山”

理念的先行示范区，它的经验在哪里，它的战略意义在哪里，它有哪些操作是可实施的，我们提倡可实施、可复制、可引领、可示范的发展模式和发展经验。十年来，湖州先后开展了污染减排、重污染高能耗行业整治、农村环境连片整治、“五水共治”、“三改一拆”、“四边三化”、矿山综合治理等专项行动，使湖州的天更蓝、水更净、山更青，城乡更美丽。市控以上Ⅱ～Ⅲ类水质断面比例达 96.4%，入太湖水连续 8 年保持Ⅲ类水以上，农村生活污水治理规划保留自然村实现全覆盖；矿山企业从 612 家削减到 56 家，年开采量从 1.64 亿吨下降到 0.73 亿吨；近三年全市完成“三改”6383 万平方米、“拆违”3312 万平方米；十年完成造林更新 2.28 万公顷，2015 年全市森林覆盖率达 51.4%，其中平原林木覆盖率达 27%，居全省前列。我们觉得这就是实实在在的一个非常好的示范模式。它更具有可实施性，而且对国家发展的战略有更重大的意义，这应该是国家未来几十年的建设模式、未来的经济发展模式。

未来与设计：我们希望推动“绿水青山就是金山银山”的国家发展战略，我们需要有一个更高层次的顶层设计。当我们从 2018 年走到 2049 年，在中华人民共和国成立 100 周年的时候，我们国家的发展会是一张什么样的蓝图？这张蓝图决定我们国家的发展模式和经济模式，这也必然是“绿水青山就是金山银山”的蓝图。我们希望以湖州作为榜样和示范，给国家的发展提出一个建议，提供一个战略示范、一个可复制的模式。这张蓝图将提供一个全新的经济发展模式，一个新的经济增长的动力和引擎。而要做好这一蓝图的顶层设计，需要确立国家发展的战略，建立一支实实在在的团队，一支院士团队，一支专家团队，能够为湖州和全国的未来发展打造一个 2.0 版本甚至 3.0 版本的蓝图。毫无疑问，“绿水青山就是金山银山”的理念将引领这一蓝图的顶层设计。

解读与建议： 十年来，越来越多的人理解了“绿水青山就是金山银山”这个理念，这就是科学发展的理念，可持续发展的理念。它已经成为广大干部群众的共识，并被生动实践，而且作为执政理念被写入了中央的文件，上升为治国理政的基本方略和重要国策。在国家进入新的发展阶段、奋力实现“两个一百年”中国梦的今天，对进一步落实这一重要思想，进一步弘扬和传播生态文明理念，促进绿色发展和生态发展的历史新时期来说，我们这部“绿水青山就是金山银山”的院士专家报告论著意义非凡。我们就“绿水青山的国家战略、生态技术及经济学”做了全面的解读，其基本论点和建议如下：

（1）“绿水青山”的国家战略与水生态文明建设和海绵城市建设一脉相承，它是“经济建设、政治建设、文化建设、社会建设、生态文明建设”五位一体的建设目标和具体体现，它是未来国家经济的绿色发展、生态发展模式及理论基础。

（2）“绿水青山”核心是“水”，浙江的“五水共治”及全国的“水生态治理”是万亿元的新经济。推动 “绿水青山”，必须推动“水生态文明建设”和“海绵城市建设”；要关注水资源的合理利用和调配；要加大湿地建设，扩大水域面积，减少地表径流，促进雨水就地下渗，保护洪泛区面积，实现“一片天对应一片地”的水资源管理模式，以及落实“源头减排、过程阻断、末端治理”的水生态治理原则。

（3）“绿水青山”的本底是“青山”，必须竭尽全力搞好河山和矿山的生态修复，推行良好的生态补偿机制，保护好水源林、原始林、生境林、防护林，保护好生物多样性和基因库，保护好当地原始植物种和动物种，绿化城市，建设好城市森林公园、植物园。“绿水青山就是金山银山”，浙江省林下经济规模就有 826 亿元，所以要大力发展经济林和林下经济。

（4）清洁能源和未来能源系统是“绿水青山”的保障，40 年的经济发展，天然气和清洁能源的利用，绿了山头。但是，任何的能源都是有代价的。要保住“绿水青山”和生态宜居环境，就要进一步探索新能源的利用，实现智慧分布能源，系统节能，推行低碳生活模式，提高能源利用效率。

（5）“经济发展到一定程度以后，5000 美金以后逆城市化会更加明显。就是人们不住在城市了，要住在农村，要住在郊区了。”“绿水青山”与美丽乡村建设是一种内在联系的和必然的发展模式、经济模式、生活模式，也是新型城镇化、特色小镇建设的重要组成成分。建设美丽乡村就必须保得住“绿水青山”、留得住乡愁、护得住田园；要完善农村的基础设施建设，要保障农民的社会福利体制，要实现农业的商业化、产业化、庄园化和机械化。

（6）中国的发展必须走出一条“绿水青山”与绿色发展和生态城市建设的路径。要选择绿色发展和生态文明之路，走出一条城乡融合与生态现代化的新路子。要理解中国是一个生态极其脆弱、极其不平衡的国家——人口分布不均衡、水资源分布不均衡、土地资源分布不均衡、森林资源分布不均衡、环境容量不均衡、经济发展不均衡、人口结构不均衡等。因此，必须考虑以最小的资源消耗获得最大的社会经济和生态效应，应该尽可能地少排放对人体和环境有害的污染物质，要努力践行低碳生活，减少二氧化碳的排放，高瞻远瞩地从这些方面考量经济发展的指标。

（7）“绿水青山”与“生态中国和美丽中国”建设是一体的，水生态、水环境、水景观也是一体的。它提倡的是一种大尺度上的生态治理和景观建设，提倡在考虑环境容量的前提下的蓝线、绿线、红线的划分，提倡乡土和自然、城市融合，提倡水文化与水经济的融合，恢复自然，师法自然，回归自然。

（8）建设绿水青山的生态技术包括以水动力为基础、以水质（地表Ⅲ类水）为目标的水生态治理技术。它包括六大生态治理工程技术措施：河床三维坑塘水系系统，湿地岛屿的空间格局，效仿自然的跌水堰沉淀及曝氧，生态驳岸及土壤微生物，挺水植物、沉水植物、浮水植物系统的构建，原微生物激活素的投放。生态治理技术的本质是对水、对土壤、对地形、对植物的尊重。

（9）要不要“绿水青山”，要不要可持续发展，是关系到人类的生死存亡的大事。“绿水青山”与可持续发展关系到国家安全。事实上从第二次世界大战以后，70% 以上的战争都是因为生态环境资源的开发所导致的。有人曾做过一个未来战争形态的评估，得到的结论是认为全球气候变化、水资源短缺、能源危机及其他生态危机将导致战争，或者导致类似于战争的形态，其毁灭人类的数量将远超过去所有世界大战的人数总和。而且，未来战争及战争形态所带来的经济破坏的后果更严重。因此，中国的生态文明建设和“绿水青山”理念具有国家可持续发展和国家安全的重大意义。

（10）绿水青山的生态系统服务价值与功能比 GDP 要高。生态系统并非仅包括我们所说的“绿水青山”（森林、草地、湿地、河流、湖泊等），城市也是一个生态系统。自然生态系统给人类提供服务，这种服务是有价值的。这些价值可以分为三类，第一类是供给服务，比如生态系统给人类提供食物；第二种是调节服务，是看不见、摸不着的，但是它的价值更大，比如调节气候、调节洪水、减少疾病、控制污染都是生态系统给人类提供的调节服务；第三类是文化服务，人们欣赏美丽的自然景观，从中得到精神愉悦和身心放松，绿水青山可以陶冶情操。可以说，“绿水青山”的生态系统服务价值是人类可持续发展的基础。

（11）打造“绿水青山”的商业模式所推崇的首要一点，是与新型城镇化、特色小镇、美丽乡村、田园综合体、大健康、大旅游等国家战略的融合；其二是与国家 PPP、EPC 商业模式的融合；第三是与提高城市品质和提高土地价值的开发相融合。“绿水青山就是金山银山”将是新的经济增长点、新的经济发展引擎，它的核心价值是生态效益、经济效益和社会效益的统一。

（12）要实现“绿水青山”，解决今天的生态环境问题，就要改变现有的经济体系。要改变传统的“为经济而经济”的生产模式，要重现社会资本，修复自然资本，做大经济资本，使得生态系统服务价值和功能不断升值。生态经济学家认为，每投资自然环境 1 元，它的回报是 7.5～200 元。可见，投资“绿水青山”，就会有“金山银山”的回报，这就是绿水青山的经济学。

（13）浙江省的“五水共治”是落实“绿水青山”的具体行动。“五水共治”的核心是水质，推动“绿水青山”，必须实现从“消灭黑臭水体”，到“实现Ⅲ类水”，再到“绿水青山”的提升。同时，应该根据中国水环境容量，逐步提高污水处理厂尾水的达标标准（地表Ⅴ类水或Ⅳ类水标准），以有利于湿地的再净化，并把“雨水是资源”和防洪防旱防内涝融合到治水理念和生态技术方案之中，全面实现国家的生态安全和水质安全。

（14）“绿水青山”理念孕育产生在浙江这块热土，10 年的践行也为全国的“绿水青山”建设提供了可实施和复制的经验。为了中国的可持续发展和落实“绿水青山”的发展理念和发展模式，我们建议在全国推广“生态 +”的理念，打造“湖州践行‘绿水青山’理念先行示范市”，创立“绿水青山”发展基金，建立国家“绿水青山”指导委员会，设立各省“绿水青山”指导办公室。

显然，“绿水青山”理念内涵丰富，思想深刻，生动形象，意境深远，它不仅是对中国传统生态智慧的现代表达，也深刻地阐述了经济发展与生态保护及利用的统一，体现了在新的发展阶段中中国的发展理念和发展方式的深刻变革。“绿水青山”理念根植于实践，源于实践，又指导实践，引领实践。我们希望谨以此书献给未来中国的建设者，希望与他们一起共同开创中国可持续发展的明天，实现“绿水青山”的未来。

《绿水青山的国家战略、生态技术及经济学》编写组

2018 年 10 月

编著者简介

王浩

中国工程院院士，教授级高级工程师，流域水循环模拟与调控国家重点实验室主任，中国水利水电科学研究院水资源研究所名誉所长；兼任中国可持续发展研究会理事长、全球水伙伴中国委员会副主席、中国自然资源学会副理事长。

主要学术贡献：长期从事水文水资源研究，在流域水循环基础理论、水资源评价与规划方法、水资源调度与管理技术等方面取得突出成就。主编专著30余部，发表论文400余篇，主编国家和行业标准4项。获中国图书奖1次，获联合国全球人居环境奖1项，国家科学技术进步一等奖1项、二等奖7项，省部级特等、一等奖18项，其他科技奖励30余项；并获全国"先进工作者""全国优秀科技工作者""全国杰出专业技术人才"等国家级荣誉称号多次。

李文华

中国工程院院士，国际欧亚科学院院士；曾任中国生态学学会理事长、中国科学院地理科学与资源研究所研究员、自然与文化遗产研究中心主任等职务。率先将计算机技术应用到生物量的制图上，开拓了我国森林生物生产力的研究，为中国森林生态的保护和利用提供了理论基础；提出了青藏高原森林地理分布基本规律，为青藏高原森林生态的开发和保育奠定了科学基础；开辟了红壤丘陵地区生态系统研究领域，领导建立了千烟洲红壤丘陵试验站，开展以小流域为单元的农业生态工程；系统总结了农林复合经营的理论体系，提出了我国农林复合经营应用模式，推动了"九五""十五"中国生态农业县的发展；率先进行中国可持续发展的研究和实践，促进了我国生态系统服务和生态补偿领域的研究，并积极参与国家和地方生态建设工作。主编专著20余部，发表研究论文200余篇；主编有关资源、生态建设与环境保护、农业文化遗产等系列丛书40多卷。曾先后获得20余项国家和省部委奖励，在国内外获得多项荣誉称号，被国务院授予"为科学事业做出突出贡献的科学家"称号。

李百炼

美国人类生态研究院院士（IHE Fellow），美国科学促进会院士（AAAS Fellow），美国加利福尼亚大学生态学终身教授，俄罗斯科学院外籍院士；任国际生态与可持续发展研究中心主任，世界生态高峰理事会主席，美国农业部—中国科技部农业生态与可持续发展联合研究中心共同主任等。致力于世界生态环境科研30余年，创建了生态复杂性这一全新的生态学分支学科，是国际公认的从事理论生态学和生态复杂性建模的权威。《生态复杂性》（*Ecological Complexity*）创刊主编，《干旱区科学》（*Journal of Arid Land*）杂志联合创刊主编。在包括《自然》杂志（*Nature*）、《科学》杂志（*Science*）、《美国科学院院报》（*PNAS*）等国际权威性学术刊物发表了230多篇论文，并主编了5本学术著作。获2015普利高津金奖（Prigogine Gold Medal，该奖每年只表彰1位对世界生态学做出卓越贡献的科学家，他是全球第12位获奖人）。

吕永龙

发展中国家科学院院士，国家有突出贡献中青年专家；国际环境问题科学委员会（SCOPE）前主席，世界自然保护联盟（IUCN）科学顾问，联合国环境规划署（UNEP）国际专家组（IRP）成员，中国生态学学会副理事长，中国科技大学兼职教授等。

《科学》（*Science*）子刊《科学进展》（*Science Advances*）副主编，国际期刊《生态系统健康与可持续性》（*Ecosystem Health and Sustainability*）创刊主编，创建国际期刊《环境发展：SCOPE跨学科杂志》（*Environmental Development: Transdisciplinary Journal of SCOPE*）并任副主编，《生态学报》责任副主编。长期从事城市与区域可持续发展的生态学和新型污染物的区域生态效应与环境管理对策研究。在《科学》杂志、《自然》杂志等核心刊物上发表论文260多篇，主编中英文专著16部。获中国科学院科技进步二、三等奖、中国科学院优秀导师奖、国家科技进步二等奖、SCOPE杰出成就奖、绿色设计国际贡献奖等多项荣誉。

伍业钢

北京博大生态城市规划设计院院长，国际生态城市建设理事会秘书长，联合国“未来地球计划”中国委员会委员，中国科协第八届全国委员和海智专家。国际期刊《生态过程》（*Ecological Processes*）创刊执行主编（2011—2016）。30余年来，主导和参与了美国三大流域生态修复和三大国家公园的科学研究、数据分析、模拟模型、规划设计、工程可研、修复管理等工作；开创地理信息系统（GIS）在生态学空间数据分析和模拟的应用；近年来，参与和指导了中国一百多个城市的矿山、湿地、水系、海绵城市、特色小镇、美丽乡村等方面的生态规划或修复治理。发表中英文论著多部、论文60余篇，参与主编《现代生态学》《大坝对生态和环境的影响》《生态复杂性与生态学未来之展望》《生态学未来之展望：挑战、对策、战略》《海绵城市设计：理念、技术、案例》《生态城市设计：中国新型城镇化的生态学解读》等论著。

严晋跃

欧洲科学与艺术院院士，任瑞典皇家理工学院和梅拉达伦大学教授、未来能源中心主任，国际应用能源技术创新研究院院长，国家“千人计划”特聘专家，教育部“长江学者”特聘教授等。长期在可再生能源技术与低碳技术、能源系统集成与优化、碳捕集利用与封存和碳贸易、先进发电技术与相变储能、能源高效利用等领域中进行研究。国际能源期刊《应用能源》（*Applied Energy*）主编，《能源持续》（*Energy Procedia*）顾问主编。在《科学》杂志、《自然气候变化》杂志（*Nature Climate Change*）等权威学术刊物上发表论文300余篇，主编权威工具书《清洁能源系统手册》（6卷，*Handbook of Clean Energy Systems*）。获联合国环境规划署支持的可持续城市与人居环境奖等荣誉。

侯立安

中国工程院院士，环境工程专家，工学博士，教授，博士生导师，现任火箭军后勤科学技术研究所所长，兼任中央联系专家，教育部高等学校环境科学与工程类专业教学指导委员会副主任委员，中国环境科学学会顾问等。长期致力于环境科学与工程领域的基础研究，从事工程设计和技术管理工作；在饮用水安全保障、分散点源生活污水处理和人居环境空气净化等方面，率先提出并成功研发了具有自主知识产权的水处理及空气净化技术和系列装备，取得多项突破性成果和富有创造性的成就。主编专著 5 部，编写国家军用标准 5 项，发表学术论文 300 余篇。获国家科技进步奖 6 项，军队、省部级科技进步奖和教学成果奖 26 项，国家专利 31 项；荣立一等功 1 次、三等功 4 次；曾获中国科协“求是”杰出青年奖、全军首届杰出专业技术人才奖、全国科普工作先进工作者和全国优秀科技工作者。

俞孔坚

美国艺术与科学院院士，美国哈佛大学设计学博士，意大利罗马大学名誉博士，教育部“长江学者”特聘教授，国家“千人计划”特聘专家，北京土人城市规划设计有限公司首席设计师，创办北京大学景观设计学研究院和北京大学建筑与景观设计学院。长期致力于通过生态途径进行城乡规划设计的科研和工程实践，系统发展和实践了基于生态安全和承载力的逆向规划途径，探索通过构建生态基础设施来综合解决城市内涝、水资源流失、水土污染、栖息地丧失及城市绿地使用等问题。主编专著 15 部。在 10 多个国家和中国 200 多个城市进行生态设计实践，其主持设计的工程以生态性和文化性赢得国际声誉，曾获 28 项国际重要奖项。

傅伯杰

中国科学院院士，发展中国家科学院院士，英国爱丁堡皇家学会外籍院士，中国科学院生态环境研究中心研究员、学术委员会主任，兼任中国科学院地学部主任，国际生态学会副主席，中国地理学会理事长等。主要从事自然地理学和景观生态学研究，在土地利用结构与生态过程、景观生态学和生态系统服务等方面取得了系统性创新成果。发表论文400余篇，其中在《科学》杂志、《自然地球科学》杂志（*Nature Geoscience*）、《自然气候变化》杂志等SCI收录刊物发表论文230余篇，主编专著12部。获国家自然科学二等奖、国家科技进步二等奖、中国科学院杰出科技成就奖和国际景观生态学会杰出贡献奖等多个奖项。

目录

1

绿水青山的国家战略与水生态治理技术

王 浩

2005年8月15日，时任浙江省委书记的习近平在湖州市安吉县余村首次阐释了“绿水青山就是金山银山”的重要思想。经过十余年的理论实践，“绿水青山就是金山银山”这一科学论断，成为树立生态文明观、引领中国走向绿色发展之路的理论之基。要实现“绿水青山就是金山银山”这一美好蓝图，当前最紧迫的工作就是要构建并严格执行好“三大红线”，这“三大红线”分别是生态功能保障的基线、环境质量安全的底线和自然资源利用的上限。坚持保护优先、自然恢复为主的方针，深入实施山水林田湖一体化生态保护和修复，牢筑国家生态安全屏障。

1.1 绿水青山的国家战略

首先，我们要理解一个问题：为什么说“绿水青山就是金山银山”。

2017 年 5 月 26 日，习近平在中央政治局第四十一次集体学习时的讲话中指出：人与自然是一种共生关系，对自然的伤害最终会伤及人类自身。只有尊重自然规律，才能有效防止在开发利用自然上走弯路……推动形成绿色发展方式和生活方式，是发展观的一场深刻革命，这就要坚持和贯彻新发展理念，正确处理经济发展与生态环境保护的关系……让良好的生态环境成为人民生活的增长点、成为经济社会持续健康发展的支撑点、成为展现我国良好形象的发力点，让中华大地天更蓝、山更绿、水更清、环境更优美。

“绿水青山就是金山银山”是习近平对科学发展观、可持续发展理念的进一步解读，是对绿色生产方式和生活方式的形象化表达，是对生态环境保护和经济社会发展辩证关系的高度凝练和概括，其内涵极为丰富。首先，它回答了我们需要什么样的发展观，这是如何处理人与自然关系的根本问题；第二，它指明了未来发展和努力的方向，即把生态文明建设摆在突出位置，努力实现经济社会发展和生态环境保护协同共进；第三，在行动上，它提供了破解我国当前及未来一段相当长的时期内一切发展问题、资源环境问题的途径。

生态环境保护与经济发展并不矛盾，只要在经济发展方式转变、环境污染综合治理、生态保护修复、资源集约利用、生态文明制度建设、绿色消费等方面下大力气，做好工作，就能够实现绿水青山就是金山银山（图 1.1）。

图1.1　浙江省湖州市余村树立起“绿水青山就是金山银山”的石碑

那么，“绿水青山就是金山银山”为什么会成为国家战略，来指导中国接下来的国家建设和发展？

我国当前面临的生态退化、环境污染、资源利用等问题严峻，生态文明建设的任务依然繁重艰巨。这可以从几个方面数据体现出来，一是坡面生态退化直接影响了经济社会发展，全国水土流失面积占陆域国土面积的 31%，每年流失土壤总量达到 50 亿吨，流失土壤养分相当于 4000 万吨标准化肥，因水土流失导致土地生产力下降的耕地超过 3 亿亩，可利用天然草原 90% 存在不同程度退化，其中明显退化的接近 50%。二是污染物排放总量远高于环境容量，全国 32% 的河流和 11% 的湖泊污染物入河总量超出水功能区的纳污能力，造成全国 33% 的河流长度、55% 的湖泊面积、70% 的地下水监测井水质劣于Ⅲ类，地表水、地下水饮用水源地不达标率仍有 10.8% 和 13%，对人民群众饮水安全造成巨大影响。三是资源开发利用超出其承载力，以水资源为例，我国海河、黄河、辽河流域水资源开发利用率已分别达到 106%、82% 和 76%，北方平原区地下水平均开发利用率达 85%，其中河北、天津、河南、山西超过 100%，全国 23 个省区存在地下水超采，超采区面积达 30 万平方千米，平均每年超采地下水 170 亿立方米，造成地面沉降、地面塌陷、海水入侵、土地荒漠化等一系列问题，严重影响了人民群众正常生产和生活（图 1.2）。四是在此背景和形势下资源利用方式仍然粗放，单位国内生产总值能耗是世界平均水平的 2 倍多，水资源产出率仅为世界平均水平的 62%，人均城镇工矿用地 149 平方米，人均村庄用地 317 平方米，远超国家标准上限。

图1.2　2011 年鄱阳湖干旱见底

绿色发展不仅是发展观的一场深刻革命，也是生产方式、经济增长模式的深刻变革，它的影响将会渗透至社会生活的各个层面，因此需要一个长期的过程。正是因为任务的复杂性、长期性和艰巨性，所以必须将其上升为国家战略，从全局出发，统筹安排，协同推进。

“绿水青山就是金山银山”成为国家战略，将对中国的水资源保护、水环境治理产生怎样的影响呢?

前文提到了，以“绿水青山就是金山银山”为代表的绿色发展理念、绿色发展方式、绿色生活方式，将对中国未来发展产生极为深远的影响，这将是一场深刻的社会变革。对中国的水资源保护、水环境治理而言，其影响体现为:

第一，水资源保护、水环境治理从传统的部门工作上升为全社会共同参与、多部门通力合作的国家意志，在国家宏观调控中的地位与作用更加突出。目前在全国全面推行的“河长制”，就是一个很好的例子。

第二，从被动治理转变为主动应对。中国近年来高度重视水资源问题的合理应对和安全保障体系的建设，制定了国家水资源安全保障战略：水资源合理配置与安全供给、节水型社会建设、水生态环境保护与修复、水资源应急风险管理。国家明确提出了要实行最严格的水资源管理制度:用水总量控制制度、用水效率控制制度、水功能区限制纳污制度、管理责任与考核制度。同时，国家制定了三条考核水资源管理的红线：水资源开发控制红线、用水效率控制红线、入河湖排污总量控制红线。这三条红线针对水资源的三大问题——水资源的过度开发、缺水和浪费并存、水体与环境污染，对应水资源开发利用的三大环节——取水环节，用水环节，排水环节，涉及水资源管理的三大领域——水资源配置、水资源节约、水资源保护。这是最严格的水资源管理制度体系构架，包括目标体系、制度体系、考核体系，也包括保障和支撑体系。而习近平提出的“绿水青山就是金山银山”的科学论断为中国水资源的科学管理和利用提出了新的方向和理念，极大地丰富了中国水资源管理制度体系的内涵。

总之，可以比较乐观地说，“绿水青山就是金山银山”成为国家战略，将加速实现从政府到全社会的理念转变，促进中国的水资源保护、水环境治理工作向纵深发展（图 1.3）。

图1.3　湖州安吉竹海

“绿水青山就是金山银山”理论成为国家战略，将明确而坚定地指导中国未来几十年甚至数百年的国家发展和建设。根据中国现如今的国情，怎样才能更好地实现“绿水青山就是金山银山”这一美好蓝图呢？

要实现“绿水青山就是金山银山”这一美好蓝图，当前最紧迫的工作就是要构建并严格执行好“三大红线”，这“三大红线”分别是生态功能保障的基线、环境质量安全的底线和自然资源利用的上限。

构建生态功能保障的基线，就是要坚持保护优先、自然恢复为主的方针，深入实施山水林田湖一体化生态保护和修复，重点实施青藏高原、黄土高原、祁连山脉、大小兴安岭、京津冀水源涵养区、云贵高原等关系国家生态安全格局的生态修复工程，牢筑国家生态安全屏障，推进天然林保护、退耕还林还草、湿地保护恢复等重大生态工程，加强城市绿化和绿色基础设施建设。

构建环境质量安全的底线，就是要以大气、水、土壤污染等突出问题为重点，全面深化京津冀及周边地区、长三角、珠三角等重点区域大气污染联防联控；全面推行河长制，逐步消灭城市黑臭水体，严格控制七大重点流域常规与突发水环境风险，建立从水源到水龙头的全过程水质监管体系；推动化肥、农药使用量零增长，着力解决农产品质量和人居环境健康两大土壤污染突出问题。

构建自然资源利用的上限，就是要实行最严格的水资源管理和耕地保护制度，强化能源、水资源、建设用地的总量和强度双控制度，加快自然资源及其产品价格改革，完善资源有偿使用制度，健全自然资源资产管理体制，通过强化资源利用管理，倒逼经济发展方式转变。

1.2 绿水青山的水生态治理技术

近些年来，随着国家生态文明建设的迫切需要和科技体制的全面改革，通过自主创新、集成创新与引进消化吸收再创新相结合，生态环境保护修复的各类技术可以说层出不穷，并且日新月异。比较有代表性的包括以下几类技术：一是针对坡面山体的生态清洁小流域建设技术，通过构建生态修复、生态治理、生态保护三道防线，形成生态空间健康稳定、生活空间宜居适度、生产空间集约高效的生态清洁小流域，切实发挥山区水源涵养与水质保护功能（图 1.4）；二是各行业的清洁生产和节水减排技术，包括农业的“水—肥—药”一体化调控、各主要工业产业的源头减排技术等；三是高效的分布式生态型污水处理技术，目前我国大型污水处理厂（处理水量超过 10 万立方米 / 日）数量比例在 10% 左右，远高于发达国家（如德国仅占 3.5%），而通过建设高效的分布式生态型污水处理设施，出水水质能达到准Ⅳ类水，占地仅为传统污水处理厂的 1/10，且无臭气，无噪声，可与社区零距离接触，并有效降低废污水长距离运输能耗，减少管网系统建设与运行投资，适应性和灵活性强，值得大力推广；四是末端水体的原位生态修复技术，通过选择性激活水体中原有的能高效降解污染物的土著微生物，促进有益微生物的快速生长，并建立起“污染物—有益微生物—浮游动植物—小鱼小虾—大鱼”的完整食物链，在降解水体内污染物的同时形成良性健康的水生态系统，提高水体透明度，清理淤积底泥，配合相应的源头减排和过程阻断技术，形成完整的水污染防治和“绿水青山”保护治理技术体系。

图1.4　京津冀水源涵养区

我个人是做水文水资源研究的，从我的专业来看，要正确理解“绿水青山就是金山银山”，就得从全流域的视角进行解读。根据水体的赋存状态和汇流特征，一个完整的流域可以分为三大类型区域，分别是作为主要水源涵养区的山地产水区、作为主要用水区域的山前平原耗散区、河流湖泊等水体汇集区。要保护好绿水青山，并做到“绿水青山就是金山银山”，就需要分别把这三个区域的工作做好，并做好相互之间的衔接。

其中，青山重在保护，需要划定生态保护红线，禁止和限制人类活动影响，倡导和实行水土保持、水源涵养、绿色矿山与修复、生态种养等技术。人类活动的耗散区，则形成依附于自然水循环的“取—供—用—排—处理—回用”社会水循环过程，其重点在于建立水资源开发利用三条红线，严控取用水总量和污染物排放总量，建立水资源承载能力监测预警机制，在此边界条件下不断优化水资源配置，开展节水减污型社会建设，形成绿色生产生活方式。而在河湖等水资源的汇集区，则一方面需要开展河湖蓝线的划定和滩地、岸线等水域空间管控及生物栖息地保护，另一方面需要加强水利工程生态化建设和调度运行，强化河湖生态流量（水位）保护以及地下水水量水位双控，营造健康稳定的水生态系统。

1.2.1 水是生态系统的控制性要素

水是地球环境系统的基本构成要素，和气温、光照并列为三大非生物环境因子。水是影响生态系统平衡与演化的控制性因子，水分的状况决定着陆生生态系统的基本类型。水是水生生态系统的基本组成，其理化性质、动力条件决定着水生生态系统的状况。

水是生态系统的控制性要素，体现在两个方面。首先，水是影响生态系统平衡与演化的控制性因子，水分的状况决定陆生生态系统的基本类型。陆生生态从大类上分有四类，分别是湿地、森林、草原和荒漠（图 1.5 ~ 图 1.8），这四种格局基本的控制性要素就是水，水最多的时候表现为湿地的格局，湿地的水分少了退化为森林生态系统，森林生态系统的水分再减少退化为草原生态系统，草原生态系统的水分再减少退化为荒漠生态系统，反之亦然。荒漠生态系统随着水分的逐渐增多，可以不断演化净化。其次，水是生态系统与文明的关键性因子，水的演变是生态演变及社会发展的重要驱动力，水是生态文明建设的重要组成部分。随着人类活动影响的加深，自然水循环与社会水循环在循环通量上此消彼长，在循环过程上深度耦合，在循环功能上竞争融合，逐渐导致流域水循环内的各种失衡，产生了洪涝灾害、河流断流、黑臭水体、生态退化等一系列的水问题。例如，中国的石羊河流域从水生湿地生态系统逐渐转变为荒漠生态系统，中亚的咸海由于过度取水导致径流来源截断、河流堰塞及污染，昔日世界第四大湖即将消亡。而随着水生态系统消亡，人类社会和文明必将衰退或崩溃。

图1.5 湿地生态系统

图1.6 森林生态系统

图1.7 草原生态系统

图1.8 荒漠生态系统

1.2.2 治水实践的科学思辨

1）全球水问题的发展历程

随着人类的出现，人类文明先后经历了渔猎文明、游牧文明、农业文明等多个发展阶段，当前处在工业和城市文明阶段；工业文明正在从灰色文明向绿色文明过渡，将来定将向蓝色文明阶段发展。在农业文明初期及之前阶段，人类“逐水而居”，对水循环和生态的影响十分有限，水循环过程整体表现为天然水循环过程，水生态和水环境过程呈现出天然演替与演变状态，生态良好，水质优良。

随着以灌溉为代表的现代农业文明的发展，水循环过程由天然一元水循环过程向“自然—人工”二元水循环过程过渡。随着人类社会的快速发展，天然水循环通量与社会水循环通量此消彼长，过程上深度耦合，功能上竞争融合。尤其是进入到工业和城市文明阶段以来，人类水土资源开发活动在一定程度上挤占了生态需水和生态用地，水生态退化问题凸显。

伴随着水土资源的开发，污染物得以产生和迁移转化，并在水体中富集；部分水体超出其自净能力，水污染问题日渐严峻。我国现阶段出现的水污染问题，集中了欧美发达国家在过去百年工业化进程中不同阶段出现的全部水污染问题，治理任重道远。

与此同时，伴随着化石能源等能源的消耗，温室气体集中向大气排放，气候系统能量富集，水热特性发生改变，稳定性下降，原有自然变化节律被改变，一致性被打破，极端事件发生频率提高，水资源时空分布等自然属性及可控性等特征发生根本性变化。

人类过去面临的水问题，主要是供水不足、洪涝灾害以及水土流失河道淤积的问题。而现在的水问题，一方面是规模过大，资源有限，用水效率不高，体现为水资源短缺的问题；另一方面是水污染严重、河流黑臭的问题；第三是生态退化的问题，表现为生态水挤占及栖息地破坏。过去对传统水问题的解决方案是单纯依照自然水循环过程进行调控，而对现代的水循环来说，主要是对社会水循环调控，单纯地调控自然水循环已经显得力不从心。

2）产生水问题的根本症结

那么产生水问题的根本症结是什么？水问题不论其表现形式如何，都可归结为流域水循环分项或伴生过程导致的失衡问题。以增温为背景的气候变化和以竞争性用水、用地为特征的人类活动影响，水循环及其伴生过程中的多向反馈作用发生了显著变化，是水资源、水环境与水生态问题形成演化的共同根源。随着人类活动影响的加深，自然与社会水循环在循环通量上此消彼长，在循环过程上深度耦合，在循环功能上竞争融合，影响着自然生态系统和经济社会系统，产生了洪涝灾害、河道断流、黑臭水体、生态退化等一系列水问题。

3) 治水实践的科学思辨

当前水问题治理，存在两大突出问题。

首先是末端治理，又表现为空间上的末端治理和时间上的末端治理。像当前的洪涝防控，集中在位于产汇流末端的河道和平原低洼地区开展，且重点采用的是工程防控形式，未能从流域产汇流全过程的角度进行层层调控。当前的水污染防治，集中在位于社会水循环末端的排水环节，且重点采用的是“以能量攻击能量”的形式，未能从用耗水过程这一真正源头进行减排，亦未在用耗水工艺过程进行层层拦截。上述两类治理模式就是典型的空间末端治理。空间上的末端治理模式加重了处理单元的压力，风险难以得到有效控制或疏解，并加大了系统的外部不经济性。

其次是过程分离。完整的水循环过程包括“大气—地表—土壤—地下”等垂向过程、“坡面—河道”等水平过程和“取水—输水—用水—耗水—排水—再生处理与利用—回归”等社会水循环过程。当前，垂向水循环过程分属气象、水利、农业和国土等不同部门管理；现行针对坡面调节和河道调蓄的相关技术导则，未能进行有机衔接；社会水循环过程的管理权限更是分散在多个部门，且存在重复管理。在流域层面，上下游、左右岸往往进行分离式的水问题治理，步调不一，未能充分遵循流域水循环的完整性。与此同时，将水循环过程、水生态过程、水化学过程和水沙过程进行分离式管理，未能充分融合多过程间的多向反馈作用机制，也忽略了水循环是主循环和主驱动的客观事实，导致相关应对措施缺乏长效性。

1.2.3 治水理念指引与生态流域

我们认为引领治水实践有四大理念。首先是“两山”理论、绿色发展的理念，然后是生态文明的理念、以人为本的理念和科学决策的理念。

1) 治水理念

（1）“两山”理论、绿色发展的理念

2017 年 5 月 26 日，习近平总书记在中央政治局第四十一次集体学习时的讲话中指出：推动形成绿色发展方式和生活方式是贯彻新发展理念的必然要求。有什么样的生产方式，就有什么样的水资源利用方式，有什么样的产业结构，就有什么样的用水结构。因此，推动形成绿色发展方式和生活方式，是发展观的一场深刻革命，也是破解一切发展问题、资源环境问题的根本途径！

（2）生态文明的理念

尊重自然规律，本着生态学的基本原则，尽可能地减轻对水生态系统的干扰，全面严格规范人类的行为。

（3）以人为本的理念

遵循社会学基本原理，体现人的意愿，满足人的需求，保障人的安全，以提高人民福祉为目标。

（4）科学决策的理念

治水是一项复杂的系统性工作，必须在治理的顶层设计、规划、布局、技术手段、社会参与、专家知识、多学科联合等方面，全面制定科学合理的治理方案，使治水实践经得起时间和历史的考验。

2）生态流域

（1）概念及核心问题

生态流域建设就是以流域水循环多过程为主线，充分发挥流域对水循环的天然调节作用；规范人类水土资源开发活动，减少对自然水循环的扰动；优先布局绿色基础设施（林草地等）和蓝色基础设施（河流、湖泊、湿地等），优先利用土壤水库和地下水水库，合理布局地表灰色基础设施（水库、堤防、渠系、泵站、水井等）；融合现代信息技术的新进展，实现“地表—土壤—地下”多过程、“水量—水质—泥沙—水生态”的联合调控，最大限度地实现“去极值化”，系统解决水问题（图 1.9）。为此，需要充分发挥流域的自然调节能力，整体提升流域的综合调节性能，以应对水循环的“极值化”态势；治水需建设健全流域的综合服务功能，保育“山水林田湖”生命体功能，自然与社会相协调；多种水问题交织需进行水循环过程、水生态过程、水化学过程和水沙过程等多过程的综合调控。

生态流域建设的核心就是调控社会水循环过程，维持自然水循环与社会水循环的平衡，促进自然水循环和社会水循环融洽、互补。

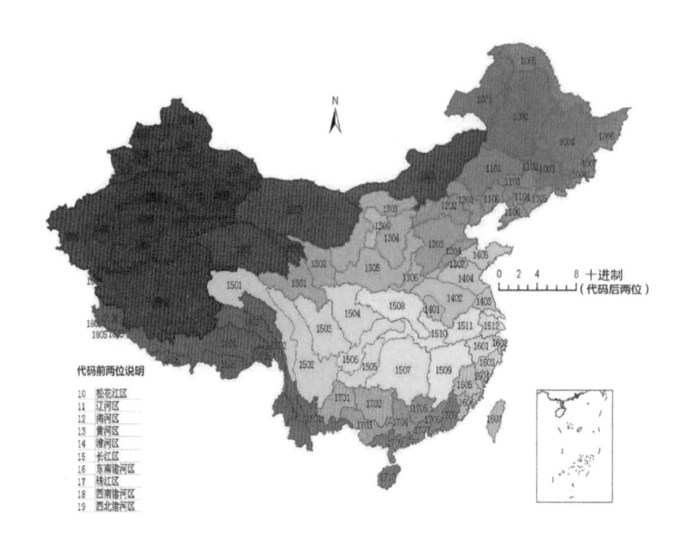

图1.9　中国水资源分区

图片来源：中国水利水电科学研究院；数据来源：水利部水利水电规划设计总院，2011

（2）科学内涵

水问题本质是水循环失衡，表现为洪涝、干旱和水污染等方面的问题，生态流域建设就是要通过一系列措施实现良性水循环，使水与人类社会相适应。其科学内涵从“水量、水质、雨水利用”概括为“洪涝海绵化、黑臭清洁化、雨水资源化”三方面。

一是洪涝海绵化：洪涝的自然属性是大量降雨径流难以排除导致泛滥和积水，社会属性是洪涝对生产生活产生影响而致灾（图 1.10）。因此，要减少洪涝灾害影响，核心就是要坦化并延缓洪峰极值，本质是要减少由洪水蓄积而对人类带来的损失。二是黑臭清洁化：水污染的来源主要分为农业污染、大气干湿沉降等面源污染和生活污水、工业污水等点源污染。我国水污染、水生态恶化现象十分严重，减少水污染、修复水生态是生态流域科学内涵的重要方面。三是雨水资源化：生态流域改变过去“入海为安”和“快速排干”的观念，将雨水视为资源，在不成灾的情况下，尽可能把更多的雨水滞留在当地，补充生态环境用水和社会经济用水。需注意，对于南北方、东西部、滨江滨海等不同类型应该区别对待，采取不同的雨水利用策略。

图1.10　雨季城市看海

（3）三大耦合平衡

从生态流域的三大科学内涵出发，其根本解决出路是在流域尺度和单元尺度实现三大耦合平衡：水量下泄与分散滞流平衡（洪水平衡），污染产生与削减平衡（污水平衡），雨水控制与利用平衡（用水平衡）。

洪水平衡：主要针对场次洪水尺度，指洪水量与洪水泛滥量、流域立体多层次滞蓄水量、湖库调蓄量及河道行洪量等水量之间的平衡。

污水平衡：主要指多种途径、类型的污染物产生和累积量与多种途径的减污和纳污量相平衡。

用水平衡：主要是针对长系列降雨尺度，指生态环境和社会经济用水量中的缺水量，能够由雨水资源量满足的部分与城市雨水资源化控制量相平衡。

（4）三大设计原则

生态流域的三大设计原则是：流域统筹、单元控制和系统均衡。

流域统筹原则：流域是水问题治理的基本单元，要以干支流统筹、上下游统筹、水陆统筹、城乡统筹、河湖统筹等为原则。

单元控制原则：将流域分解成若干小流域，形成几十上百个单元，每个单元采用分散式生态治理模式，尽可能做到污染物的产生和削减平衡，做到每个单元守土有责，每个单元都不给下游留麻烦。实现单元控制的核心思想是“一片天对一片地”，即当地降雨，就地消纳；污染平衡，系统耦合。

系统均衡原则：每个流域单元治理的条件和成本不一样，流域治理需从经济、社会、生态、环境、技术等方面综合考虑，就像动车组一样，均衡用力，使得治理的总成本最小，总效益最大。

（5）三大治理体系

流域根据土地利用类型，可以划分为自然斑块、农田斑块、城市斑块，相应地，生态流域建设分为生态保护体系、海绵田和海绵城市三大治理体系。

相对生态流域来说，海绵城市建设（图 1.11）是“点”尺度的调控，海绵田建设是“斑块”尺度的调控。在生态流域建设中，将充分遵循水循环“大气—地表—土壤—地下”过程的基本规律，通过地表绿色基础设施、灰色基础设施、土壤水库和地下水库的优化配置与联合调度，进行水循环的“去极值”（削减洪峰、以丰补枯）和多过程（减水、减沙、减污染）的协同调控。生态流域充分吸收“清洁小流域”“海绵田”和“海绵城市”建设的精髓，以流域为基本单元，进行面尺度的立体调控。

图1.11　海绵城市景观

（6）三大基本途径

根据生态流域的三大内涵，要实现生态流域三大平衡，需要采取三类基本措施，即建设防洪排涝体系、污染控制体系和雨水利用体系，在“一片天对一片地”核心思想的指导下，贯彻和遵循系统均衡的原则，统筹安排，优化布设。

防洪排涝体系：要实现“洪水平衡”达到“水量上削峰”的目的，可以通过增加流域立面蓄滞量、湖库调蓄量和河道行洪量，通过“上拦、中蓄、下泄”和“源头控制、过程调节、末端排放”等途径来实现。

污染控制体系：水污染控污体系建设整体上应遵循“源头减排、过程阻断、末端治理”的总体原则。源头减排，即采用清洁生产技术与工艺，调整产业结构与产品结构，减少污染物的产生。过程阻断，即构筑闭路循环系统，实现再生水利用、营养物质的循环利用，阻断污染物进入水体的过程。末端治理，即污水的物理、化学与生物处理，污泥处置与物质利用，水生态系统修复。

雨水利用体系：推进雨洪资源化利用，需建设完备的雨水利用体系（图 1.12）。处理好雨水资源与用水需求在时间、空间、水量和水质上的匹配性，按需用水，确保安全。

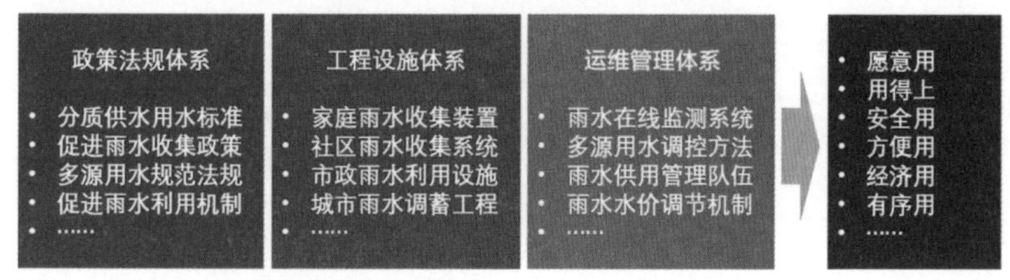

图1.12　城市雨水利用体系建设基本框架

（7）八个层次目标

生态流域治理要实现八个层次的目标，即水安全、水资源、水环境、水生态、水景观、水文化、水管理和水经济。

实现这八个层次的目标，归结起来就是要调整自然水循环和社会水循环二者之间的协调程度，重点是治理社会水循环。第八个国际水文十年（2013—2022 年）的主题是变化中的水循环，把调控的重点放在人的自律性发展与可持续发展上，重点调控社会水循环。调控社会水循环有两个要点，第一要拼命节水，提高用水效率，尽可能少地从自然水循环取水，减少对自然水循环的干扰；第二是拼命治污，尽可能把用水产生的污水少向自然水循环排放。

1.2.4　科技创新引领生态流域建设

我们强调生态治水要推动形成绿色发展方式和生活方式，顺应经济发展规律和自然规律，发挥科学技术的引领作用。分布式生态型污水处理技术、PGPR 原位生态修复技术、纳米气泡曝气技术、污（淤）泥资源化利用技术、新型管材如粉煤灰及废塑料资源化有效利用，这些都会对浙江的“五水共治”做出实质性的贡献。

① 分布式生态型污水处理技术的优势是降低长距离运输能耗，减少管网系统建设与运行投资，适应性和灵活性强，技术易于更新换代，生态化，总结为“四少、两好、两省、两易”。“四少”即占地少、能耗少、噪声少、臭味少，“两好”即出水水质好、感官好，“两省”即投资省、运行维护费用省，“两易”即选址落地容易、出水容易利用。

② PGPR 原位生态修复技术，是指第 3 代原位生态修复技术，利用生物激活酶，激活水体中的微生物。水体里有几百种微生物，具有潜在的可以降解总磷氨氮和 COD 的有 300 种左右，其中有几十种降解效率更高。制备能激活这几十种高效降解微生物的活性酶并放入培养箱中，将自然水体引入培养箱，大量激活水里原本就有的土著微生物。

被激活的微生物在新陈代谢过程中，大量释放氧气，使水里的氧气含量从近乎为零增加到 10% 以上，浮游生物、底栖生物、鱼类数量增加 20% 以上，自主重建动物系统。微生物不但能降解水中污染物，还能降解底泥厌氧菌包膜，使厌氧菌停止释放产生黑臭的甲烷。包膜被土著微生物降解以后，底泥露出本色，或为黄壤，或为红壤。

其中原位微生物修复技术具有三个方面的优势：一是露出土壤颗粒，水草可以扎根，光合作用可以持续；二是露出本色颗粒后，使鱼类有了产卵场所，动物系统也有了栖息地，动物系统也可持续；三是黑色包膜被降解后，底泥里的有机物含量急剧下降，清淤工程量大量减少，相当于是生物清淤，极大降低工程清淤成本。物质不灭，水里的总磷总氮变成了颗粒态，工程清淤可以清理，总氮分解生成氧气，一部分释放到空气中，一部分通过鱼类带出水体，最终使黑臭河流变清。

③ 纳米气泡曝气技术的原理：一是纳米气泡拥有超强的气体溶解能力，气泡中的溶解氧浓度可达到饱和浓度以上，且气泡衰减期长。二是在水环境治理中，纳米气泡为水体修复系统提供了高浓度的活性氧化剂，参与氧化分解反应，有效降低生化需氧量（BOD_5）、重铬酸盐指数（COD_{Cr}）、氨氮、总磷和粪大肠菌群等在水体中的含量，提高了水体含氧量，同时，使有机淤泥也得到氧化和分解，从而使水体异味消除，水色得到优化，水质和透明度得到提高。

④ 污（淤）泥资源化利用技术，通过脱水设备将底泥固化，将底泥再生砌块可以用于护坡、挡墙及路面铺砌等。

⑤ 新型管材（图 1.13），将固体废弃物（粉煤灰）与有机废弃物（废塑料）进行有效合成，转变成有价值的产品生产装备和各种含粉煤灰的塑料制品，实现废弃物的资源化有效利用，降低环境污染，极大降低产品制造成本。

图1.13 新型管材——大口径低压输水管材

生态文明是人类文明发展的一个崭新阶段，是人、自然（水、土、气、生态等）、社会和谐发展而取得的物质与精神成果的总和。生态流域重点关注“人—水—生态”的相互关系与协同进化。生态流域建设不是回到原始状态，而是在新的发展阶段，运用绿色发展理念和生活方式，探索创新技术，实现健康、和谐、高效的“新的生态平衡”和绿水青山（图 1.14）。

图1.14 生态平衡的绿水青山

1.3 政府和科学家对“绿水青山”的责任

1.3.1 政府对“绿水青山”的责任

一是构建科学适度有序的国土空间布局体系；二是要建立绿色循环低碳发展的产业体系；三是要构建约束和激励并存的生态文明制度体系；四是要营造政府、企业、公众共同参与共同治理的绿色行动体系。

1.3.2 科学家对“绿水青山”的责任

科学家在“绿水青山”国家战略中的责任，我认为需要从其扮演的社会角色中进行探讨。

首先，探索未知领域，不断创新是科学研究的永恒主题。科技工作者应面向国家需求，挖掘重大基础科学问题，丰富完善基础理论体系。以水文水资源领域为例，目前仍有许多基础科学问题需要解决，比如如何建立与绿色发展方式、绿色生活方式相适应的全新的资源环境经济核算体系和核算方法，在国家建立资源环境承载能力监测预警机制中如何科学确定资源环境的承载能力，发现其科学机理、研发承载确定技术等方面，都存在许多空白，因而难以对有关工作提供有力支撑。

其次，在实践应用方面，一是要在各类政策、规划、方案的制定过程中切实发挥好专家作用，找准问题，厘清思路，做好规划和布局；二是要创新资源保护、污染防治和生态修复的各类关键技术，提供问题的优化解决方案，并加以推广应用，加速科技成果的转化；三是要充分利用现代信息技术，建立完善与绿色发展方式、绿色生活方式相适应的高效完备的信息化体系，包括资源环境监测体系、预警机制、智慧流域、智慧城市等大数据平台，确保各项工作推进中有抓手、有依据，充分发挥科技支撑的引领作用。

最后，要积极履行社会责任，发挥好科普作用，增强社会公众对资源环境保护的基本认识和相关知识。

1.4 对浙江省“五水共治”的认识与建议

1）认识浙江省“五水共治”行动

浙江省“五水共治”把污水、洪水、涝水、供水、节水这五项统筹起来进行综合管理，开创性探索了我国水利工作的新模式，取得了很多好经验，对其他省市开展水利工作具有较好的借鉴价值。浙江的实践也证明，这种治水模式是有效和成功的，使水资源管理的科学性和行政效率得到了提高，是国家有关发展战略的具体实践。

2）“五水共治”的核心

浙江省“五水共治”要想取得好的效果，核心是“共”字。实际上，污水、洪水、涝水、供水、节水各方面的工作其实都有相应的部门和单位在做，但这五方面没有足够的统筹，没有形成合力。

治污水的人对雨污合流、初期雨水的面污染、不考虑清洁生产的供水等问题无计可施；防洪除涝的部门不考虑雨洪资源的合理利用，一味地排，尽快地排；节水也缺乏与供水的对接和呼应，节水与治污也经常脱节；供水方面更受水源污染、用水浪费、“跑冒滴漏”等问题的困扰。

因此，“五水共治”的精髓实际上是统筹五方面的涉水事务，大家共同做好水文章。“共”的内涵主要有如下几方面：

一是要系统规划综合管理。以前防洪规划就考虑防洪安全，供水仅考虑找清洁水源。“五水共治”的核心工作是五方面统筹起来，综合管理，五个方面相互有明确而紧密的接口和呼应关系，而不是各自为战，相互割裂，如防洪要考虑洪水资源化问题。

二是行业管理上要形成治水合力，不能各自为政。目前正在全面推进的河长制，就是要打破行业壁垒，在河长的带领下，各部门各负其责，形成保护河流的行政合力。“五水共治”是实施河长制的基础。

三是政府和社会共治。治水是一项公益性事业，政府部门在治水方面要发挥主导作用，但社会各阶层都涉及其中，没有社会各方面的积极呼应，治水难度和阻力大，治水效能会大打折扣，有时社会参与甚至关系到方案的成败。

3）“五水共治”政策在执行中会面临的困难

浙江省相关部门会有更切身的体会。会存在很多困难，主要包括：

一是科学技术的支撑方面。既然“五水共治”的核心是“共”，如何体现这个“共”的精髓，真正实现综合管理是执行面临的技术难题。国家提出过一张蓝图、多规合一等，都是和“共”的内涵一致的。但在技术方面还存在一些障碍，比如说如何遵循水循环的规律，以水循环为主线，把治污、节水、供水等环节放在社会经济水循环中综合考虑，实现高效、清洁用水，这就是需要科学计算和分析的。防洪、水资源变化、除涝与城市化等也是水资源在人类影响下的自然循环过程，也需要科学分析和计算，把不利影响降到最低，同时充分挖掘有利因素。

二是行政方面的协作问题。对于水资源综合管理我国曾做过很多尝试，也开展了一些研究。但从实际效果来看，并不是很理想。核心问题还是涉水部门之间相互割裂，协作机制不建立。以水库汛限水位为例，绝大多数水库几十年的汛限水位一个数，防洪部门迟迟不进行调整。现在的雨洪预报能力已经比几十年前提高很多，完全可以根据气象雨情等及时调整防洪调度方案，最大限度地利用水资源。没有部门之间的有效协作，“五水共治”就是空谈。

另外，信息相互封闭，不能有效共享。这些管理体制和机制问题一直阻碍着我国水资源综合管理制度的推进。

4）“绿水青山就是金山银山”指导浙江省“五水共治”

“绿水青山就是金山银山”是习近平总书记对科学发展观、可持续发展理念的进一步解读，是对绿色生产方式和生活方式的形象化表达，是对生态环境保护和经济社会发展辩证关系的高度凝练和概括，其内涵极为丰富。首先，它回答了我们需要什么样的发展观，这是如何处理人与自然关系的根本问题。第二，它指明了未来发展和努力的方向，即把生态文明建设摆在突出位置，努力实现经济社会发展和生态环境保护协同共进。第三，在行动上，它提供了破解我国当前及未来一段相当长的时期内一切发展问题、资源环境问题的途径。

生态环境保护与经济发展并不矛盾，只要在经济发展方式转变、环境污染综合治理、生态保护修复、资源集约利用、生态文明制度建设、绿色消费等方面下大力气，做好工作，就能够实现“绿水青山就是金山银山”。

浙江是“两山”重要思想的发源地、诞生地。治水始终是浙江生态文明建设中的重点，虽然不同时期治水的表述方式有所不同，但治水的主线是一脉相承的。从 2002 年时任浙江省委书记的习近平同志提出绿色浙江建设，到生态浙江、美丽浙江建设，每一个阶段都有不同的工作目标。需要强调的是，浙江省在生态文明建设中，不仅凭借雄厚的经济实力加大水治理投资，更是在生态文明制度建设、体制机制上下大力气，进行制度创新。

从 2014 年开始实施的“五水共治”行动已经取得了显著成效，希望未来浙江在如何将绿水青山变成金山银山上做文章，在促进经济转型升级等方面积极探索，继续成为生态文明制度创新的排头兵。

5）将“五水共治”这一决策落到实处，而不是空谈

前面提出的科学技术、管理体制机制、信息共享、社会参与四方面都扎扎实实地做好，就能把“五水共治”落到实处。除此之外，经济机制也很重要，即解决资金问题。“五水共治”中大部分是公益性事业，政府应统筹考虑财政问题、社会资金问题等，通过 PPP、BOT 等模式，为“五水共治”提供资金保障。

6）“五水共治”在浙江省内的不同区域或流域的差异性

“五水共治”是一个整体，全省一盘棋。浙江省在“五水共治”行动中，制定了“五水共治，治污先行”的工作思路，将全省的首要工作任务定位在“治污水”，我认为是抓住了重点、抓住了要害。但另一方面，浙江省的区域差异显著，全省地形自西南向东北呈阶梯状倾斜，西南以山地为主，中部以丘陵为主，东北部是低平的冲积平原。区域内水网密布，湖泊众多，在水资源分区上跨长江流域和东南诸河两个一级区。总体的水资源特点是：降水和河川径流的地区分布不均，水土资源组合很不平衡，80% 的水资源分布在山区，而经济发达、人口集中的平原和滨海地区不到 20%；降水及河川径流的年内分配集中，年际变化大；河川源短流急，丰枯相差悬殊；水污染日趋严重，大部分平原河网地区的江河污染仍在发展，城市饮用水普遍受到威胁。浙江省区情不同、水情不同，工作侧重点也就不同，需要因地制宜，因水制宜。比如在山区，需要加强对水源地的保护，以水源涵养为重点；在经济发达的平原区，要以节水、治污水、防洪除涝为重点；在沿海和岛屿，要以防御台风、风暴潮、近岸海域生态保护、供水安全为重点等。这样才能保证全省的工作统筹协调，共同推进，有的放矢，取得实效。

7）“五水共治”对全国的示范意义

2014年，习近平总书记提出了“节水优先、空间均衡、系统治理、两手发力”的十六字治水方针，要求树立系统治水的理念，用系统方法统筹治水。浙江省的“五水共治”，就是对十六字治水方针的具体实践和行动。它打破了单一治水的传统模式，将原本分散于各部门的职能进行整合，将具有高度关联性的治污、防洪、除涝、供水、节水统筹协调，将原本由各个部门负责的业务化工作，提升到全社会的统一行动。这种制度创新，通过协调生产关系，激发制度活力，节约了成本，提高了效率，起到事半功倍的效果。此外，浙江省在我国水权、水市场建设方面都积极践行，走在了全国的前列。虽然治水实践、治水效果具有地区差异性，但是浙江“五水共治”所形成的制度体系和在市场制度方面的探索，对于全国水生态文明建设具有可借鉴、可学习、可推广的示范意义。

2

论绿水青山的生态保育与生态发展战略

李文华

绿水青山与生态系统服务的价值相关。粗略估计，如果没有这个生态系统的 17 种服务功能，或者生态系统受到破坏，人类每年需要用折合人民币 33 万亿元的资金来补偿和修复它所带来的损失，相当于全球各国 GDP 总和的 1.8 倍，这个数字足以说明生态系统的价值和重要性。绿水青山还与生物多样性有关，生物多样性关系到国家生态安全，是生态系统服务功能和生态系统阈值的红线。中国经济的高速发展使得生态足迹、生态赤字扩大，生态系统难以持续，虽然中国地大物博，但是，我们却面临发展导致资源耗竭的危机。

2.1 全球生态环境的问题

习近平十年前提出了“既要金山银山又要绿水青山，绿水青山就是金山银山”的理念，这是一个非常简练生动的现代发展的比喻。习近平为浙江省在发展经济的同时又保存了生态优美的自然环境而感到兴奋与欣慰。“绿水青山就是金山银山”总结了现在科学领域对生态系统服务的认识，也从全球的高度看到了环境和生态的问题，同时是结合中国的实际情况所提出的绿色发展、生态发展的新思路和新理念。

生态系统和生态群系的分布如图 2.1 所示。生态群系是生物和周围环境的相互联系，这是人类认识和研究世界生态采用的最基本依据。当这些群系联系起来就成为生物地带，我们称作生物群居。从宏观上可以得出一个结论，整个群系分布在自然条件的基础上形成，既有一定规律又带有改变。这种改变在人类干涉之前，是按照气候条件形成。当人类出现以后，人类在一定条件下主导环境变化，当人类影响全球的时候，环境发生了巨大的变化，这个变化有好的方面和一些人类没有预料到的方面。现在，人类的创造力比过去强很多，在《我们共同的未来》一书中有这样的话：“20 世纪创造的财富，超过人类历史总和，21 世纪预计增长 5 ~ 10 倍。”而目前的发展已超过了这个趋势，发展过程中超强的破坏力，对资源的消耗和环境的冲击与对地球的破坏已超出自然平衡的能力。经济全球化带来的环境的全球化以及气候变化等问题使我们焦虑和担心，这些问题正在不断暴露和加剧。

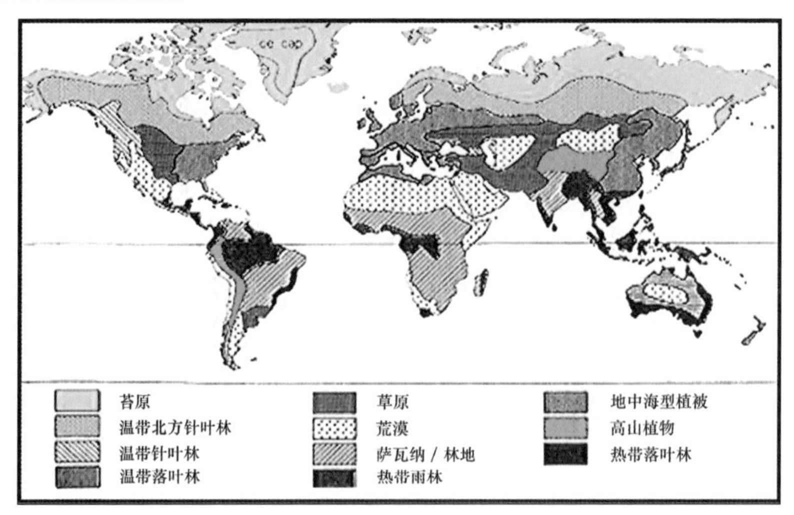

图2.1　世界生态系统（群系）分布

图片来源：中国数字科技馆；数据来源：联合国环境规划署，2007

在资源的消耗和生态足迹方面（生态足迹是指消耗自然资源和吸纳人们产生的废弃物所需要的地球空间），从图 2.2 可以看出，中国的人均消耗并不是特别多，但由于大量的人口使得中国在地球上消耗的资源总量很多。美国科学院在 2002 年做了一个估计：“发达国家为了继续高消费，发展中国家为了生存，正在消耗大量的地球资源。在 1980 年前后第一次超过了地球的再生能力，在 1999 年时，上述需求已超过了地球这一能力的 20%。人类在消耗地球的自然资本，以满足自己过度的需要。”与此同时，地球的人口在不断增长，农业用地与森林总量在不断减少，而人类其他的一些活动也在增加，导致二氧化碳增多以及生物多样性的减少及消失。人们可以感知到气候的变化，这种变化不只是极端的高温与低温问题，还有异常气候逐年增多等问题。各个方面都显示出整个自然界正在发生变化。虽然有自然界自身的发展导致的一些变化，但是这同样与人类的活动密不可分。有些地方甚至因为海平面上升而导致陆地被淹没在水面之下。

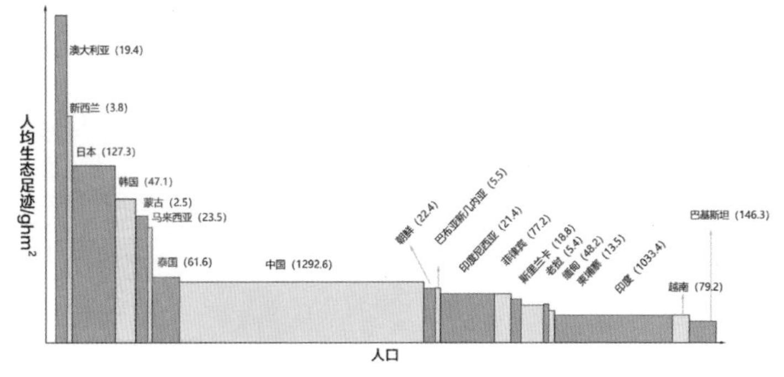

图2.2　亚太各国消耗的资源及吸纳产生的废弃物所需要的地域空间面积

图片来源：中国数字科技馆；数据来源：亚太空间合作组织

“我觉得，地球上 60 亿人都应该向我们说声抱歉。”图瓦卢宣布将放弃自己的家园，举国移民新西兰。图瓦卢将由此成为全球第一个因海平面上升而进行全民迁移的国家（图 2.3）。

图2.3　即将被淹没的图瓦卢

研究显示（图 2.4），多个物种随着时间的变迁，在单位时间内或一段时间内呈逐渐消失的趋势。中国科学院出版的《科学新闻》杂志提出“第六次物种大灭绝已经悄然开始了”，这个说法的提出是有根据的。不光是某个物种消失，还有某个物种虽然还存在，但是物种种群的数量在减少的情况。所以我们要考虑一个问题：我们如何按照生态系统的规则，生活在其承载能力的阈限内。这是当前人类应对环境问题和保持可持续发展的核心问题。

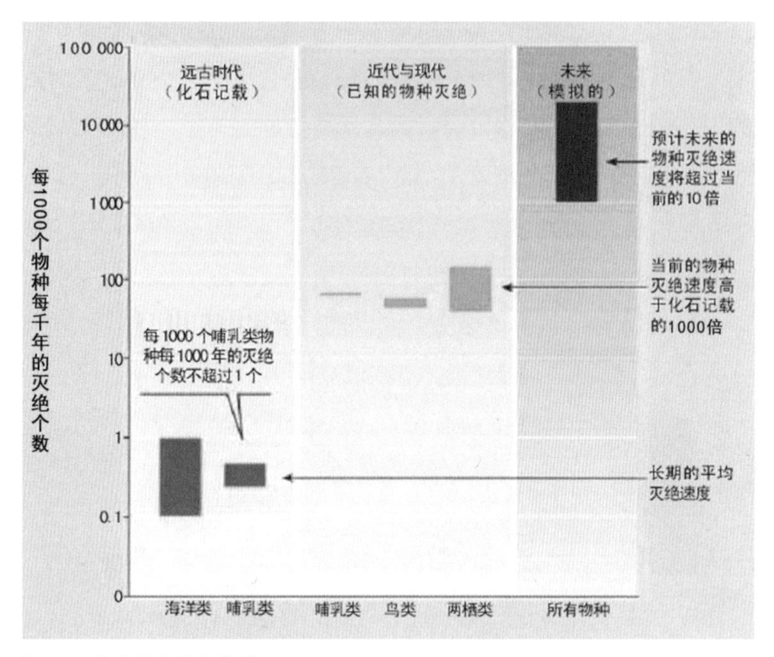

图2.4 物种灭绝趋势分析

图片来源：千禧年生态系统评估；数据来源：千禧年生态系统评估

2.2 生态科学发展的里程及生态问题的反思

2.2.1 生态科学发展的里程

从 20 世纪 60 年代以后，全球范围内围绕生态科学进行了很多工作，从科学研究方面来说，第一个展开全球合作的领域就是生态学。国际生物学计划（IBP）从 20 世纪 60 年代开始研究在全球范围内生物是什么，到了 20 世纪 70 年代，研究得出的结论是：资源是有限的，但是如何解决这个问题没有得出结论。学者们普遍发现，解决环境问题仅靠学术机构是不够的，需要政府的干涉与参与。随后人们发现，生态不仅是人们眼前看到的物质，而应从生物圈扩展到地球圈层，研究从地球到大气和其他圈层的关系。在这个基础上，学者认识到我们不仅要研究现阶段，还要研究我们的生态系统在千年之后会是什么样子，由此发布了“千年评估计划”。这个计划规模巨大，全世界的生态学者和政府围绕这个计划在环境可持续发展方面举办了几个重要的会议。1972 年，出现了第一次环境发展机遇，在瑞典斯德哥尔摩召开了以“只有一个地球”为主题的会议，提出了人类与环境的关系。从这个时期开始，各个国家开始创建环保局。1987 年，出版了《我们共同的未来》；1992 年，各个国家在巴西里约热内卢签订了“21 世纪议程”，2002 年，在南非约翰内斯堡签订“RIO+10”协议；2012 年，在里约热内卢签订“RIO+20”协议（RIO 是指 1992 年联合国环境与发展大会，RIO+10 是指 2002 年南非约翰内斯堡可持续发展世界首脑会议，RIO+20 是指 2012 年巴西里约热内卢联合国可持续发展大会）；2015 年，在法国巴黎签订了“巴黎协定”。政府介入环境问题之后，出现了各种不同的声音和看法。在这种情况之下，我们要解决这些问题，就不能像过去只是从生产力能养活多少人这方面来解决，这时要考虑到“生态系统的服务”这样一个观点。我们知道“生态系统的服务”这个思想由来已久，“生态系统的服务”就是地球生态系统所能提供给人类和生态系统自身所能维系的能力和阈值。20 世纪以来，对生态系统服务的研究已经作为学科，成为“千年评估计划”里一个主要的目标。

2.2.2 生态问题的反思

我们面对的生态系统究竟处在什么样的状态，今后将会如何发展，并对人类产生哪些正面或者负面的影响呢? 发达国家的一些知名学者研究发现，生态系统具有产品功能、调节功能、文化功能和支持功能四类服务功能，具体包含 17 种与人民生活生产息息相关的不同功能。粗略估计，如果没有生态系统的这 17 种服务功能，或者生态系统受到破坏，全球每年就需要用折合人民币 33 万亿元的资金来补偿它所带来的损失，相当于全球各国 GDP 总和的 1.8 倍，这个数字足以说明生态系统的价值和重要性。在这种情况下，当时的联合国秘书长安南发动了一个“MA 计划”，就是千年生态系统的评估。这个评估从 2001 年开始，为期 4 年，来自 95 个国家的 1300 多名学者参加了这个计划工作，中国学者也参加了这项计划。这个计划满足了决策者对生态系统与人类福祉之间科学信息方面的需求，这些工作得到了《生物多样性公约》《防治荒漠化公约》《湿地公约》《迁徙物种公约》的支持。“MA 计划”得出的结论是值得大家深刻思考的: 第一，现在全球 60% 的生态系统服务功能都在退化；第二，人类从生态系统获取生态效益的成本日益上升，后代能够从生态系统获取的效益将大大减少；第三，在 21 世纪前半叶生态系统退化的状况可能会显著恶化；第四，如何满足日益增长的生态系统服务需求的同时，扭转生态系统退化的状况，涉及重大的政治体制和保护需要的重大改革。从这些结论说明，国际上对环境及生态系统破坏问题很重视，做了大量的工作，但是目前没有达到我们理想的程度，为什么?

因为我们面临巨大的挑战。第一，发达国家不愿放弃既得利益，不兑现承诺义务并且转嫁污染，掠夺资源，挑起战乱。第二，发展中国家为了生存和发展的需要，必然会危害到环境和生态。第三，短期的利益驱动。第四，生态的问题不像物理、化学的问题立竿见影，它具有生态环境问题的弹性、外部性和滞后性，当人类做了对环境不利的事情不是马上能看出来危害和后果，由于这样一个滞后性，就很难使得人们把它提到一个高度。第五，相适应的文化在整个过程中没有形成，各个国家在怎么认识这个问题、应该具有怎样的理念等方面差距很大。

2.2.3 我国的生态问题

我们常说中国地大物博，但同时也应看到我国自然条件是先天不足的。在我们 960 万平方千米的土地中，干旱和半干旱地区占国土总面积的 52%；一些高寒地区面积虽然很辽阔，但是能开发的用地并不是很多；西南石漠化的岩溶地区面积达 90 万平方千米；黄土高原 60 万平方千米的土地上存在水土流失问题，这些问题对我国的生态环境具有相当大的威胁。

纵观整个国家的生态问题，人口基数大，自然环境先天不足，自然资源短缺；生物多样性减少，生态系统功能退化；水土流失、荒漠化、生物安全等问题突出；水、土、气等环境污染触目惊心，“旧账新债”叠加共存；生态环境恶化诱发的健康问题日渐突出，区域性贫困问题严重；全球变化和新一轮社会、经济发展的压力加剧我国生态、环境恶化等。最初只是些很简单的污染物，后来演变成了复合型污染物，导致面源污染、土壤重金属污染，这些污染很难治理。现在北京每年冬天的雾霾污染，都是资源条件及污染等综合因素造成的。

从我国的生态足迹来看（图 2.5），我们的生态赤字在不断扩大。生态足迹在不断增加，而生态的承载力在逐渐下降，生态足迹也就是生态盈余的地方在减低。

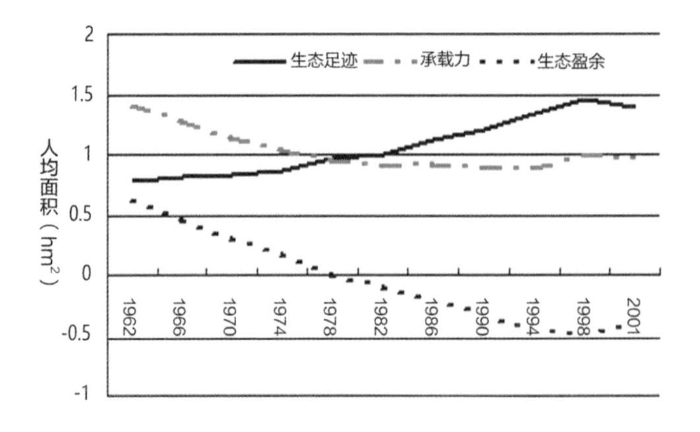

图2.5 中国的生态足迹

2.3 中国生态治理的措施及战略

2.3.1 生物多样性的保护

中国在生态保护这方面做了大量的工作，前一段时间国家组织了将近 20 位院士和一批学科专家讨论总结，提出了五个方面的问题：生物多样性的保护问题、生态系统管理、退化生态系统恢复、全球变化的适应与应对、区域可持续发展。针对这些问题，我国进行了大量的工作。比如，在全国进行生物多样性的调查，并提交国家报告，这些报告在国际上受到认可和重视。这些工作不仅包括生物多样性的保护、评估、监测，还包括生物多样性可持续利用的技术和展望；不仅要设置保护区保护生物多样性，还要指导人类在生产实践中如何更好地保护生物多样性。通过这些工作，我们对生物多样性进行查明、编目、监测，并建立信息系统。

就保护区来说，目前中国共建立自然保护区 2740 个（国家级 449 个），总面积达到了国土陆地面积的 18%。另外还有森林公园 2855 个（国家级 826 个）、国家湿地公园 164 个、风景名胜区 962 个（国家级 225 个）、世界自然文化遗产 43 处等。

在保护生物多样性的同时，对于外来入侵物种的预防和控制管理进一步规范，已形成由农业部牵头，环保、质检、林业、海洋、科技、商务、海关等部门联合参与的外来入侵物种防治协作组。相关部门成立了外来入侵物种防治的专门机构，建立并完善了口岸有害生物疫情截获报送和通报制度，实现了疫情报送和通报网络化。转基因安全生物监督管理也得到重视，在环保部建立了国家生物安全管理办公室。农业转基因生物安全管理体系已初步形成，规范了转基因生物及其产品的研究、试验、生产、经营和进出口活动。国家质检总局建立了转基因检测技术体系，林业转基因生物研究、试验等活动及各项管理工作已有序进行，其安全监测工作开始启动。

2.3.2 退化生态系统恢复

在退化生态系统的恢复技术和典型地区生态系统恢复方面，如干旱、半干旱区生态修复与植被建设、黄土高原的水土保持、岩溶地区的生态保护和生态建设等，都有强大的科研队伍在研究。在这个工作中，林业部门取得了一些经验，在政府的支持之下建设生态工程项目，如天然林保护工程、三北和长江中下游等地区重点防护林建设工程、退耕还林还草工程、环北京地区防沙治沙工程、速生丰产用材林为主的林业产业基地建设工程。在山西，人民群众自发组织起来，在“无土无水”的山里造林，图 2.6 中的一个个小点，就是人们在那里种下的一棵棵的树。

图2.6　山西群众自发组织起来在“无土无水”的山里造林

2.3.3　生态系统管理

生态系统管理分为生态系统的类型及功能分区、生态系统服务价值评估、生态系统管理。生态系统的类型和功能的分区，现在都是主体功能分区，这种分区已经深入人心。

生态系统服务价值评估是在美洲和欧洲国家最先进行的，随后中国也开展起来。我们在全国不同省份区域开展，以不同类型进行统计，总共评估类型达到 230 种。生态系统服务从世界角度来讲是一个大面积大范围的研究，从范围上来讲，我国的生态系统服务标准，评估了不同尺度和多种类型的生态系统，提高了公众对生态系统的保护和管理意识，为生态补偿提供了科学基础，并对森林生态服务价值评估方法进行了初步规范化。在中国森林生态系统评估中，我们提出了 8 种类型，分别为涵养水源、保育土壤、净化空气、积累营养物质、固碳释氧、森林防护、生物多样性保护、森林游憩。第八次森林报告表明，生态系统服务的价值有比较明显的增长，从过去的 10 万亿元增长为 13 万亿元，整个生态系统服务的功能有所提高。表 2.1 是 2014 年中国林业科学院对中国森林生态系统评估的数据。生态系统服务价值估算仍旧存在的问题：生态系统功能基础研究的缺乏、指标选取的任意性、计算方法的差异性和重复计算问题、非市场部分估值的不确定性、理论数据与现实的矛盾。

表 2.1　中国森林生态系统评估的 8 种类型及 2014 年全国生态系统服务价值评估

单位：亿元

地区	涵养水源	保育土壤	固碳释氧	营养物质	净化空气	生物多样性	游憩	防护	总价值
全国	47622.2	18625.3	14347	3542.57	9270.05	36122.53	376.42	497.53	130403.6
四川	12714.1	6091.18	1180.17	1350.9	107.95	3042.57	29.7	1.52	24518.09
云南	12583.7	4744.51	1500.95	1751.44	206.43	3731.14	1.41	1.48	24521.06
黑龙江	10837.2	3525.37	1582.93	1936.45	456.55	2203.69	9.04	66.69	20617.92

续表 2.1

地区	涵养水源	保育土壤	固碳释氧	营养物质	净化空气	生物多样性	游憩	防护	总价值
广西	10186.2	3776.67	1530.72	1805.97	169.04	2866.37	7.04	0	20342.01
内蒙古	9893.06	2787.66	1125.09	1308.75	714.33	1821.61	3.2	169.79	17823.49
广东	7393.97	2660.2	863.01	1322.79	173.19	2233.93	17.68	2.44	14667.21
江西	6454.2	3518.9	768.23	959.13	265.98	1206.07	43.45	6.26	13222.22
西藏	6420.13	1752.92	784.82	841.52	88.91	1623.74	0.41	1.99	11514.44
湖南	5298.94	2516.29	55.67	143.11	17.59	2071.21	19.41	3.96	10126.18
福建	5279.72	2079.6	324.75	609.89	65.23	1829.28	4.92	3.55	10196.94
湖北	5012.52	2014.53	353.83	484.63	56.86	1908.57	6.6	2.14	9839.68
浙江	4213.77	1310.99	385.18	452.9	172	1110.71	116.94	2.94	7765.43

2.3.4 全球变化的适应与应对

我国积极参与了与全球变化相关的国际项目，如气候计划、水文计划、全球变化、生物多样性等，每一个计划都离不开生态系统。

在森林吸收二氧化碳这方面，我们也做了数据统计，这些工作有一些是北京大学、中国科学院植物所进行的。根据大量的统计资料显示，中国碳储量变化与中国历史大背景息息相关，近几十年呈现逐年上升的态势，如图 2.7 所示。

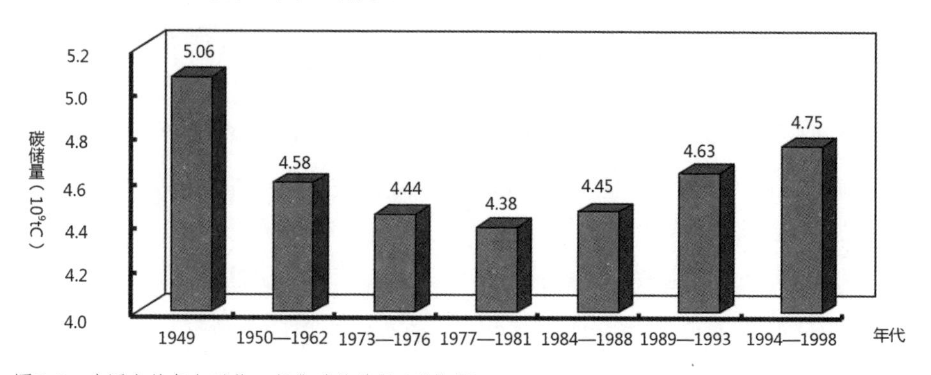

图2.7 中国森林每年吸收二氧化碳的总量(碳储量)

2.3.5 区域可持续发展

近年来，区域可持续发展已经成为时代的浪潮，可持续发展、生态省建设在各个省都相继展开，这就是以区域为中心进行可持续发展，发挥生态系统的作用。绿色城市、山水城市、生态园林城市、环保模块城市、森林城市、生态城市、生态文明实验区等都是生态概念在区域建设中的体现。从地区来说，总共有 15 个省开展生态省建设。生态文明理念提出来以后，住建部对生态文明这个问题更加规范化，指标也在不断改变，过去是以经济指标和社会指标为标准，现在把生态文明建设也放在突出地位，融入经济建设、政治建设、文化建设、社会建设各方面和全过程。

国际上倡导生态城市的国家很多，中国能这么全面地落实，从整体来看，这种理念是走在世界前列的。比如浙江省生态文明市的试点有很多，包括湖州、嘉兴、义乌、临安等，现在均成为生态文明城市。按中共中央办公厅、国务院办公厅印发《关于设立统一规范的国家生态文明试验区的意见》，闽、黔、赣三省在 2016 年首先提出了生态文明城市的规范、标准、指标体系。

2.4 进一步发挥生态系统服务功能

进一步发挥生态系统的服务功能，我们需要理念创新、技术创新和制度创新。

2.4.1 理念创新

理念创新就是在科学发展观、生态文明、美丽中国的指导思想下，科学认识和提升生态系统的服务功能，打破狭隘的部门观念，在理念上因地制宜、分类指导，同时扩大对外开放和群众的参与度。我们建设一个区域的生态，不仅要包括生态环境、人居环境、生态产业，更要突出生态文化的地位，用生态文明来总揽全局，来协调各方面的关系，这也是现在大家奋斗的目标。

我国发挥生态系统功能需要建立循环经济模式与技术绿色核算机制，完善服务功能的量化与其经济核算体制的结合，关注对全球变化的影响和响应，健全监测评估制度。这就是说，解决生态系统的保护问题，不能和解决群众改善生活的迫切需要问题脱离开。例如，由于漫长的生产周期，林业建设对农村居民来说有时是远水不解近渴，因此，要充分发挥挖掘林业的经济潜力，促进农民快速增收致富，如造林树种选择速生树种，并加强培育管理，因地制宜加大经济林的比重，在有条件的地方积极开展农林复合经营，发展林下经济等（图 2.8、图 2.9）。

图2.8 黑龙江鹿园中的小鹿

图2.9 黑龙江某木耳种植基地

目前森林旅游产品开发粗放，经营管理方法不善，存在生态环境遭到破坏的现象。应该充分利用丰富的森林资源，加大森林旅游资源开发力度，促进森林旅游产业发展；从森林生态旅游产业特点出发，拓展和深化森林生态旅游内涵，重点开发一批具有一定观赏价值和文化内涵的森林生态旅游产品（图 2.10）。

图2.10 森林复合旅游

2.4.2 技术创新

技术创新包括：因地制宜、分类指导，建立具有我国特色的可持续林业经营体系；新技术的创造、发明和传播，特别是与绿色经济、循环经济的结合和非木制产品的经营；文化遗产的挖掘、保护与提高；建立试验示范点，加强培训和能力建设；技术的标准化和认证制度。其中一个很重要的问题是，自然文化遗产保护历来受到大家的重视，浙江省也对此进行了研究，但是关于农业文化遗产保护这个问题往往被忽略和遗忘。中华民族文化萌芽于几千年前的氏族社会，经过奴隶社会，封建社会形成于秦汉时期，基本定型后经历古代、近代和现代三个历史阶段。我国劳动人民凭借着独特的自然条件和他们的勤劳与智慧，给后世留下了丰富的自然和文化遗产。特别是我国以农立国，在农业方面的遗产不仅对我国，乃至对世界也是一笔宝贵的财富。人民的辛勤劳动给我们留下了丰富的需要被保护的文化遗产。

2002 年，联合国粮农组织发起了“全球重要农业文化遗产”保护项目，在全世界得到迅速开展。这比自然文化遗产保护几乎晚了 40 年。中国最早响应联合国提出的这个项目，由于我国自身丰富的农业底蕴，因此自然而然地取得了领导的地位，自始至终，农业的发展都居于中国最重要的位置。从全世界范围来看，农业文化遗产保护发展得很快，但数量分布不均。从 2002 年正式批准到 2005 年，16 个国家的 37 个项目被列入了全球农业文化遗产，其中中国项目有 11 个，接近总数的三分之一。而中国现在又成立了自己的农业文化遗产项目，经过专家组的讨论和批准后，在大家提出来的四五百个项目中选取 91 项作为中国的农业文化遗产。

2.4.3 制度创新

制度创新包括: 采伐管理制度、森林经营方案编施制度、集体林权改革与参与林业经营制度、监测评估制度、碳贸易制度、非木材林产品法律和政策、绿色核算机制等。重点强调生态补偿的问题。

随着改革开放的深入，随着全世界发展的趋势，我们很多工作转移到了生态修复与生态保护上来。到了浙江以后，我们发现它多样的生态系统、丰富的自然资源和名人辈出的特点，尤其是湖州，留有灿烂的文化遗产，使我们感觉到这里是一个文化遗产的宝地。因此，我们在湖州设立了院士工作站，和地方相关部门一起研究生态保护与文化遗产保护的问题。浙江在生态建设方面做的工作很多，比如说环保部评比的生态省最初我参加的就是浙江，它是国家第二批全国文明建设试点。浙江的森林公园的面积、自然保护区的面积在全国都是名列前茅，浙江省的森林面积全国第二，浙江省在生态保护方面做得是非常好的。

纵观全国林下经济收入的情况，浙江在林下经济的收入方面是第一，它的收入高达 826 亿元（图 2.11）。这个数据说明，林下经济带动了农民的致富，这个模式包括林粮、林禽、林茶等。在这里，农业和加工业及服务业深度融合，注重经济产品的加工，延长了产业链。另外，各地因地制宜，发展循环经济，也使得每一个地方都有自己的特色产品（图 2.12）。

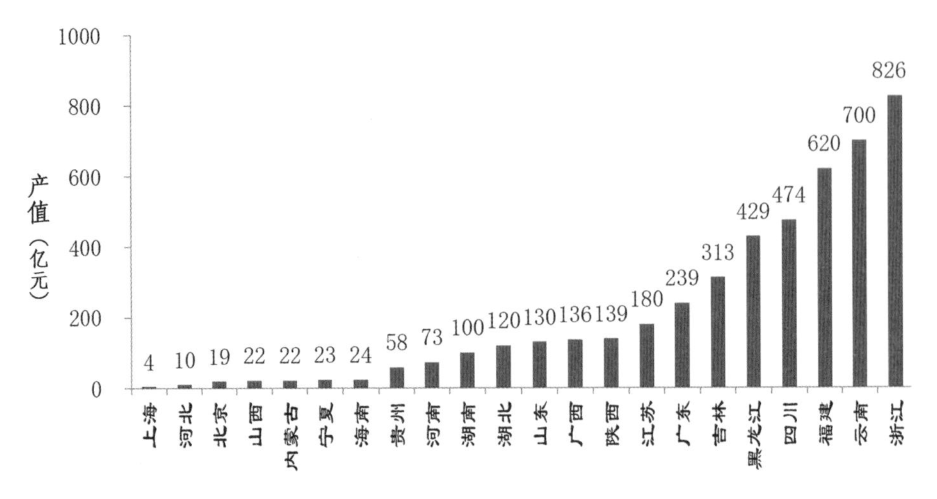

图2.11　林下经济产值

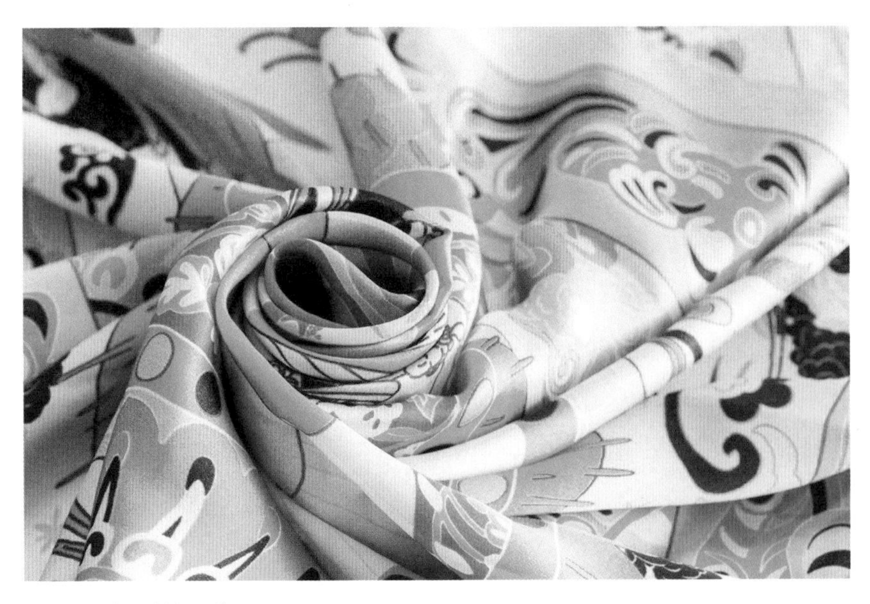

图2.12　浙江丝绸工艺

中国农业文化遗产全国一共 91 项，浙江占了 8 项，一些文化遗产已经列入世界农业文化遗产。世界农业文化遗产中国占 11 项，浙江占了 2 项，而这些遗产是从大家提出来的几百个遗产中评选出来的（图 2.13 ~ 图 2.16）。

图2.13 浙江青田稻鱼共生系统

图2.14 浙江湖州桑基鱼塘系统

图2.15 浙江云和梯田农业系统

图2.16　浙江杭州西湖龙井茶文化系统

未来应该研究的课题是如何在可持续发展中发展可持续的旅游业，并考虑怎样使之生态化、持续化、国际化。怎么样发展？特别是对于杭州这样一个旅游大都市。我在整理材料的时候，看到了很多对于杭州和浙江的描写，语言非常令人感动，比如，江南园林、小桥流水等自然景观与人文景观的交互融汇，展现出天人合一的人间天堂的美丽画卷。

绿色发展的理念对我们提出了新的更高的要求，需要我们用科学发展观和生态文明来指导建设，用创新、协调、绿色、发展、贡献的理念对生态系统功能进行提升，为中华民族的伟大复兴和美丽中国建设再创辉煌。

3

绿水青山的国家战略与未来能源系统的关系

严晋跃

“绿水青山就是金山银山”是绿色发展的理念，它极大地影响和改变着中国的发展理念、发展思路、发展方式和发展未来。瑞典生态城的典范哈马比生态城（Hammarby Ecocity）是一个经过高度规划、功能复合的新型社区。结合能源生产、污水处理、固废运输、垃圾处理、水体净化等自然资源保护与再利用的模式，积极采用创新技术，使整个社区在相对封闭的生态模式下，实现 100% 利用可持续能源的绿色发展。

山，峰峦叠嶂；水，雄浑澎湃。山水是这方辽阔土地俊秀的容颜。在流动的历史长河中，每个历史节点上留下的生态遗产都弥足珍贵，只有对生态环境负起责任、视如珍宝，水才能常绿，山才能常青。习近平提出的“绿水青山就是金山银山”这一重要思想是绿色理念的转变，极大地影响和改变着中国的发展理念、发展思路、发展方式和发展未来，通过“绿水青山”源源不断地提供“金山银山”的绿色发展来实现生态文明的建设。

能源是人类活动的物质基础，推动了人类文明的演进与社会的发展。化石能源消费为全球带来工业文明巨大进步的同时，也带来了环境问题加剧、气候变化异常、能源安全问题凸显等负面影响，是生态失衡的原因之一。实现能源生产、流通、消费等全过程的绿色低碳化，是解决环境和气候变化问题的关键。当前，全球能源系统处于转型期，发展清洁低碳能源对于中国乃至全球经济社会可持续与协调发展都具有重要意义。

清洁能源是对能源清洁、高效、系统化应用的技术体系，在其生产、流通、消费等全过程中，具有先进的利用效率和良好的经济性，并对生态环境低污染或无污染的能源。具体包括两方面内容：

一是可再生能源。消耗后可得到恢复补充，不产生或极少产生污染物。如太阳能、风能、生物能、水能、地热能、氢能等。

二是非再生资源。在生产及消费过程中尽可能减少对生态环境的污染，包括使用低污染的化石能源（如天然气等）和利用清洁能源技术处理过的化石能源，如洁净煤、洁净油等。

为保障能源安全，保持经济社会的发展活力，世界主要国家和各大经济体都在投入大量资金和科技及社会资源，加快推进能源的清洁发展，努力实现传统能源向低碳、高效的清洁能源转型。高碳能源低碳化、低碳能源无碳化以及能源开发利用过程的高效清洁无害化已成为世界能源发展的主要方向。

3.1 能源系统的转型

3.1.1 全球能源系统的变化

目前，太阳能光伏市场蓬勃发展。截至 2016 年，可再生能源在全球新增电力产能中几乎占到了 1/3，在线电力达到了 165 千兆瓦，其中，中国是无可争议的可再生能源增长的领跑者（图 3.1）。“十三五”规划中，对环境污染提出了严格的要求，所以近年来全球的可再生能源容量中，中国占比达到了 40%。事实上，中国已经超过了“十三五”规划的太阳能光伏目标，而国际能源署预计，中国在 2019 年就能实现风力发电所要达到的目标，另外，水电、生物能源以及电动汽车等领域，中国也实现了全球市场的领跑。

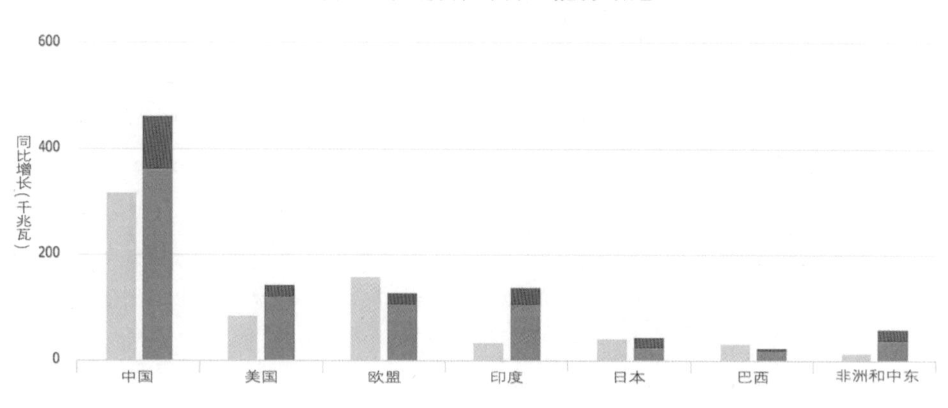

图3.1　世界主要经济体可再生能源体量增长速度
图片来源：国际能源署官网www.iea.org；数据来源：国际能源署，2017

可再生能源的优势明显，且成本持续降低。太阳能的生产成本已经从 10 年前的 600 美元 / 兆瓦，降低到了 100 美元 / 兆瓦，这个价格已经与化石燃料相当，并且预计太阳能发电成本还会持续下降，这将深刻改变能源格局。在电动汽车产业中，锂电池的价格不断被压低，竞争激烈，改善了电动汽车的经济性。同时，可再生能源的投资不断加大。2017 年，联合国的报告显示，2016 年全球可再生能源投资总额达到 2416 亿美元（不包括大型水电），这些投资为全球的发电量增加了 138.5 千兆瓦，同比增加了 127.5 千兆瓦，增长了 9%。

另外，数字化趋势势不可挡（图 3.2），同样也影响了能源领域，其实能源部门是数字技术的领先使用者。20 世纪 70 年代，电力公司就已经利用新兴数字手段促进电网的管理和运营；而石油、天然气公司长期以来都在使用数字技术制定勘探和生产的决策；工业部门一直使用过程控制和自动化，特别是在重工业中，最大限度地提高质量和产量，同时最大限度减少能源消耗；交通部门则是使用智能交通系统提高安全性、可靠性和效率。能源数字化步伐在近几年不断加快，能源公司对数字技术的投资也急剧上升，例如，自 2014 年以来，全球对数字电力基础设施和软件的投资每年增长超过 20%，在 2016 年达到 470 亿美元，其投资量比同期全球燃气发电投资高出近 40%，几乎等于印度电力部门的总投资（550 亿美元）。

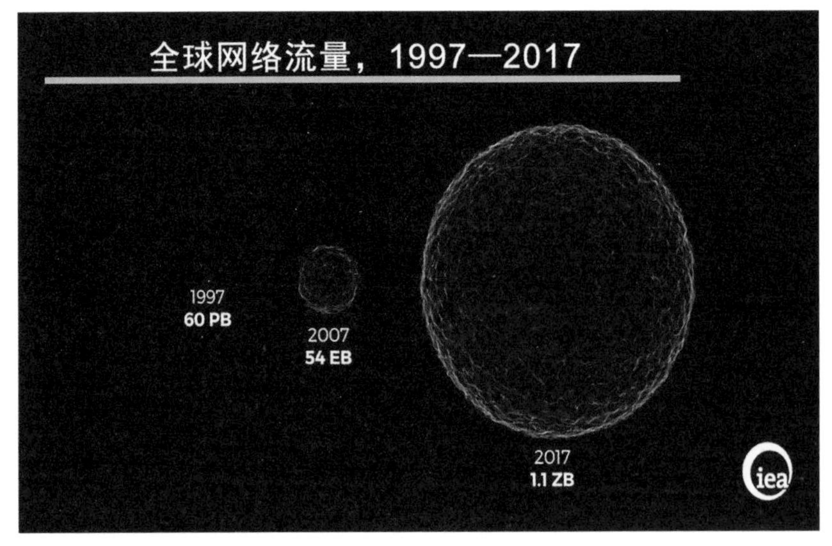

图3.2　全球年度网络流量变化

图片来源：国际能源署官网www.iea.org；数据来源：国际能源署，2017

3.1.2　能源系统转变的驱动因素

驱动能源系统转变的一个主要原因是GDP增长与温室气体排放的“脱钩”。气候变化是对全人类生存发展的一个挑战，它影响着世界各国的水安全、粮食安全、能源安全、环境安全，乃至国家安全。中国作为最大的发展中国家；美国作为最大的发达国家，世界上最大的经济体，最大的温室气体排放国，他们的碳排放与GDP增长都在逐步脱钩。

美国布鲁金斯学会在2016年12月发布报告，如图3.3显示，2000—2015年全球GDP增长与碳排放增长的关系。2000—2005年，两者紧密联系；2006—2009年，紧密度降低；而到了2013年之后，两者相关性出现显著变化，2014年和2015年，全球GDP依然保持显著增长，而碳排放却基本没有增加。同时，这份报告显示，美国在过去的15年中就已经出现这样的脱钩现象（图3.4），除了2007—2009年的短暂经济衰退，实际GDP保持在一个持续增长的路径上；2000—2007年的碳排放增长缓慢，已显露与GDP增长脱钩的趋势；2007年之后，这一趋势更加明显，实际GDP增长持续，但碳排放在局部年份上升的情况下保持了下降的总态势。

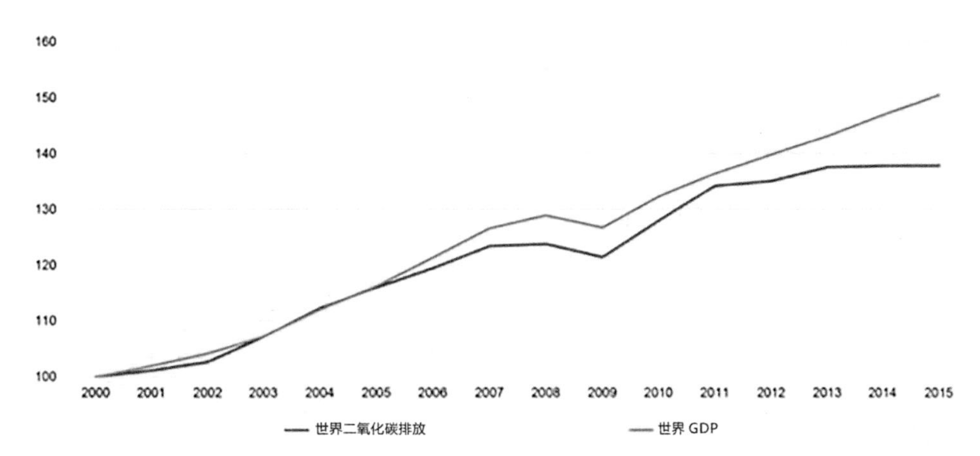

图3.3 自2000年起世界GDP与CO_2排放的关系
图片来源：国际能源署官网www.iea.org；数据来源：世界经济展望数据库，2016

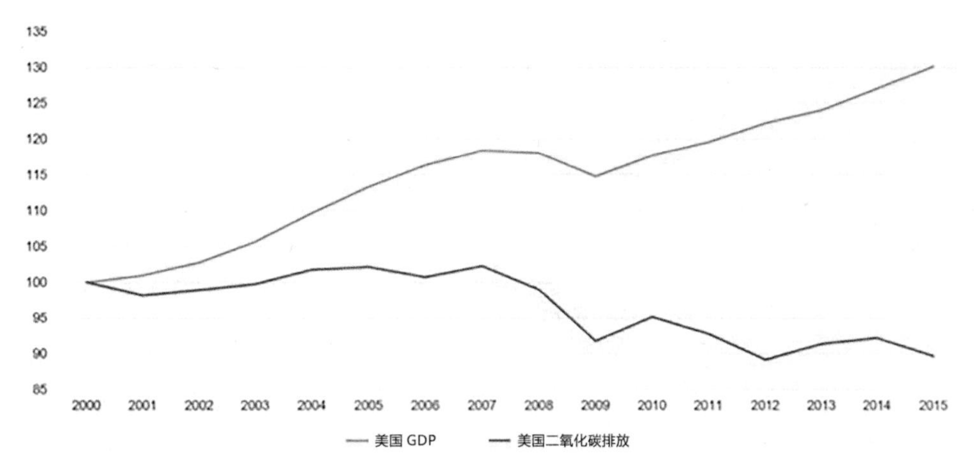

图3.4 自2000年起美国GDP与CO_2排放的关系
图片来源：国际能源署官网www.iea.org；数据来源：世界经济展望数据库，2016

另外，2015年通过的新联合国可持续发展目标（SDGs），即“2030年议程”的一部分，将能源发展作为人类发展和繁荣的关键一环，首次确立所有人都能享受可靠、可持续的现代能源的目标。这些主要依托于技术的改进，如太阳能和分散式供电解决方案成本不断降低，照明和电器成本更低，效率更高，与数字移动平台相结合的新业务模式等，都增加了解决问题的方案的数量。印度、印度尼西亚等发展中国家电气化率逐年增加（图3.5）。

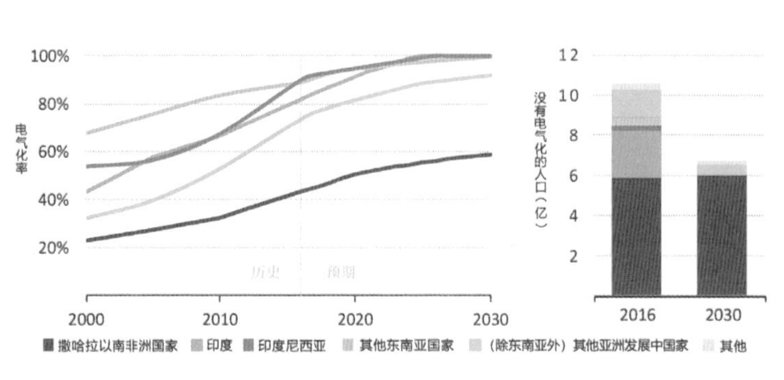

到 2030 年，没有电气化的人口中 90% 都是在撒哈拉以南非洲国家

注：其他包括中东、拉丁美洲以及北非的发展中国家

图3.5　发展中国家电气化率不断增加

图片来源：国际能源署官网www.iea.org；数据来源：国际能源署，2017

最后，驱动能源转变的因素还在于其与水安全、气候变化等的关联性。能源与水是相互依赖的，从提供冷却到发电厂、灌溉作物到生物燃料，多个阶段的能源生产与发电都会使用水；而另一方面，提取和输送不同用途的水都需要能量，在废水返回到环境之前处理废水更是需要能量。水与能源相互依存，而其管理系统却独立开发与调节，其联系的复杂性需要协调一致的管理方式。图 3.6 显示了美国 2011 年能源和水流动情况。

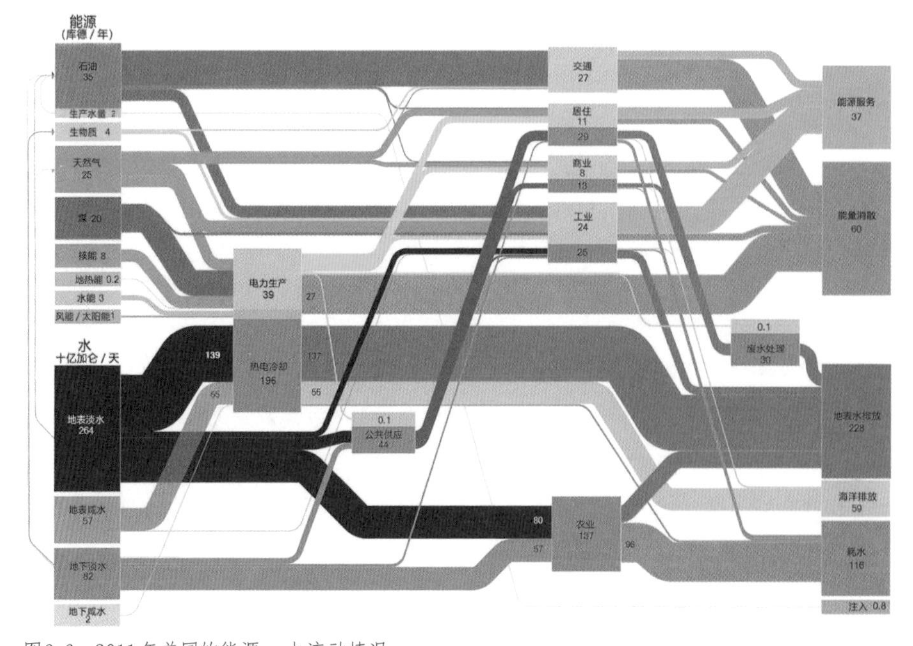

图3.6　2011 年美国的能源—水流动情况

备注：1库德=1.055×10^{18}焦耳，1加仑=3.79升；图片来源：美国能源部；数据来源：美国能源部，2015

同时，在应对气候变化和能源安全的大背景下，发达国家和发展中国家都在推动低碳化发展道路，大力开发核能、水力、风能、生物能源等清洁能源已成为趋势。美国在协调能源安全和气候变化的关系上主要注意到，国家进口石油等能源，在保证不危及国家安全的前提下，不能使气候恶化；发展混合动力车、生物质能源等都是趋向提高国家的能源安全，同时对气候变化影响不大；发展光伏、核能、建筑节能以及进口天然气等，对气候变化有积极影响，且不会对能源安全造成消极影响（图 3.7）。

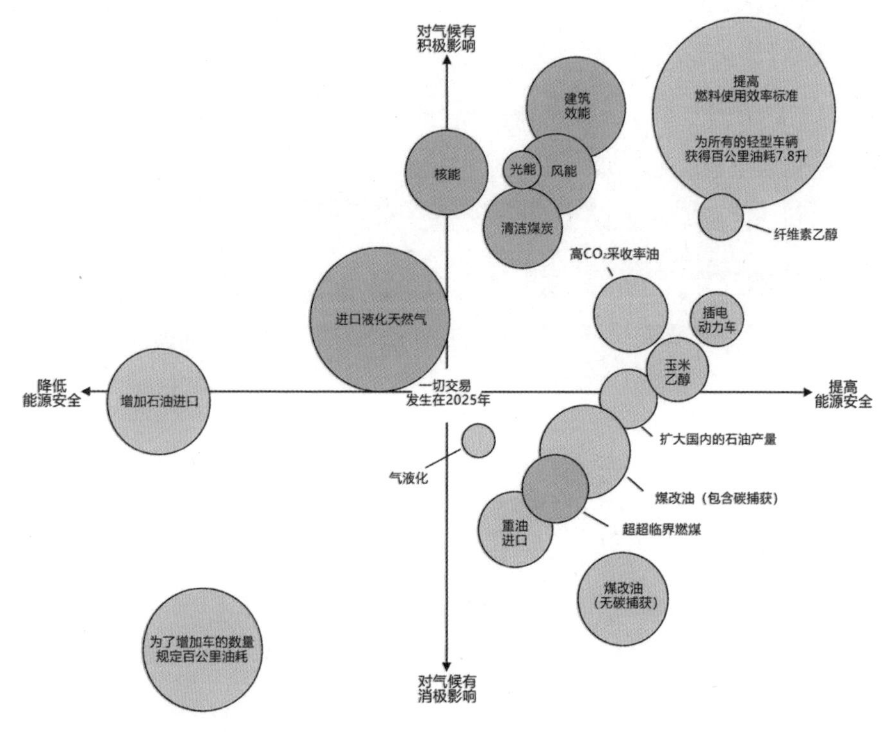

图 3.7　能源安全与气候变化的关系
图片来源：美国能源部；数据来源：美国能源部，2015

3.1.3 瑞典解决发展与排放问题的经验

瑞典国土面积约 45 万平方千米，总人口近千万，占世界人口 0.14%。瑞典不仅是一个工业化的发达国家，又是一个生活质量高的福利国家。同时，瑞典也被公认为是个创新型国家，被誉为“创新之国”。在元素周期表中，由瑞典人发现的元素就有 19 种，占元素周期表的 15%（图 3.8），其他大都属于美国、英国、德国等科技大国。按人口比例计算，瑞典是世界上拥有跨国公司最多的国家，例如 HM、EF、宜家、沃尔沃等耳熟能详的世界级公司。著名的诺贝尔奖就在瑞典，手机彩屏、蓝牙耳机、心脏起搏器等都是瑞典人的发明。科技与创新已成为瑞典发展的支柱，也是瑞典发展的关键，推动了整个社会的技术革新，其中也包括生态环境的改善。

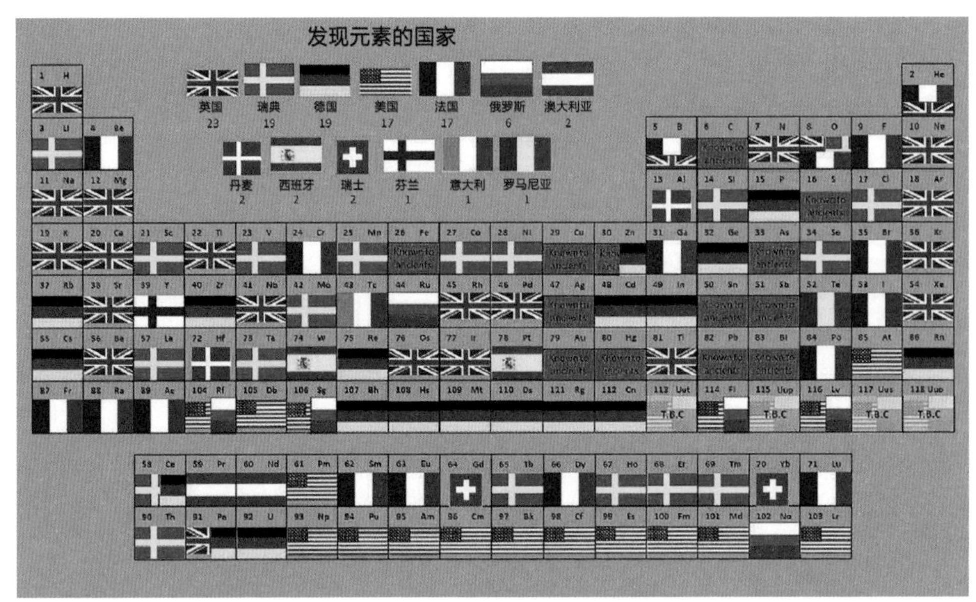

图3.8　发现元素国家国旗版元素周期表
图片来源：Mental Floss网站

一般情况下，随着社会和经济的快速发展，环境污染问题也会日益严重，经济发展必然带来能源消耗增加，能源消耗增加就会带来新的污染。从 20 世纪 70 年代石油危机开始，瑞典在摆脱石油依赖、发展新能源方面就开始了积极的探索，逐步进行向低碳经济的转型。在近 40 年的发展中，瑞典一直将环境保护放在首要地位，已经实现了发展与排放完全分离脱钩。

1）可再生能源的发展与推广

在 20 世纪 70 年代，瑞典的矿石能源占能源构成的 70% ~ 80%，为了节约能源、提高能效、保护环境，瑞典用了 40 年时间将整个矿石能源消耗比例降到 30%，这主要得益于瑞典向可再生能源系统的转变。到 20 世纪 90 年代后，风能、太阳能、氢能、地热等能源被广泛利用，目前，可再生能源比例已占瑞典全国能源消耗量的 50%，在所有欧盟成员国中，瑞典使用可再生能源的比例位居首位。

2）突出能效提升，重视节能普及

瑞典的低碳经济之所以取得了举世瞩目的成绩，与其制定了一系列高效、完善的有效政策体系是分不开的。大力推动能源结构进行转型，提高能源利用效率，降低单位产值能效比例。比如在工业方面，支持能源密集型工业提高能源使用效率，准许能源密集型企业减税，同时企业必须制定能源计划，采取切实步骤减少能源使用，从而使工业能效提高了10%，有效控制了能源需求的增长。

3）前端分类垃圾，实现高效回收

瑞典在近40年的发展中，不仅重视可再生能源的利用，同时也在努力解决固体废弃物的回收再利用问题，目前已经实现的固废回收再利用率高达99%，只有1%的固废需要进入填埋场进行处理。其中，36%的垃圾被回收使用，14%的垃圾用作肥料，49%的垃圾作为能源被焚烧。实现了“零垃圾”的梦想目标，是当之无愧的“零垃圾之国”。

瑞典固体废弃物高效回收利用的重要环节是垃圾分类。在瑞典，人们都自觉地保护环境，科学合理地处理各种生活垃圾，使垃圾分类成为一种文化传统（图3.9）。瑞典有专门的垃圾收集服务者，但他们只收集特定的垃圾，一般是生物可分解的剩菜残羹。对于没有被收集的垃圾，瑞典政府在大多数的社区设立垃圾收集中心，在其中放置许多标有颜色标志的垃圾容器，以方便人们将已经分好类的垃圾投入专用的垃圾容器。因此，如果没有提前分类，扔垃圾时就会犯难，这在一定程度上激励人们进行垃圾分类。

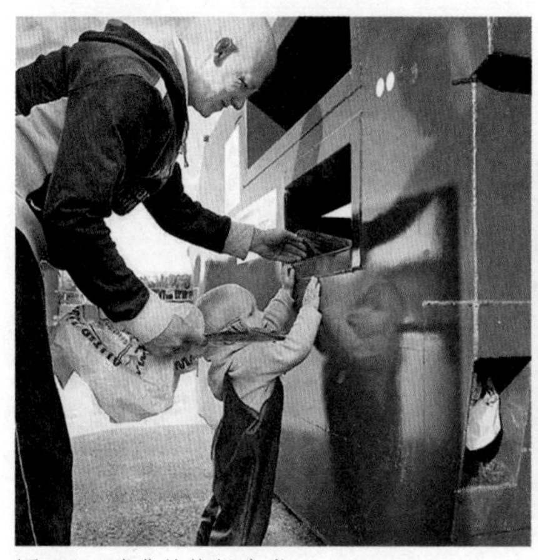

图3.9　瑞典的垃圾分类

同时，瑞典采用多种先进垃圾处理技术，采用真空管道垃圾收集系统收运城市垃圾（图3.10），输送到中央收集站内，实施垃圾气体和固体的分离处理。此外，还研发出一种可以通过光自动分拣不同颜色垃圾袋的机器，人们用绿色的袋子装食物垃圾，红色袋子装废纸，其他颜色的袋子分装金属和玻璃废弃物，一旦丢弃，机器就能根据颜色自动分开垃圾。这样的方式，使得以后连废品处理站都不需要建立了。

图3.10　真空管道垃圾收集系统

瑞典的实例足以证明，“发展”和“排放”这两者虽然是孪生兄弟，但也可以实现既能促进发展又能减少排放。也就是说，“绿水青山”和“金山银山”这两者是可以相互共存，可以兼得的。

3.1.4　瑞典生态城案例研究

哈马比位于瑞典首都斯德哥尔摩城区东南部（图 3.11），这个地区过去曾是一处非法运行的小型工业港口，有许多临时搭建的建筑，垃圾遍地、污水横流，土壤遭受工业废弃物的严重污染。但如今，它已转变成为瑞典生态城的典范。哈马比生态城是一个经过高度规划、功能复合的新型社区。结合能源生产、污水处理、固废运输、垃圾处理、水净化等自然资源保护与再利用的模式，积极采用创新技术，使整个社区在相对封闭的生态模式下，实现 100% 利用可持续能源。

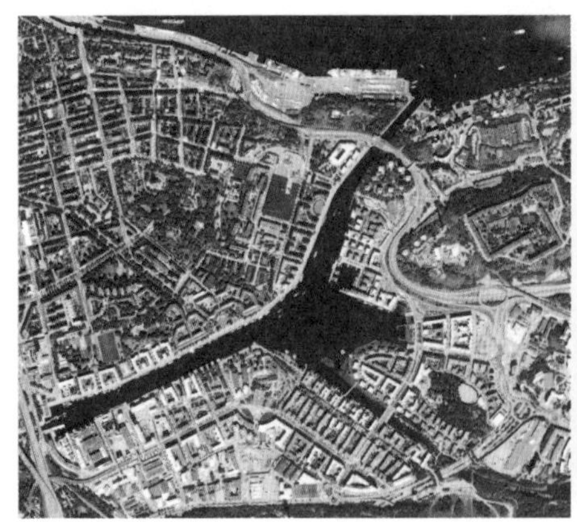

图3.11　瑞典的哈马比生态城（Hammarby Ecocity）

哈马比倡导居民选择大众化的交通方式，使用可循环材料，消耗较少的能源，支持节约型产品；减少及再利用废弃物，减少排放与有害建筑材料的使用，应用可再生能源；采取鼓励使用公共交通、集中供热、污泥施肥、完全使用沼气的行车系统等措施。在民众参与、固废处理、能源设施、交通系统、低碳建筑等多方面进行改善，使哈马比形成了一套“能量—废物—水”可持续发展的自有循环模式，创造了环保宜居的生态环境（图 3.12）。

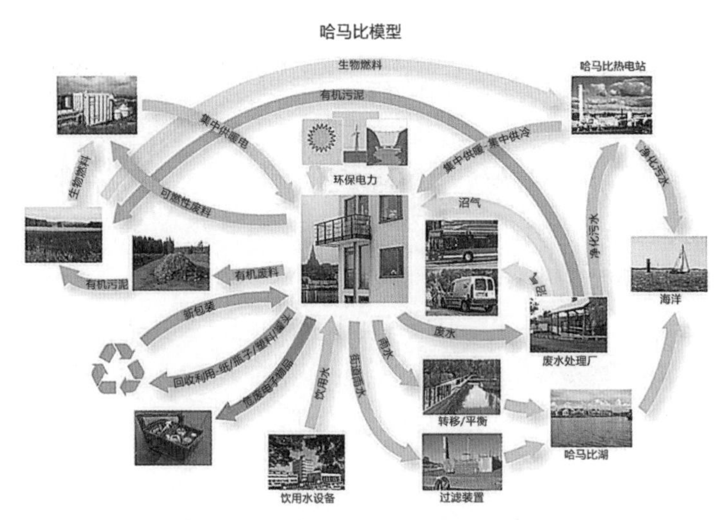

图3.12 哈马比模式:“能量—废物—水”生态闭合

由此可见，从整体系统而言，能源问题不是单一个体的问题。哈马比生态城虽然不具有普遍的适用性，但其节约土地资源、公交优先的交通政策、低碳化的建筑设计导则以及鼓励并提倡公众参与等措施都是值得学习与借鉴的。能将城市功能、交通系统、低碳建筑、水循环、能源及垃圾处理等各不相同的环节纳入到一个有机的体系中协调运作，是哈马比生态城成功的重要因素。

3.2 未来清洁能源系统

对于未来，由于资源转型和市场过渡等一系列变革带来的对能源系统的新要求，能源系统如何实现高效性是至关重要的，可再生能源的“安全、高效、灵活性”是未来能源系统转型的主要目标。由于太阳能、风能、潮汐能等可再生能源容易受气候、季节、时间等条件的影响，资源的不确定性会大幅度提升，而用户端需要保证能源供应的连续性、稳定性和安全性，因此，将可再生能源与清洁型化石能源进行互补利用，不仅可以解决可再生能源不连续的问题，还可促进可再生能源发展应用，同时缓解化石能源的短缺，降低对环境的污染。

一般情况下，能源系统是由四个环节组成，即“能源获取—能源传输—能源分配—终端利用”（图 3.13）。由于可再生能源的介入，使在传统能源系统中“能源获取”这部分从可以计划转变为一种不可计划的方式，这是由资源具有强烈的动态性和不确定性决定的。因此，能源系统开始逐渐倾向于在用户端，结合智能家居、智能电网等一系列智能产品，进行能源的整合利用。

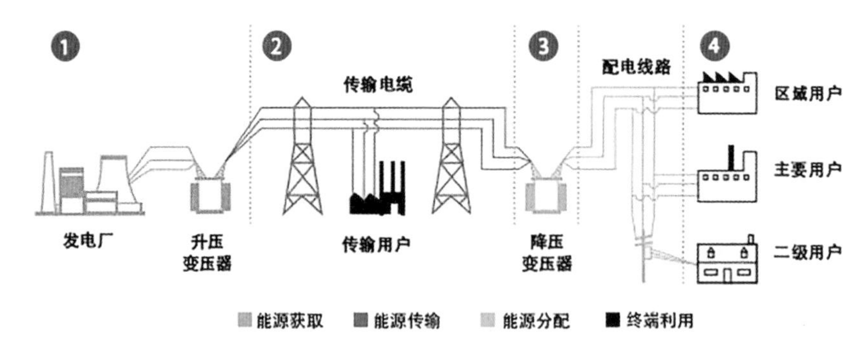

图3.13　传统能源系统传输流程

未来清洁能源系统可以从新的“3D”角度考虑，称之为“3D 未来清洁能源系统”（图 3.14），主要是指空间、时间、人三个方面。空间上，主要解决如何提高可再生能源的利用效率；时间上，主要关注如何提升电站、电机等发电设备的动态运作效率；人，也就是终端使用者，主要帮助使用者提高用户端的管理和效益。

图3.14　3D未来清洁能源系统

3.2.1　实现能源系统的新维度

能源系统的新维度主要体现在能源利用的灵活性、成本的降低以及技术的发展上。一般电力供应与消费是同时发生的，而忽略了平衡供应与需求之间的关系。而新兴的风能、太阳能等能源对能源系统的灵活性提出了更高的要求，包括能源储存、传输网络、系统管理等方面。相较于传统能源系统依靠控制供应端以达到能源输送平衡，可变的可再生能源系统更多依靠对需求端的控制，而且这样的管理方式成本更低。图 3.15 反映了德国传统能源系统与可变的可再生能源系统在利用上的区别。

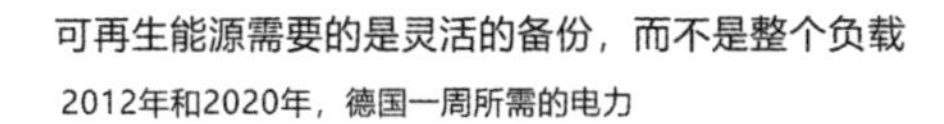

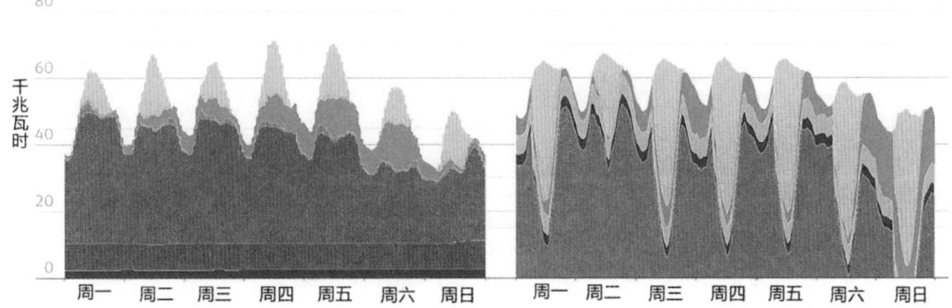

图3.15　传统能源与可再生能源一周利用对比

图片来源：国际能源署官网www.iea.org；数据来源：德国柏林应用科技大学，2017

这种控制需求端的想法并不新鲜，几十年来，电力公司一直致力于为用户免费安装恒温器或者热水器等，另外晚上用电费用低于白天费用也在世界各地普遍存在。这种需求响应可以总结为两个特点: 一是“经济”的需求反应。使用者向系统操作员提出负供给，就会被分派更少的能源，相对于定的基线，进行相应费用的扣算。二是“容量”的需求反应。操作员获得授权，在能源够用的时期减少相应能源供给，例如夏天。

为了使能源系统更具有灵活性，降低成本，数字技术必不可少。在未来的几十年中，数字技术将使全世界的能源系统连接更紧密、更智能、更高效、更可靠和更具有可持续性（图 3.16）。在数据、分析以及连接方面的惊人进步使一系列新的数字应用得以实现，如智能设备、共享移动和 3D 打印等。而未来的数字化能源系统可能能够识别特定个体使用能源的情况，并在适当的时间、地点，以最低的成本提供能源。

能源科技创新具有战略性、公共性、前瞻性和系统性等特点，对基础设施要求高，研发投入周期长。中国正在依照能源科技发展的规律和特点，积极开发推广节约、替代、可循环利用和治理排污的先进技术，逐步建立以企业为主体、市场为导向、生产学习和研究相结合的技术创新体系。在 2020 年前后，大力发展光伏发电技术、风力发电技术和太阳能发电技术，初步形成可再生能源的技术支撑体系。长期来看，中国将会在生物质液体燃料、氢能利用技术、天然气水合物开发与利用技术、深层地热工程化技术等领域进行突破。

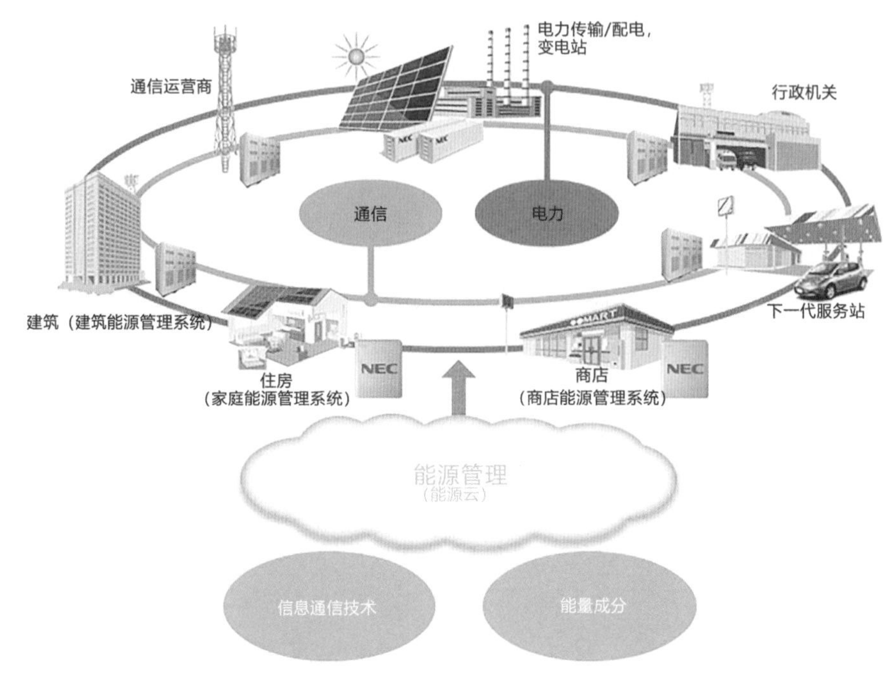

图3.16　能源系统+信息通信技术

3.2.2　智慧能源系统

智慧能源系统是以清洁能源技术为依托，整合太阳能、风能、地热能、水能等多种可再生能源，借助互联网信息技术，为能源生产与用户端提供智能平台和能源解决方案。智慧能源系统在提高可再生能源比重、促进化石能源清洁高效利用、提升能源综合利用效率等方面都起到了积极作用。智慧能源系统既包含传统能源的效率提升、合理利用、节能减排，也包括新能源的合理替代、整合和高效利用。

有些人认为“智慧能源 = 互联网 + 能源”，其实并不是这么简单。能源和互联网存在着两个本质上的区别，也是其物理性的差别，分别是“储存”和“传输”。首先，在“储存”方面，能源的储存成本与信息的储存成本是天壤之别，能源的储存成本非常之高，能源储能也是未来能源系统关键的技术。其次，在“传输”方面，信息传输几乎是没有损耗的，并且不受空间的限制，传输过程快捷、准确，具有较强的时效性，相比之下，能源通过长距离、超高压的传输，造成的损耗是非常大的，所以用“互联网 +”无法解决能源系统的问题。不过，可以通过现代信息技术将“互联网 +”和能源结合在一起，形成一种互联网与能源生产、传输、存储、消费及能源市场深度融合的能源产业发展新形态（图 3.17）。

图3.17　未来智慧能源系统

智慧能源系统关键是与用户端相结合，多种智能终端设施正逐步推广与应用。未来，建筑体会成为发电能源体，建筑屋顶、墙壁等成为能源获取的载体。因此，个体用户将从传统的能源消费者转变为未来的能源生产者，成为能源消费者和生产者的结合，整个过程需要系统不同层次的优化，如在用户端、调解段、运行段以及传输段等环节。在传统的能源系统里，能源从生产出到电网的一端，然后经过电网进行分配，输送到最终的用户，在未来，“能源获取—能源传输—能源分配—终端利用”这四个环节将会联系得越来越紧密。

智慧能源系统另外一个重要组成部分是储能技术。储能贯穿于能源系统的各个环节，是将传统能源与可再生能源融合的关键。对于未来智能电网建设，储能是必不可少的基础设施。储能发展关键的因素就是其经济性，高成本是储能技术发展缓慢的直接原因。可以通过提高材料性能来提升储能系统的性能从而达到降低成本的目的，这也是降低储能成本的主要途径。此外，除了技术发展使储能成本降低外，随着储能需求量的增加，储能产品生产规模的扩大也会促使储能成本逐步降低。在未来，随着技术的进步和创新，储能产品的成本会不断降低，从而起到提高能源系统利用效率、提升可再生能源介入比例的关键性作用（图 3.18）。

图3.18　储能类型及应用

3.2.3 智能分布式能源系统

未来，可再生能源将会成为能源的主力，占比将超过 50%。微能源系统将普遍发展，能源获得渠道广泛，用户可借助微能源系统实现自身的能源需求。在这种能源利用结构发生转变的过程中，需要一种更为智能的能源系统来实现能源的产销一体化，这种系统称之为“智能分布式能源系统”，相比传统的分布式能源系统，有三大主要特征。

1）定制式

分布式能源系统是相对传统集中式供能系统提出的。集中式供能系统需要依靠大型发电站集中生产，然后通过传输设备大规模送至用户区域，这就导致集中式供能系统负荷变化的灵活性和供能的安全性较差。分布式能源系统是建立在用户端，根据用户的需求量产生并供应能量的，实现能源利用效率的最大化，还将输送环节的能耗降至最低，是智能、安全、高效的能源系统，具有能源利用率高、供能可靠性好、投资成本低、建设周期短、系统灵活性强等特点。

智能分布式能源系统是在传统分布式能源系统中加入多种可再生能源，将各自的优点相结合，构建一种多能互补的分布能源系统（图 3.19）。智能分布式能源系统也可比喻为裁缝式的定制系统，与传统能源系统设计完全不一样，需要根据用户端的负荷量体裁衣、因地制宜。

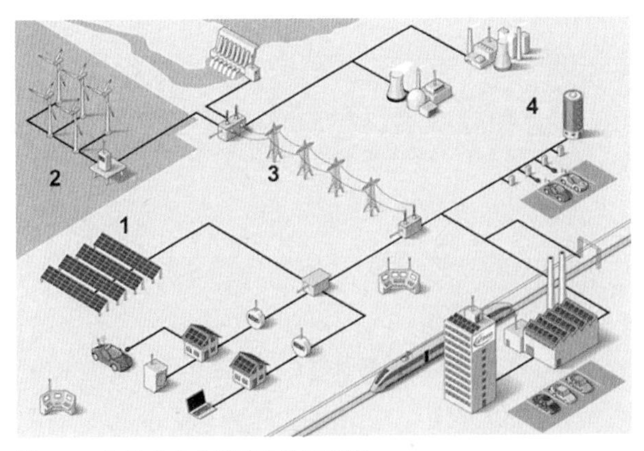

图3.19　智能分布式能源系统示意图

以马尔代夫为例。马尔代夫是印度洋上的一个岛国，由 1200 多个小珊瑚岛屿组成，由于其特殊的地质结构和地形地貌，水能、地热能等可再生资源开发能力很小，这是一个极端、多能互补、不与电网相连的能源系统。能源供给一直是马尔代夫发展的核心问题，开展海岛清洁能源的整合已成为马尔代夫能源供给保障的核心内容。

经过研究，当可再生能源介入后，其含量比例达到 30% ~ 40% 就可以获益，当增加到 70% ~ 80% 的时候，将与现有能源达到平衡，当比例达到 90% 左右的时候，则是经济效益、能源效益最优的时候，比 100% 使用可再生能源的更经济。这是由于完全使用可再生能源，需要建立大空间的储能单元，导致储能成本成倍增加，这是独立系统的典型特点。如果未来储能技术成本大幅度降低，那么可再生能源的比例就可以进一步增加。

这个案例充分说明，不能单纯地追求 100% 可再生能源，如果是 90% 的可再生能源介入，整个生命周期远超过 100% 的效率。能源系统的建立一定要量体裁衣、因地制宜，深入了解用户端的信息，才能设计具体的能源系统的解决方案。

2）先进的控制手段

由于资源的多动性、地域性，以及终端用户特性的差别，需要制定不同的解决方案及不同的能源系统。这方面的研究和技术开发有很多，比如，与建筑的结合，利用建筑的采光和朝向，将太阳能光伏发电装置安装在建筑结构的外表面，为采暖、空调等设施提供电力，形成建筑能源一体化系统；智能电表，智能表不仅包括电表，还包括热表、水表、气表等，智能电表除了具备传统电表基本用电量的计量功能以外，还可以实现多种费率计量功能、用户端控制功能、多种数据传输模式的双向数据通信功能、防窃电功能等一系列智能化功能，智能电表代表着未来终端用户的发展方向；智能储能，特斯拉公司研发的电池能量墙（Powerwall）家用电池系统，不仅可以存储从电网和太阳能电池板获得的能量供应整个家庭用电，还可以连接到网络，传输所有数据给终端用户，它会配合特斯拉的软件产品使用，提供实时的反馈，并通过软件和用户进行沟通，实验证明能将一个家庭年用电成本减少 92%；智能家居，谷歌研发的谷歌智能家居（Google Home）室内智能控制系统，以住宅为平台，依托互联网技术将家中各种设备连接到一起，通过语音连接家中的智能设备，从而用语音进行控制，实现家电控制、照明控制、语音远程控制、室内外遥控、环境监测等多种实时控制功能，可提供全方位的信息交互功能，在智能家居中最重要的环节就是能量控制，可以清晰地控制每个功能（图 3.20）。

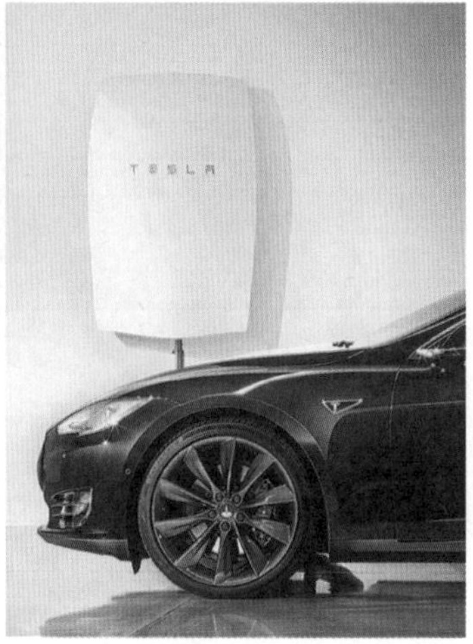

图3.20　智能技术措施

虽然能源网络与互联网物理特性并不一样，但信息技术的确能为未来能源系统提供新的技术手段。在新的能源研究领域里，除了研究能源转换问题，还加入了信息流，这是由于做终端用户端的控制和响应，就必须了解用户端的需求，这种需求是需要通过传感器进行反映和回馈的，正是借用信息技术手段，使传感器成本在逐渐下降，传感及认知的手段在不断增加，这两者结合在一起，为未来能源系统的高效、安全和灵活的使用提供有效的技术手段。

3）获取当地资源

可再生能源的获取都是来自当地资源，包括生物资源、土地资源、水资源、气候资源等，这就需要研究不同区域多种资源的属性和特征，通过建立庞大的资源数据库，收集各个区域不同资源的基础数据。这方面的研究已经开展，名为多元微网系统（CM2），是将全球校园地域性的微网系统接入到公共云平台，实现当地资源数据的共享，从而为研究全球不同区域的资源特征提供了数据基础。

3.3 未来能源系统的展望

未来能源系统中，新能源成本的降低、新设备技术的发展以及互联网技术的渗透，都会为能源系统转型带来新的机遇，同时也使未来能源系统呈现不一样的面貌。可再生能源将成为生产主力，占比将接近 50%。智慧能源普遍发展，能源获取方式广泛，实现能源自产自供。能源交易实现市场化，随着互联网技术的高度渗透，能源生产商、产销者、终端用户等通过移动终端的交易平台即可实现能源的实时交易。整个能源系统运行将高度智能化和透明化（图 3.21）。

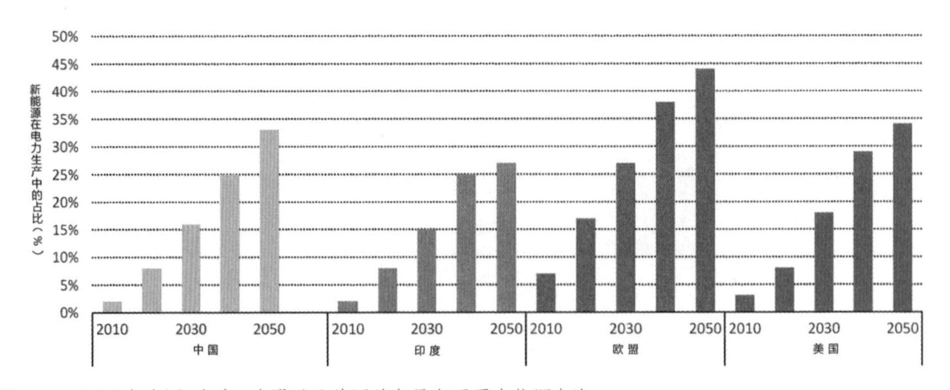

图3.21　2050年中国、印度、欧盟以及美国总电量中可再生能源占比

多能源系统集成（图 3.22）是未来的发展趋势，可以理解为通过多个能源系统的相互协调使总体以及各自的运作效率更高，而且能解决较大的能源问题。能源的形式有电力、热能以及燃料等，集成系统需要将这些能源与基础设施协同，例如电信、水以及交通等，以将效率最大化，将

能源逸散最小化。如何实现？主要依靠不断发展的科技手段。

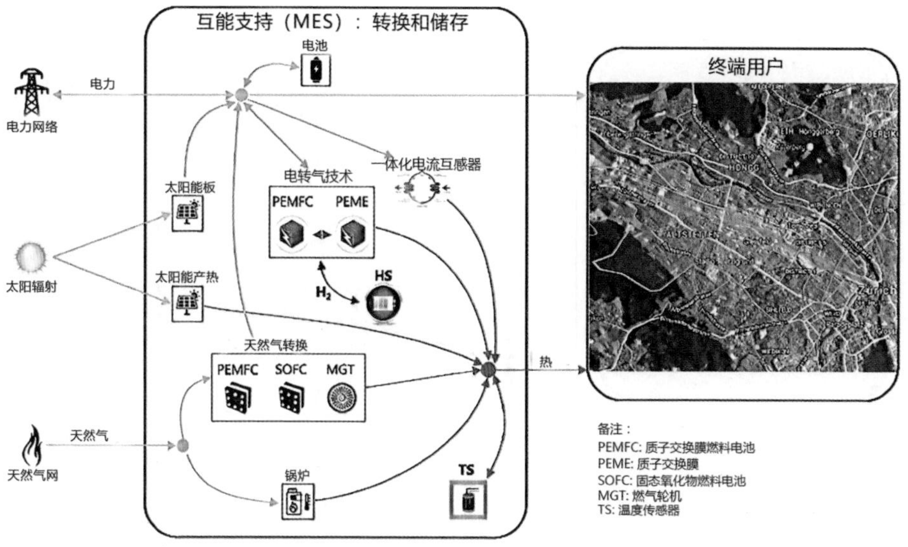

图3.22　多能源系统集成

能源分散式存储系统技术是包括太阳能利用、风能利用、燃料电池以及天然气冷热电三联供等多种形式的模块化、分散式的供电技术，相对于传统集中式供电，分散存储供电方式更智能，基于需求端供电而更有效率，并且低碳化。智能电网技术是建立在集成的、高速双向通信网络的基础上，通过先进的传感和测量技术、先进的设备技术、先进的控制方法以及先进的决策支持系统技术的应用，实现电网的可靠、安全、经济、高效、环境友好和使用安全的目标（图 3.23）。

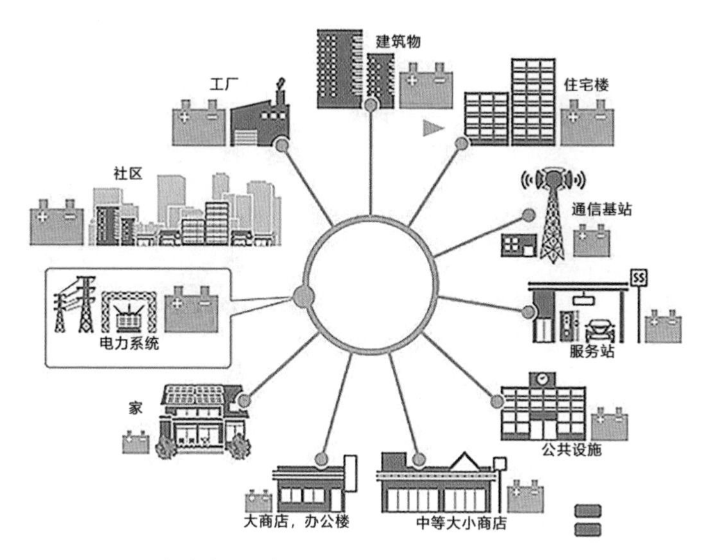

图3.23　能源存储应用体系

能源在转型的过程中会变得更为复杂，集成度更高，这就需要一种新的研究模式来解决，把世界上的技术资源、智力资源整合在一起，通过全球共同的网络平台，共同合作，研究解决未来能源所面临的问题与困境。

研究能源转型的核心问题就是如何使整个能源系统效益更高、更安全、更灵活地联系在一起，采用清洁能源可以不断提升积极的社会效益，使我们生存环境变得更加美好，同时也能产生良好的经济效益，从侧面也诠释了“绿水青山就是金山银山”的生态内涵。

4

"绿水青山"理念引领水安全保障技术的创新发展

侯立安

当前，我们国家处在一个全面的转型期，能否持续快速健康地发展，能否实现"美丽中国梦"，作为一种基础的资源——水资源，其安全问题是重要的制约瓶颈。未来水安全保障是推进生态文明建设、实现美丽中国梦的重要抓手。"绿水青山"是保障水安全的根本，也是引领水安全保障技术创新发展的重要指导思想，保障水安全，既需要大众参与，更需要万众创新。

4.1 政策背景

“绿水青山就是金山银山”的理念将在新的历史时期引领中国水安全保障技术的创新发展。我们的国家，特别是在改革开放的近 40 年，取得了举世瞩目的成就。我们的国内生产总值由 1978 年到 2016 年增长了 204 倍，人均收入、粮食产量、城镇发展等各项建设都取得了令人瞩目的进步（图 4.1）。但是，在这些社会和经济建设取得了明显进展和显著成就的大背景下，作为最基础的水资源、水安全却面临着一些严重的问题和挑战。

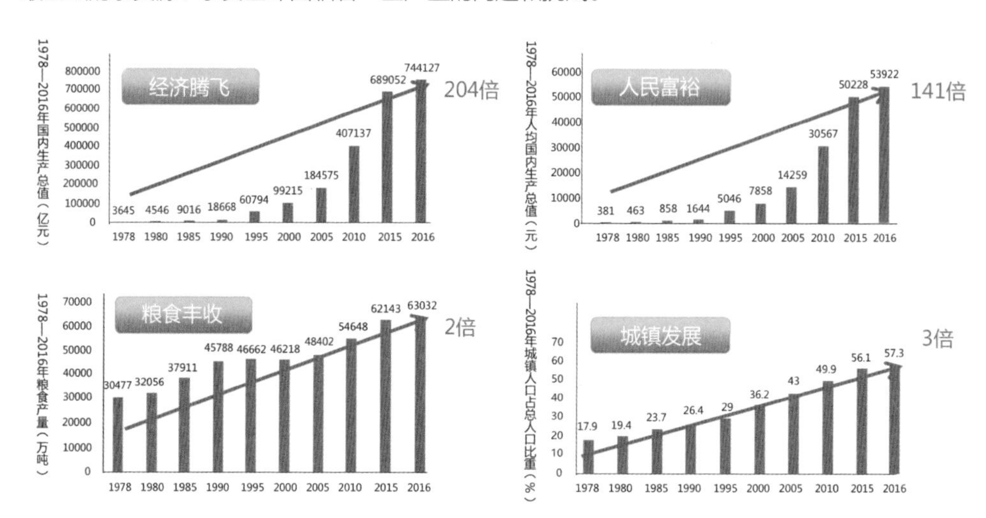

图4.1 中国从1978年到2016年，各项建设指标都取得了令人瞩目的增长

4.2 我国水安全概况

4.2.1 保障水安全是基本的民生问题

当前，我们国家处在一个全面的转型期，能否持续快速健康地发展，能否实现“美丽中国梦”，水资源作为一种基础的资源，水安全问题是重要的制约瓶颈。

为了解决“水安全问题”，我国于 2007 年开始实施“水体污染控制与治理”科技重大专项，其中也涉及“水安全”的一些重要课题的研究。

国家高度重视水安全，并取得积极进展。“绿水青山就是金山银山”展现了新时期治水理念。留下绿水，留出未来。好的生态环境是最公平的公共产品，是最善意的民生福祉。

新时期治水应以“绿水青山”理念为指导，努力将“黑水”改善为“绿水”，使“绿水”更“清洁”，为践行绿色发展、生态发展不断创新，做出贡献。

4.2.2 对水安全的认识不断深化

我国提出了全面建成小康社会、实现中华民族永续发展的战略，重视解决好水安全问题（图4.2）。

近年来，我国在水资源领域建立的创新平台超过10个，确定水安全项目172个，为保障水安全提供了科技支撑。

图4.2 中国水安全是全面建成小康社会、实现中华民族永续发展的战略保障

《水污染防治行动计划》实施两年来，水环境质量改善取得积极进展，水环境质量有了一定改善。2016年，1940个地表水国控断面中，Ⅰ～Ⅲ类水质断面占比达到67.8%，同比增加3.3个百分点；劣Ⅴ类水质断面占比8.6%，同比减少了0.2个百分点（图4.3）。地表水水源监测断面（点位）水质达标率为93.6%；地下水水源监测断面（点位）水质达标率为85%（图4.4）。

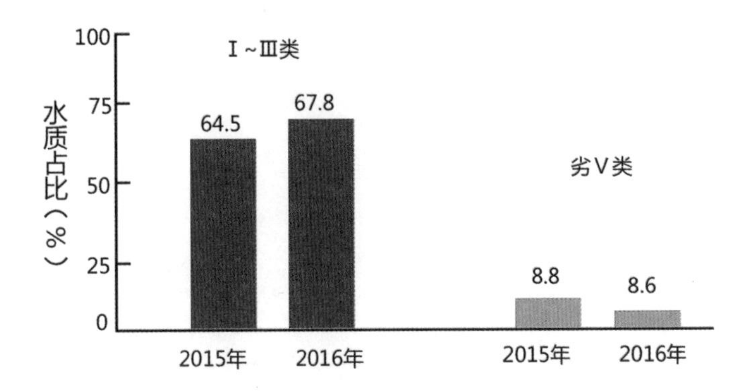

图4.3 中国地表水国控断面（点位）水质占比

数据来源：中国环境监测总站，2017

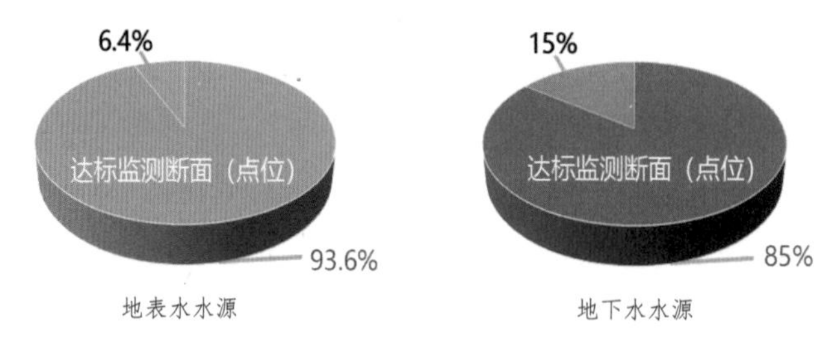

图4.4　地表水水源监测情况和地下水水源监测情况
数据来源：中国环境监测总站，2017

4.2.3 水资源利用效率逐年提高

近五年，中国水资源利用效率逐年提高。全国万元 GDP 用水量由 129 立方米下降到 81 立方米；万元工业总值用水量由 76 立方米下降到 53 立方米。另外，农田灌溉水有效利用系数由 0.516 提高到 0.542。图 4.5 展示了 2012—2016 年我国各年份水资源利用情况，图 4.6 则说明了 2012—2016 年我国农田灌溉水有效利用系数年变化。

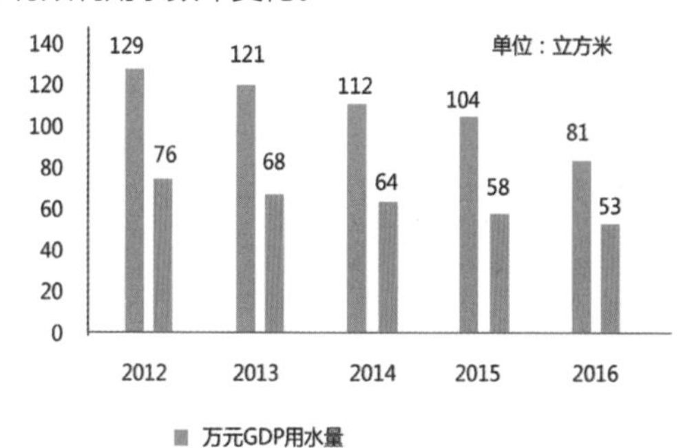

图4.5　2012—2016年我国水资源利用情况
图片来源：中国水资源公报；数据来源：水利部，2017

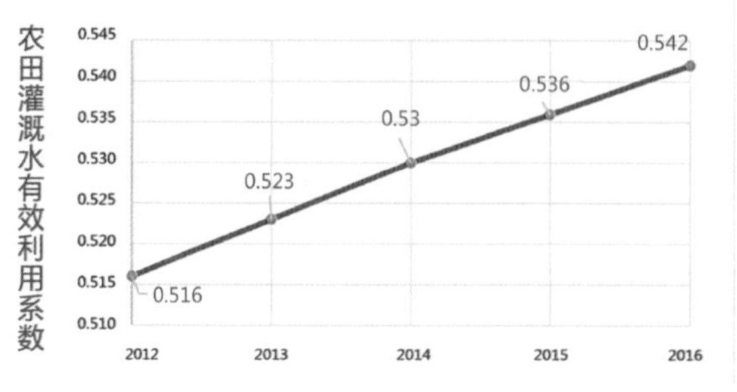

图4.6　2012—2016年我国农田灌溉水有效利用系数变化
图片来源：中国水资源公报；数据来源：水利部，2017

水资源利用效率的逐年提高，还表现在南水北调全面通水两年来的显著效益（图 4.7）。截至 2017 年 5 月底，南水北调中线工程向北方累计供水 77.79 亿立方米，沿线京津冀豫四省市受益人口已达 5300 多万。工程通水以来，运行安全平稳，水质长期稳定在Ⅱ类标准，部分指标已达到Ⅰ类标准。北京市超七成的日供水量由南水北调提供，地下水位出现明显回升。

图4.7 南水北调工程

4.2.4 初步构建了饮用水安全保障技术体系

近年来，特别是“十二五”以来，水专项、973 计划、国家科技支撑计划等项目在重点流域开展了大量技术攻关和工程示范。技术突破包括对新型污染物、重金属等强化去除技术，还包括对管网安全输配技术的深化，以及基于风险评价的水质管理技术的创新，集成具有流域特色的“从源头到龙头”饮用水安全保障技术体系（图 4.8）。

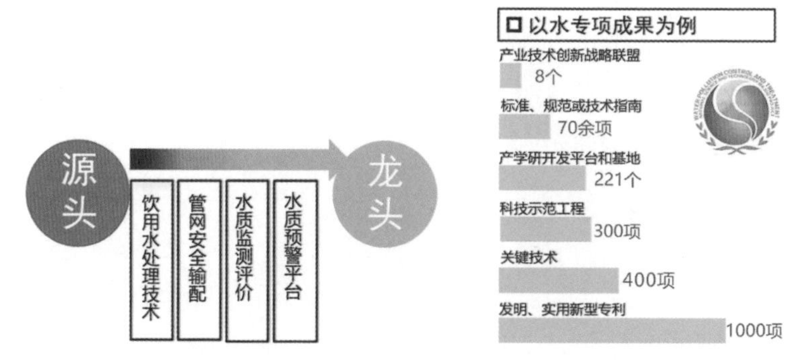

图4.8 集成具有流域特色的“从源头到龙头”饮用水安全保障技术体系

2013 年 11 月 29 日，浙江省委十三届四次全会提出，以治污水、防洪水、排涝水、保供水、抓节水为突破口倒逼沿海发达地区转型升级，吹响了浙江大规模治水行动的新号角。这是集成具有流域特色的“从源头到龙头”水生态安全保障技术体系和生态工程体系的示范工程。

2017 年 9 月 21 日，环保部召开全国生态文明建设现场推进会，对第一批 13 个“绿水青山就是金山银山”实践创新基地、46 个国家生态文明建设示范市县进行授牌，湖州市均榜上有名，为全国生态文明建设树立了标杆。

我国水安全保障工作取得了积极进展，但由于我国经济发展方式尚未得到根本改变，工业化、城镇化快速推进使得资源环境面临巨大的压力，水安全仍面临诸多挑战。

4.3 我国水安全面临的挑战

4.3.1 水资源约束趋紧

1）人均水资源量

中国人均水资源量是世界人均水资源量的 1/4、美国的 1/5、加拿大的 1/50（图 4.9）。全国 400 多个城市“缺水”或“严重缺水”，浙江省人均水资源量约 1800 立方米，低于全国人均水资源量。京津冀人均水资源量约 286 立方米，仅为全国人均水资源量的约 1/8。

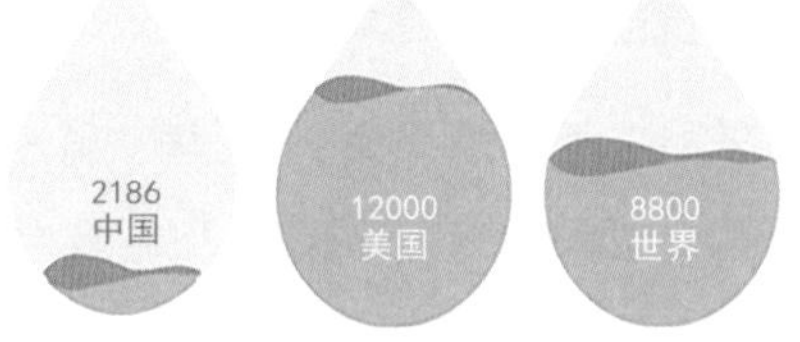

图 4.9 中国人均水资源量与美国及世界人均水资源量的比较

2）分布与生产需求不均

中国人均水资源量不但量少，而且时空分布不均，与生产力布局不相匹配，发展需求与水资源条件之间的矛盾较为突出，使得我国城市面临不同时空缺水的各种危机。图 4.10 展示中国南北方不同地区季节性降水分布的不平衡，以及水资源与其他资源分布配比的不平衡。

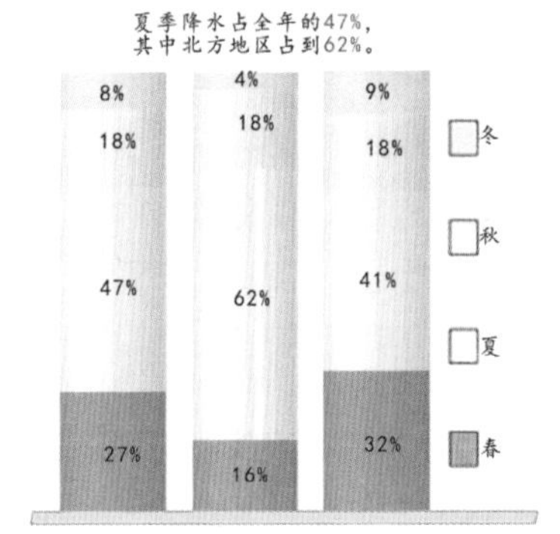

图 4.10 不同地区的季节性降水分布水资源与其他资源分布配比

图片来源：中国水资源公报；数据来源：水利部，2017

4.3.2 水质自然本底条件较差

如我国北方部分平原地区地下水存在高砷、高氟等问题，导致饮水不安全（图4.11、图4.12），饮水引发的砷中毒较常见。

图4.11 受砷中毒影响的省份

图片来源：中国水资源公报；数据来源：水利部，2017

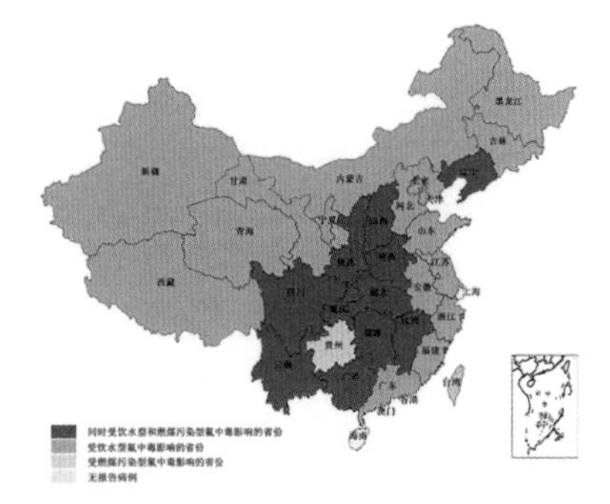

图4.12 受氟中毒影响的省份

4.3.3 水污染严重

全国地表水污染范围已由支流向干流、下游向上游、区域向流域、地表向地下蔓延。2016年地表水国控断面中，Ⅲ类以下占32.3%（图4.13）。

与此同时，地下水污染的严重性更不能忽视。地下水污染由点状、条带状向面状扩散，由浅层向深层渗透，由城市向周边蔓延。2016年全国地下水水质较差、极差的比例分别占45.4%、14.7%（图4.14）。

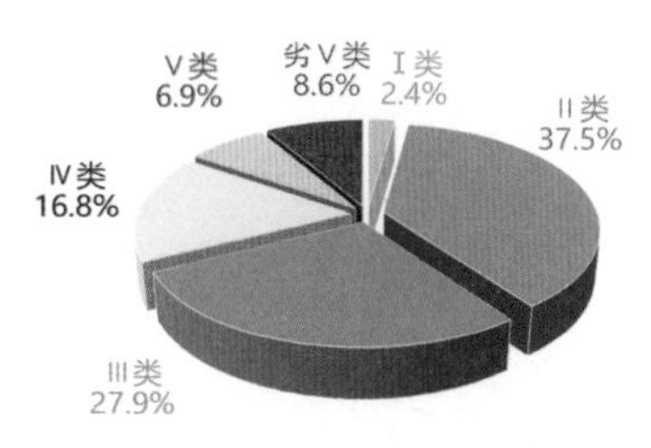

图4.13 2016年全国地表水各水质类别比例

图片来源：中国水资源公报；数据来源：水利部，2017

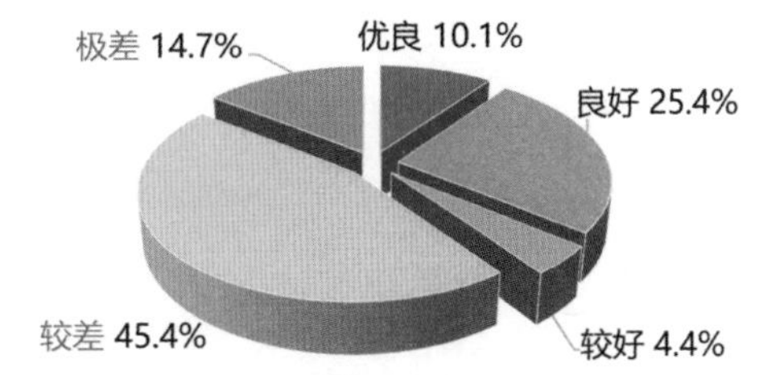

图4.14 2016年全国地下水水质状况

4.3.4 城市黑臭水体问题突出

根据住建部网站数据，截至2016年12月13日，全国295个地级及以上城市中，有220个城市发现黑臭水体，占74.6%。

从黑臭水体的治理来看，全国2100个黑臭水体，其中完成治理927个，占44.1%，其余55.9%尚未完成。从空间分布来看，南方地区有黑臭水体1350个，占64.3%；北方地区有750个，占35.7%。另外，超过60%的黑臭水体分布在广东（243个）、安徽（217个）、山东（165个）、江苏（152个）、湖北（145个）、河南（128个）等东南沿海及经济相对发达的地区（图4.15）。

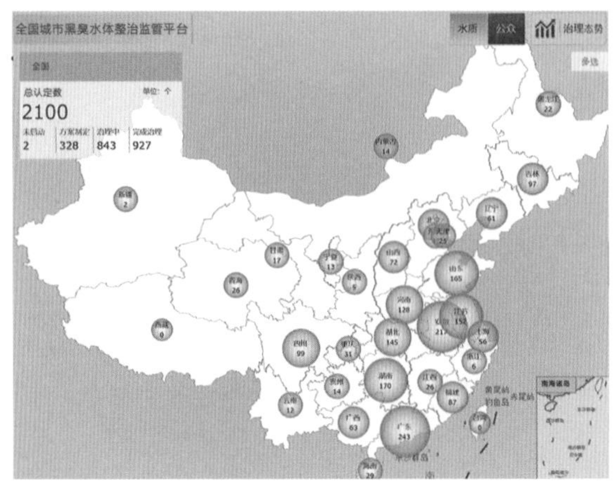

图4.15 我国黑臭水体分布情况
图片来源：全国城市黑臭水体整治监管平台；数据来源：住建部，2017

4.3.5 水生态功能退化

1）湖泊与湿地减少

20世纪50年代以来，全国有142个面积大于10平方千米的湖泊萎缩，全国湖泊总面积676万公顷，减少95.74万公顷，占萎缩前湖泊总面积的12.4%，蓄水量减少6.5%。“百湖之城”的武汉，成为“失湖之城”（图4.16）。

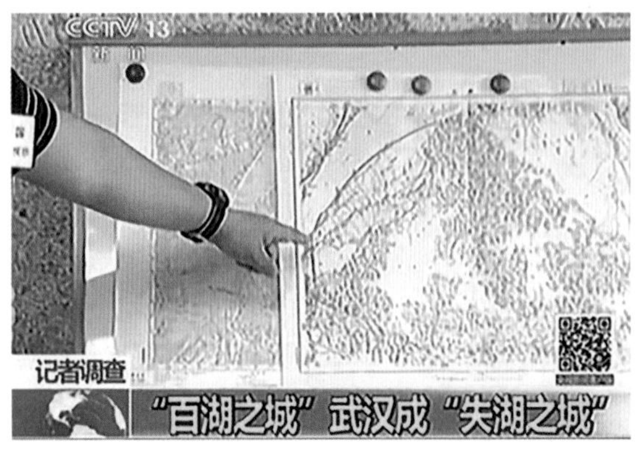

图4.16 “百湖之城”的武汉，成为“失湖之城”
图片来源：中央电视台新闻频道《新闻直播间》，2017年3月

自然湿地的萎缩情况更严重。根据第二次全国湿地资源调查结果：全国湿地总面积 5360.26 万公顷，与第一次调查比较，湿地面积减少了 339.63 万公顷，减少 8.82%。自然湿地减少 337.62 万公顷，减少 9.93%（图 4.17）。

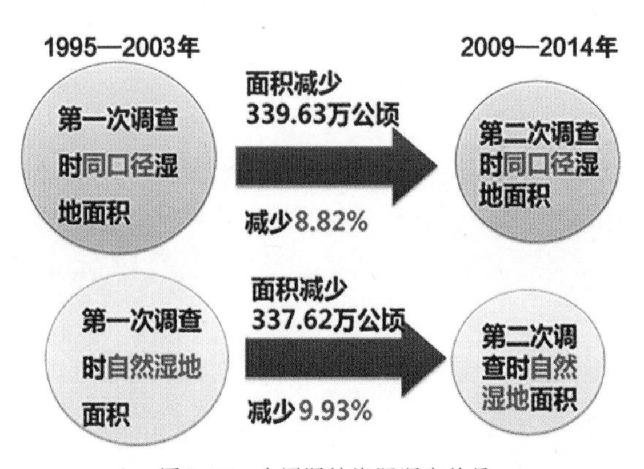

图4.17　全国湿地资源调查结果

注：同口径指两次调查的方法和范围一致

以武汉为例，武汉历代水系的湖泊和湿地分布面积不断缩减。图 4.18 展示了从唐宋时期到 21 世纪武汉湖泊湿地的变迁（蓝色为湖泊、湿地，白色为陆地）。

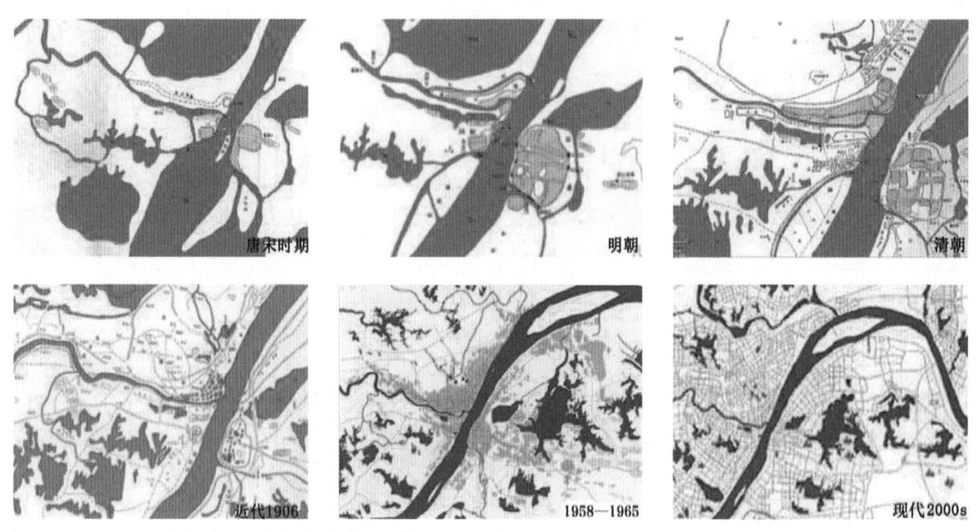

图4.18　武汉历代水系图：蓝色为湖泊、湿地，白色为陆地

2）城市水体面积减少加剧内涝灾害

城市社区、交通、工厂等发展侵占原有的蓄涝池塘和排涝水渠，使城市水体不断减少，并打乱了原来天然河道的排水走向，加剧了城市排涝的压力。在汛期，江河水位或潮位高涨，雨洪无

法自排，城内水体又无法调蓄，加重了城市洪涝灾害。

据统计资料表明，我国某城市水库水体面积 2015 年较前一年同期减少 28%（图 4.19）。该水体面积变化是我国部分地区城市化建设影响的缩影。

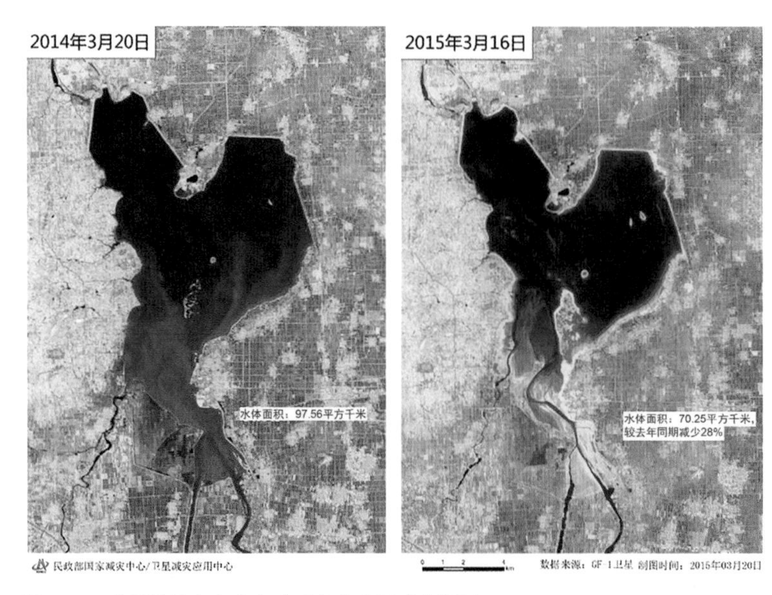

图4.19　我国某城市水库水体面积变化遥感监测图

我国部分城市水生态失衡，城市湖泊湿地面积削减等综合因素造成城市内涝频发，损失惨重。同时，内涝引发城市水体污染，也加剧城市水环境的压力。改善水环境质量已成为亟待解决的城市环境问题之一。

近年来，我国自然灾害以洪涝、滑坡灾害为主，干旱、冰雹、台风、地震、崩塌、泥石流等灾害也均有不同程度发生。但是，对于城市的影响主要呈现特点仍然是暴雨洪涝集中发生且灾情严重（图 4.20）。

图4.20　近年来，我国城市主要呈现暴雨洪涝集中发生且灾情严重

4.3.6 净水技术有待提高

目前全国 95% 以上的自来水厂是在饮用水卫生新标准颁布之前建设的，这些水厂的水源水质和处理工艺均难以保障出水水质达到新标准要求（图 4.21），亟须依据新标准开发新技术，提高净水技术和标准。

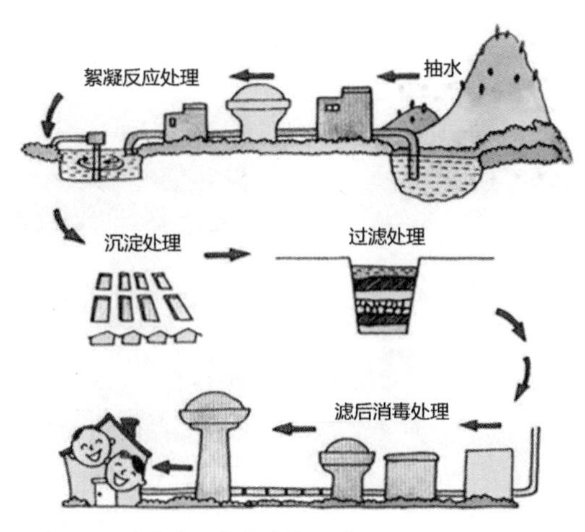

图4.21 自来水厂传统净水工艺

面对水资源短缺、水环境污染、水生态功能退化、传统净水工艺局限等问题，国家高度重视，应该按“绿水青山”的理念，做好水源地水质的保护，引领水安全保障技术的创新发展。

4.4 “绿水青山”理念引领水安全保障技术创新发展

4.4.1 践行“绿水青山”理念，推进创新发展

中国提出了创新、协调、绿色、开放、共享的五大发展理念（图 4.22）。其中，创新是引领发展的第一动力。创新是根本出路，必须把创新摆在国家发展全局的核心位置，不断推进理论创新、制度创新、科技创新、文化创新等各方面创新，让创新在全社会蔚然成风。

图4.22 中国提出了创新、协调、绿色、开放、共享的五大发展理念

而创新驱动发展战略需要大众创业、万众创新。2015 年 6 月，国务院发布《关于大力推进大众创业万众创新若干政策措施的意见》，明确指出推进大众创业、万众创新是激发全社会创新潜能和创业活力的有效途径。2015 年 10 月，李克强总理参加大众创业万众创新活动周启动仪式，鼓励各行各业创新发展。目前，大众创业、万众创新活动已在各行各业开花结果，水安全作为经济社会可持续发展和繁荣稳定的重要基石，也需要继续巩固成果，持续创新发展（图 4.23）。

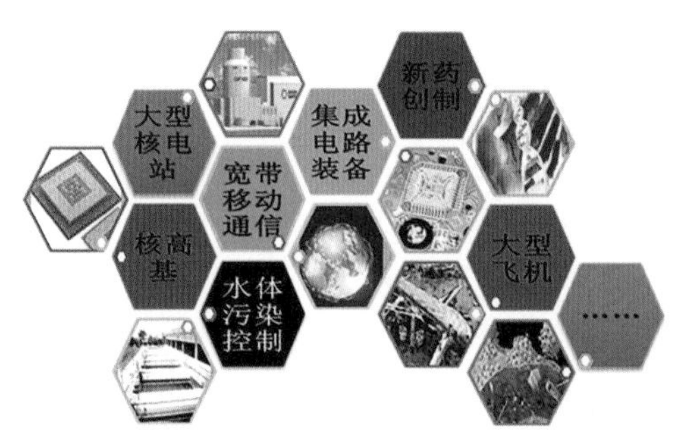

图4.23　各行各业创新发展及航空航天成果展

创新是保障水质安全的根本技术途径，也是创新驱动发展战略在治水领域的重要体现。保障水安全，需要以“绿水青山”为保障，进一步在治理理念、管理模式、技术水平等方面创新发展（图 4.24）。

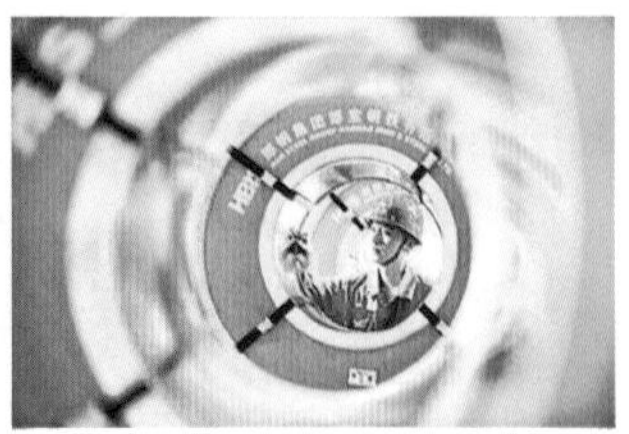

图4.24　创新发展保障水安全

4.4.2　统筹规划，推动水环境长效治理的创新机制

随着水环境问题的加剧和政府环境治理力度的加强，为了统筹规划，推动水环境长效治理，国务院出台了《水污染防治行动计划》，即“水十条”；该计划是当前和今后一个时期，水污染防治工作的行动指南，同时，其中提出 2020 年的具体水质目标（图 4.25）。

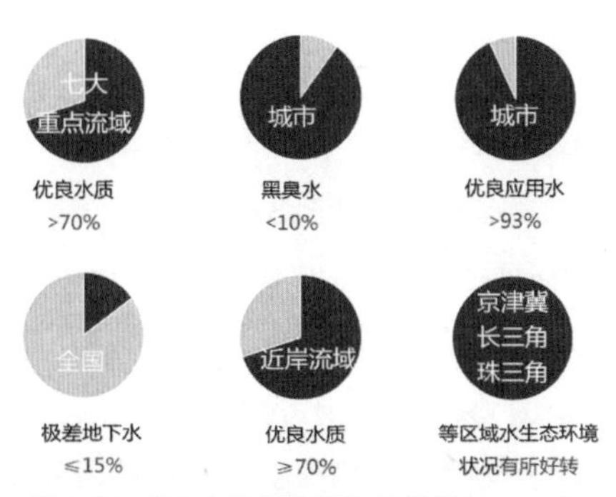

图 4.25 “水十条”中2020年目标

另一项重要创新就是全面推广河长制管理模式。2016 年 12 月 11 日，中共中央办公厅、国务院办公厅印发了《关于全面推行河长制的意见》，标志着在全国首创的“河长制”真正从“试水”走向了成熟的生态治水责任体制，这是我国治理水环境污染的又一项伟大创举。当前，在全国范围内全面推行河长制势在必行，同时要依托“河长制”，建立“河长智”，实现“河长治”。

“河长制”包含 8 个亮点：①党政一把手管河湖；②坚持问题导向、因河施策；③社会参与、共同保护；④部门联防、区域共治；⑤岸线有界、不得围湖；⑥综合防治，管住排污口；⑦抓住重点生态保护区；⑧定好时间表，两年之内全面建立河长制。

4.4.3 综合治理黑臭水体的创新技术路线

黑臭水体治理需采取针对性措施，可以围绕“源头污染控制和减排、水质净化与生态修复、受损生态环境修复”技术路线进行。黑臭水体治理必须因地制宜，岸上、岸下污染协同治理，系统构建集成技术体系。除此之外，还应该建立长效的管理体系，以规划、管理、法规为基础的管理模式（图 4.26）。

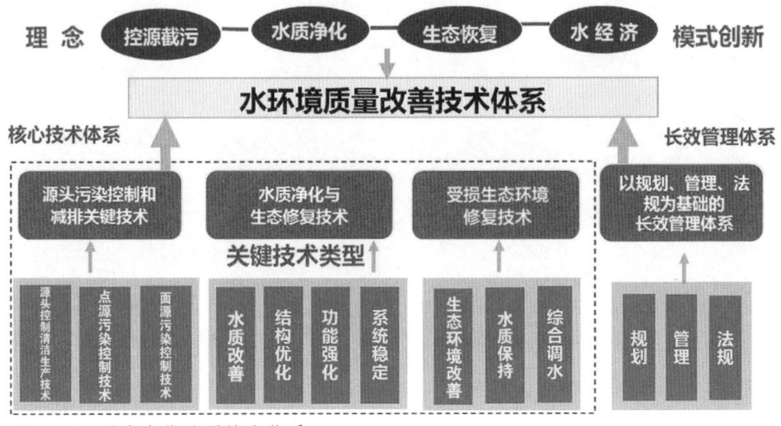

图 4.26 黑臭水体治理技术体系

4.4.4 进一步完善饮用水相关法律及标准

立法对水资源一体化管理的重要性在于：立法确立了水管理的目标、原则、体制和运行机制，并对管理机构进行授权。然而，我国在饮用水安全保障方面还没有相关法律。澳大利亚、世界卫生组织（WHO）的水质指标多于我国。WHO、欧盟和美国分别有 4 项、8 项和 17 项指标严于我国（表 4.1）。今后需加快标准修订步伐，完善标准体系建设，强化应急标准研究，防患于未然。

表 4.1 欧盟、澳大利亚、WHO 和美国水质指标项与中国的比较

国家、组织	标准	指标项
欧盟	《饮用水水质指令》	48 项
澳大利亚	《澳大利亚饮用水指南》（2004）	111 项
WHO	《饮用水水质准则》（第三版）	172 项
美国	《国家饮用水水质标准》	一级 69 项，二级 15 项
中国	《生活饮用水卫生标准》（2006）	106 项

4.4.5 健全生态补偿机制和完善激励政策

2016 年 5 月 13 日，国务院办公厅发布《关于健全生态保护补偿机制的意见》，这标志着各方期待已久的生态补偿机制顶层设计获得重大进展（图 4.27）。

2017 年 3 月 9 日，财政部等部门联合出台《关于加快建立流域上下游横向生态保护补偿机制的指导意见》，多个省份、流域开展了试点工作，但全国范围仍需分阶段推进。

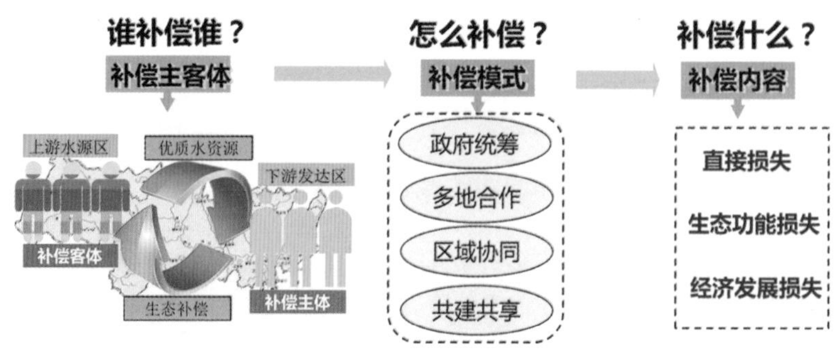

图 4.27 生态补偿机制顶层设计

统筹考虑发展生产和保护环境的关系，必须建立和完善环境激励政策，与环境管制政策优势互补，变限制发展为引导发展（图 4.28）。工业企业污染治理方面，通过财政补贴和绩效奖励的方式，鼓励工业污染治理，鼓励推行清洁生产工艺，鼓励综合利用，充分调动企业积极性。

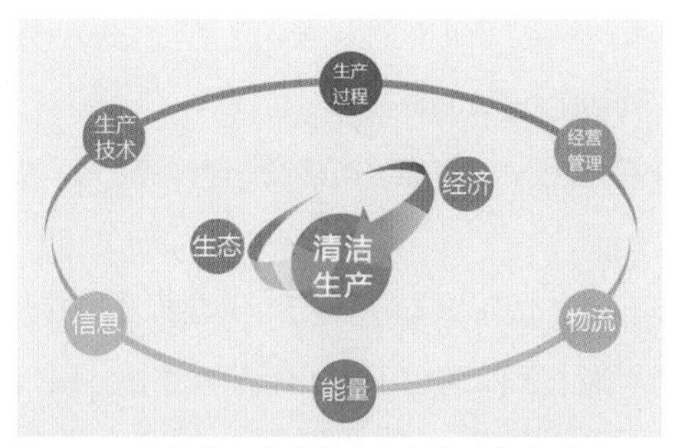

图4.28 统筹考虑发展生产和保护环境的关系

比如，对于畜禽养殖污染治理方面，科学划定禁养区，防止盲目扩大禁养范围；该禁的要坚决禁，但要给予合理补偿；通过政策和资金的支持，引导养殖场户发展种养循环、提升畜禽养殖废弃物无害化处理和资源化利用的能力。通过一体化处理，把养殖污染物合成为含有优质生物物质的有机肥（图4.29）。

➢ 养殖污染物经过处理后可合成为含有优质生物物质的有机肥

图4.29 畜禽废弃物一体化处理设备

4.4.6 开源节流，保障水资源量足充盈

应该从顶层设计，开源节流，保障水资源量足充盈。

第一，应该建立以“山、水、林、田、湖”为理念指导的系统管理模式，坚持以水定需、量水而行、因水制宜，优化流域环境与产业结构，提高生态化水平，构建自然和谐的经济社会系统。

第二，优化生态空间结构。基于不同区域特点，统一协调生态带、城镇带和旅游带的建设。

第三，以主体功能区划为指引，控制冶金、石化等高消耗、高污染行业的发展，鼓励发展绿色、清洁的新型产业。

第四，建立统一的水资源管理机制，生态化改造水利工程建筑物，增加生态流量，逐步修复水生态功能区的天然水文节律。

针对水资源短缺、分布不均的现状，加强非常规水资源开发利用，是缓解水量型缺水的重要途径。

再生水回用：应当分类、排序，倒推处理标准和工艺；优先考虑农业灌溉和工业利用；到2020年，缺水城市再生水利用率大于20%。

雨水利用：推行低影响开发模式、海绵城市建设，建设滞、渗、蓄、用、排相结合的雨水收集利用设施。

海水淡化：膜法海水淡化、热法海水淡化、基于可再生能源的海水淡化。

开源节流，保障水资源量足充盈还应该通过创新节水型社会和节水技术与工艺、完善节水标准体系、强化节水意识与节水管理，在工农业生产和生活方面提高用水效率。国内2012—2014年再生水利用率仅为10%左右，用水总量为6160亿立方米，万元国内生产总值用水为121立方米，万元工业增加值用水量为68立方米，节水灌溉工程面积为0.27亿公顷；2020年目标，再生水利用率缺水城市达到20%以上、京津冀区域达到30%以上，用水总量控制在6700亿立方米以内，万元国内生产总值用水比2013年下降35%，万元工业增加值用水量比2013年下降30%，节水灌溉工程面积目标为0.47亿公顷左右。

作为保障水资源的南水北调工程完工后，我国水资源形成“四横三纵、南北调配、东西互济”的新格局，完善了国家水资源调配工程布局（图4.30）。通过对“四横三纵”水量跨流域重新调配，可协调东、中、西部社会经济发展对水资源的需求关系，达到我国水资源“南北调配、东西互济”的优化配置目标。

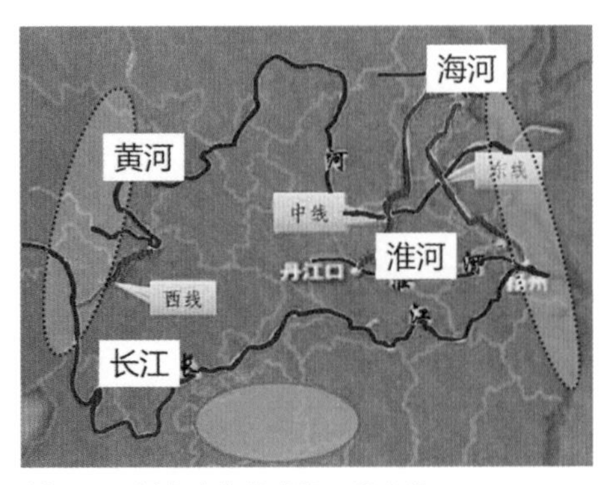

图4.30　国家水资源调配工程布局

4.4.7　污染防控，确保源洁流清

从源头降低污染物排放量，是水污染防治的基础和首要任务，也是实现水资源绿色开发利用的保障。

工业污水点污染控制：提倡绿色制造技术，通过循环经济等措施，提高工业用水的重复利用率，实现污水“零排放”和水污染源头防控（图4.31）。

图4.31 工业污水零排放

农业养殖污染及面源污染控制：大力发展绿色农业，节水农业。鼓励生态发酵、有机肥合成等新技术的推广，实现畜禽养殖污染物的无害化与资源化处理（图 4.32），以及通过湿地和植被带等生态技术防治农业面源污染。

图4.32 生态发酵床养猪

城镇生活污水污染控制：转变生活方式，倡导绿色消费，强化城镇生活污染治理，加强配套管网建设，推进污泥处理处置，推广节水器具。

提高水污染防治水平：针对重点行业、重点区域、重点水系，在严控污染物排放标准的基础上，因地制宜，实行差别化的污染物排放指标，倒逼产业转型升级。

绿色发展：发展绿色工业、农业，提倡绿色生活方式，提高工农业用水效率，减少农药、化肥排放。

生态保护：加快推进退耕还林和湿地保护，建立“海绵城市”，推广截污治理模式，强化船舶污染的源头监管。

生态修复：开展人工湿地、生态塘等生态修复工程，推广膜生物反应器等应用技术，推进流域上游分散点源污水处理。

转变理念：变总量控制为容量控制，对产业发展变限制为引导，变底泥物理转移为流域底泥清淤疏通等。

统筹水污染治理全局：全面统筹水资源污染的治理（图 4.33），重视地下水污染治理。我国地下水资源分布及地下水污染的特征都与欧美有较大差异（图 4.34），应充分借鉴国外先进技术，因地制宜组合应用，并积极进行技术创新。

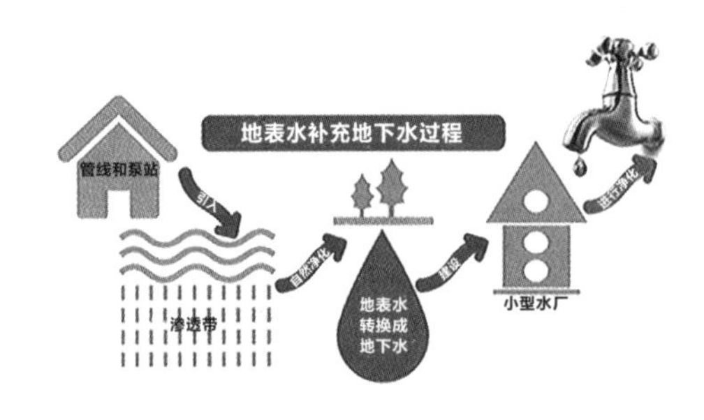

图4.33　地表水与地下水紧密联系

图4.34 河北沧县地下井水污染事件
图片来源：中央电视台新闻频道《新闻直播间》，2013年4月

4.5 聚焦前沿，创新水安全保障技术

4.5.1 面向未来建设深度处理水厂及保障饮用水安全

全流程保障饮用水安全：饮用水安全出现问题的深层次原因是发展方式粗放、思维观念落后、治理速度滞后污染速度等因素综合作用的结果。因此，应加强饮用水“从源头到龙头”全流程保护，从根本上保障饮用水安全（图 4.35）。

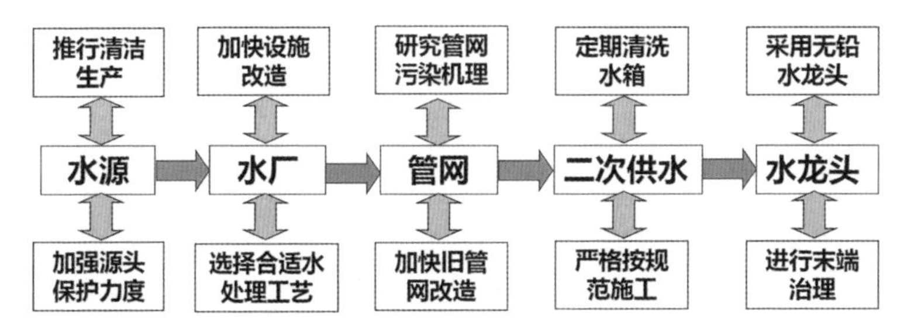

图4.35　“从源头到龙头”全流程保障饮用水安全

面向未来建设深度处理水厂：开发前瞻性的“未来深度处理水厂”技术，实现水厂的能源自给，尽可能多地采用物理净化工艺，以及水源、资源、能源的回收再利用（图 4.36）。

图4.36 面向未来建设深度处理水厂

探索大数据水质监管系统：目前世界多个国家正积极探索建立“天地空”一体化监测系统，包括利用卫星遥感、智能传感系统，无人机搭载传感系统对一定区域进行监测。实现大数据监管，重点是在传感系统开发、数字模型建立、监管能力建设以及“大数据、云计算、互联网技术融合”等方面实现突破和创新（图 4.37）。

“天地空”一体化监测系统

大数据综合信息系统

图4.37 大数据水质监管系统

4.5.2 建立突发水污染事件应急保障体系

针对突发性水环境污染事件，未雨绸缪，制定突发性事件的应急机制和预案，建立完整的突发应急保障体系架构（图 4.38），并配套研发稳定可靠的应急供水技术与设备（图 4.39）。

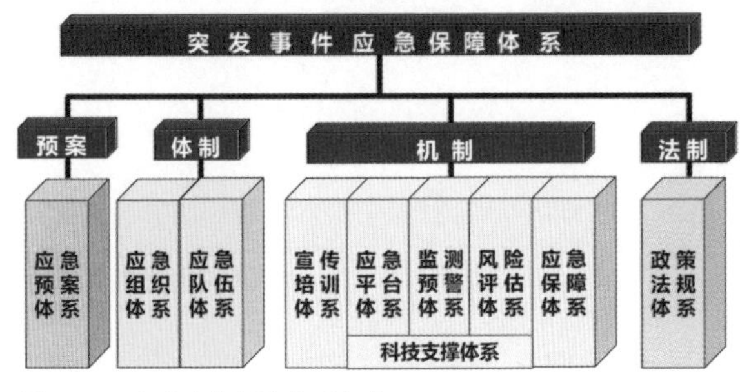

图4.38 突发应急保障体系架构

图4.39 移动式应急供水装置

4.5.3 提高水体非常规污染物的处理能力

水体中非常规污染物对水安全的威胁逐渐成为国际上关注的热点。尽管水体中非常规污染物的含量低，但危害大，传统水处理技术如吸附、光催化等，处理效率较低，亟待开发更有效、更高效的处理技术及工艺（图 4.40）。

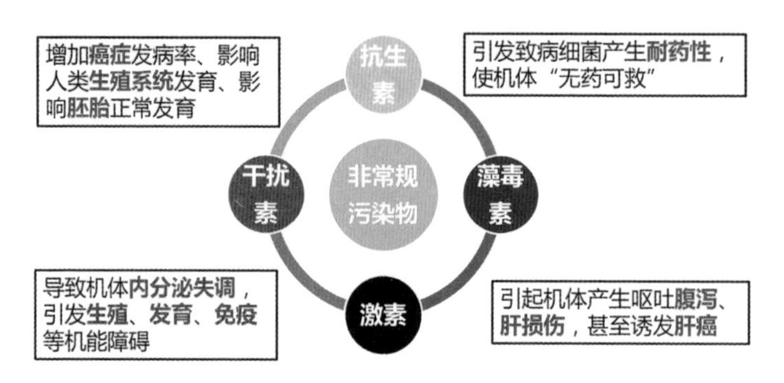

图4.40　水体中非常规污染物对人类的威胁

4.5.4 强化膜分离机理研究

目前，对于污水处理，膜技术应用方面的研究较多，但膜分离机理方面的研究还不够系统全面。今后要进一步强化膜分离机理研究，促进新型膜材料的开发（图 4.41）。

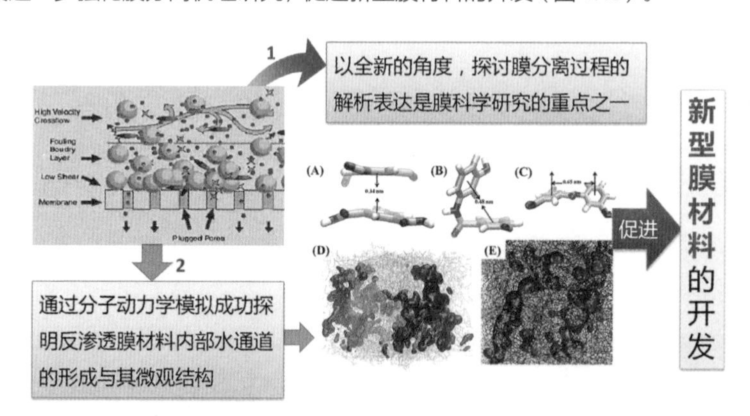

图4.41　污水处理的膜技术应用

4.5.5 深化纳米技术适用性研究

纳米技术作为前沿科学，对环境保护已产生深远影响，利用纳米材料和技术解决污染问题已有报道，但纳米材料对生物影响的研究仍需加强。相关研究表明：纳米材料通过诱导氧化应激和炎症反应等机制与生物大分子、细胞、组织和器官相互作用并引起毒性（图 4.42）。

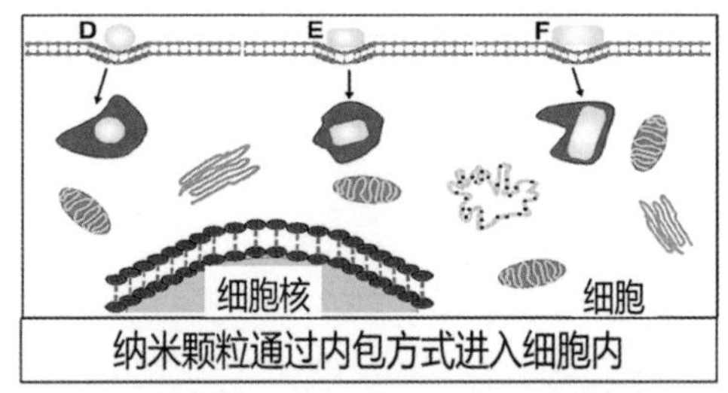

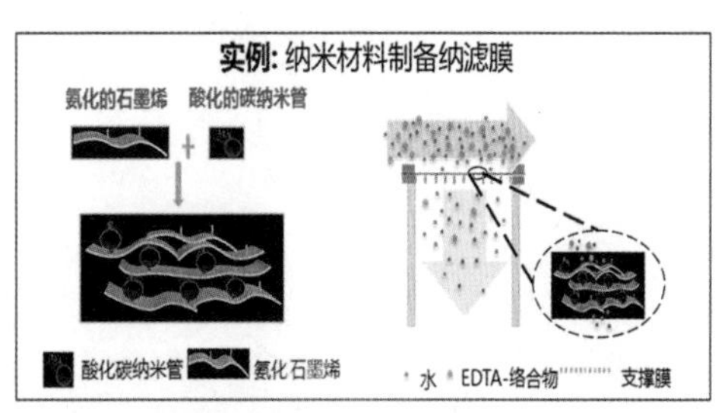

图4.42 纳米颗粒通过内包方式进入细胞并引起毒性及纳米技术材料制备纳滤膜

未来水安全保障是推进生态文明建设、实现美丽中国梦的重要抓手。“绿水青山”是保障水质安全的根本，也是引领水安全保障技术创新发展的重要指导思想。保障水安全，既需要大众参与，更需要万众创新。

5

美丽乡村建设

伍业钢

2005年8月15日，时任浙江省委书记的习近平在湖州市安吉县余村首次阐释了“绿水青山就是金山银山”的重要思想。经过十余年的理论实践，“绿水青山就是金山银山”这一科学论断，成为树立生态文明观、引领中国走向绿色发展之路的理论之基。

5.1 美丽乡村概念

5.1.1 绿水青山与美丽乡村

2005 年 8 月 15 日，时任浙江省委书记的习近平同志在安吉县余村考察时，提出了“绿水青山就是金山银山”的科学论断。十余年来，浙江省委省政府认真贯彻习近平重要思想，坚持一张蓝图绘到底，大力实施“千村示范，万村整治”工程，努力建设“规划科学布局美、村容整洁环境美、创业增收生活美、乡风文明素质美”的美丽乡村，取得显著成效，有力推动农村精神文明建设和社会主义新农村建设。

党的十八大报告提出：“要努力建设美丽中国，实现中华民族永续发展。”第一次提出了“美丽中国”的全新概念，强调必须树立尊重自然、顺应自然、保护自然的生态文明理念，明确提出了包括生态文明建设在内的“五位一体”社会主义建设总布局。这是深入贯彻落实科学发展观的战略抉择，是在发展理念和发展实践上的重大创新，充分体现了中国共产党以人为本、执政为民的理念，顺应了人民群众追求美好生活的新期待，符合当前的世情、国情。贫穷落后中的山清水秀不是美丽中国，强大富裕而环境污染同样不是美丽中国。只有实现经济、政治、文化、社会、生态的和谐发展、持续发展，才能真正实现美丽中国的建设目标。而要实现美丽中国的目标，美丽乡村建设是不可或缺的重要部分。

在 2013 年中央一号文件中，第一次提出了要建设“美丽乡村”的奋斗目标，进一步加强农村生态建设、环境保护和综合整治工作。事实上，农村地域和农村人口占了中国的绝大部分，因此，要实现十八大提出的美丽中国的奋斗目标，就必须加快美丽乡村建设的步伐。这就需要加快农村地区基础设施建设，加大环境治理和保护力度，营造良好的生态环境，大力加大农村地区经济投入，促进农业增效、农民增收。同时，统筹做好城乡协调发展、同步发展，切实提高广大农村地区群众的幸福感和满意度。唯此，才能早日实现美丽中国的奋斗目标。

5.1.2 美丽乡村建设发展历程

2005 年 8 月，时任浙江省委书记的习近平到浙江省湖州市安吉县的余村考察，首次提出了“绿水青山就是金山银山”这一科学论断。

2005 年 10 月，党的十六届五中全会提出建设社会主义新农村的重大历史任务，提出了“生产发展、生活宽裕、乡风文明、村容整洁、管理民主”的具体要求。

2007 年 10 月，党的十七大顺利召开，会议提出“要统筹城乡发展，推进社会主义新农村建设”。

“十一五”期间，全国很多省市按十六届五中全会的要求，为加快社会主义新农村建设，努力实现生产发展、生活富裕、生态良好的目标，纷纷制定美丽乡村建设行动计划并付诸行动，并取得了一定的成效。

2008 年，浙江省安吉县正式提出“中国美丽乡村”计划，出台《建设“中国美丽乡村”行动纲要》，提出要用 10 年左右的时间，把安吉县打造成为中国最美丽的乡村。

2013 年 7 月 22 日，习近平来到进行城乡一体化试点的鄂州市长港镇峒山村。他说，实现城乡一体化，建设美丽乡村，是要给乡亲们造福，不要把钱花在不必要的事情上，比如“涂脂抹粉”，房子外面刷层白灰，一白遮百丑。不能大拆大建，特别是古村落要保护好。

为深入贯彻党的十八大、十八届三中全会、中央一号文件和习近平系列重要讲话精神，进一步推进生态文明和美丽中国建设，农业部开展了 2014 年中国最美休闲乡村和中国美丽田园推介活动。

5.2 美丽乡村发展理念

5.2.1 中国发展模式2.0版

从 1978 年邓小平同志引领中国提出“发展就是硬道理”“白猫黑猫”等理论至今，我们的发展已经走过了近 40 年。目前需要有一个新的发展模式、新的经济模式、新的生活模式以及新的经济增长模式，这个模式就是“绿水青山就是金山银山”，是中国发展的 2.0 版。这和发展模式的 1.0 版没有矛盾，也不是一个否定，而是一个新的战略，一个新的台阶。

美丽乡村的建设在根本上是什么？就是要解决中国发展新的模式问题，就是在一个更高层次上解决农村、农民、农业的问题，新型城镇化的问题，特色小镇的问题以及田园综合体的问题，是在一个更高层次上的具体体现。从这个出发点来说，绿水青山的本质就是金山银山，是一个发展的概念，是一个可持续经济发展的概念。所以习近平提出的经济、社会、生态三个效益的高度统一，就是我们未来中国发展的模式。

5.2.2 浙江湖州“生态+”

湖州是习近平“绿水青山就是金山银山”理念的发源地。2005 年的 8 月 15 日，习近平到湖州市安吉县余村考察，首次提出了“绿水青山就是金山银山”这一科学论断。2006 年 8 月 2 日，习近平在视察南太湖保护开发工作时再次强调“绿水青山就是金山银山”，湖州要充分认识和发挥好生态这一最大因素。

2015 年 2 月 11 日和 2016 年 7 月 29 日，习近平又先后两次来到湖州，提出要走好“绿水青山就是金山银山”这条路。因此湖州建设生态文明是落实习近平的殷切嘱托，是重大的政治任务和特殊的历史使命。

湖州是中国美丽乡村的发源地。2003 年习近平任浙江省委书记的时候，提出了“千村示范，万村整治”工程。从那个时候开始，湖州就开展了科学规划布局美、创新增收生活美、村容整洁环境美、乡风文明素质美、管理民主和谐美和宜居、宜业、宜游，这样一个以“五美三宜”为主要特征的美丽乡村建设。安吉县牵头制订了美丽乡村指南，成为全国首个美丽乡村的国家标准，也奠定了湖州美丽乡村发源地的基础。

湖州是“生态 +”绿色发展的先行地。湖州生态文明建设核心是既护美了绿水青山，又做大了金山银山。“绿水青山就是金山银山”在湖州得到了生动的实践和深刻的验证。湖州一直坚持以“生态 +”理念引领产业发展，制定了“生态 +”行动的实施意见。湖州在全国首创了生态发展的新思路，明确了“绿水青山就是金山银山”转化的基本路径，做精生态农业，做强绿色工业，做优现代服务业，走出一条生态经济化、经济生态化融合发展的新路子。“十二五”期间，湖州的生产总值年均增长 9.2%，比全省高 1 个百分点。财政收入和地方财政收入年均增长 13% 和 13.2%，比全省高 1.9 个百分点和 1.6 个百分点，所以说环境保护得好，那么发展也是快的。

5.3　美丽乡村是一个复合生态系统

5.3.1　复合生态系统概念

美丽乡村是一个系统的、全面的、复合的生态系统。绿水青山的发展依照生态学，包含的是一个复合生态系统的概念，有三个含义。

第一，生态系统有一定的承载力。生态承载力指在某一特定环境条件下（主要指生存空间、营养物质、阳光等生态因子的组合），某种个体存在数量的极限。

第二，生态系统是复合的、整体的，彼此之间有非常密切的关系。山、水、林、田、湖是五种生态系统，彼此之间是关联渗透的。村庄和产业是关联的，农民、农村、农业也是相互联系的。也就是说，这个复合系统中的一切都是互相联系的，所以，绿水青山与美丽乡村是一个复合系统的概念，而不是一个简单的关系。

第三，生态系统有一定的可持续性。可持续的概念其本质也是经济的概念，“绿水青山就是金山银山”，说的是生态保护可以促进经济发展，金山银山实际上是青山绿水的另一张名片，指导和要求我们去解决实际的问题。

5.3.2 山、水、林、田、湖的复合生态系统：萍乡市麻山生态新区规划

萍乡市麻山生态新区规划项目是一个 11 平方千米的新区规划，该项目地处湘东城区与萍乡市安源区之间（图 5.1）。

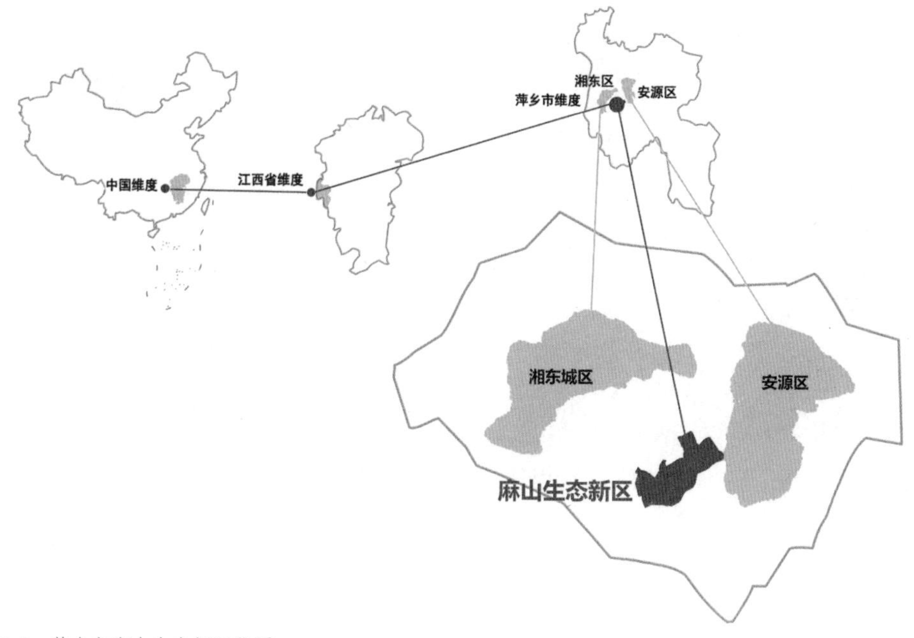

图5.1 萍乡市麻山生态新区位置

萍乡市麻山区原城市规划除了河边的水系外，把大部分农田都规划成了城市发展建设用地，这是他们认为的新型城市化的发展方式。2015 年，我带领团队去萍乡市麻山区做了重新规划。我们的整体规划从城市的各个方面，如地缘经济和农业、工业情况，包括整个乡村的布局和洪水淹没带，以及河流水系等进行分析，最终给出了一个生态、合理、科学、优化的规划方案（图 5.2）。

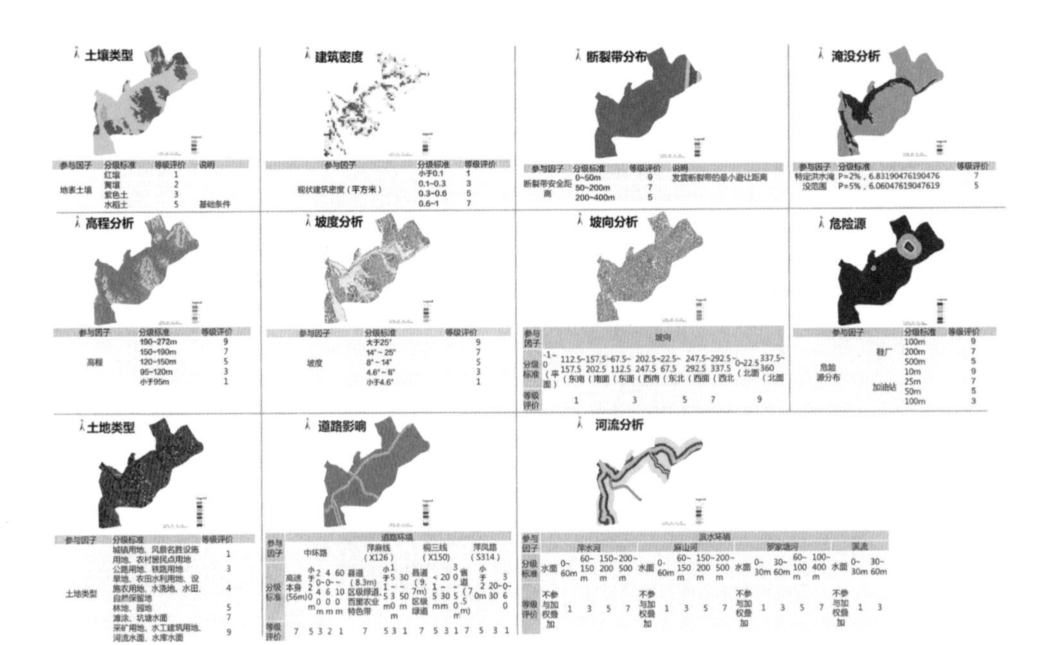

图5.2　生态敏感性分析

依据综合生态敏感性分布图，结合基本农田规划，把适宜建设区、限制建设区和禁止建设区都重新做了规划（图 5.3）。按照资源和生态承载力，地区发展对生态环境的影响，分析麻山区发展建设对未来城市和区域的发展有什么影响，这是跟所有的城市规划和新型城镇化发展方式所不同的地方。

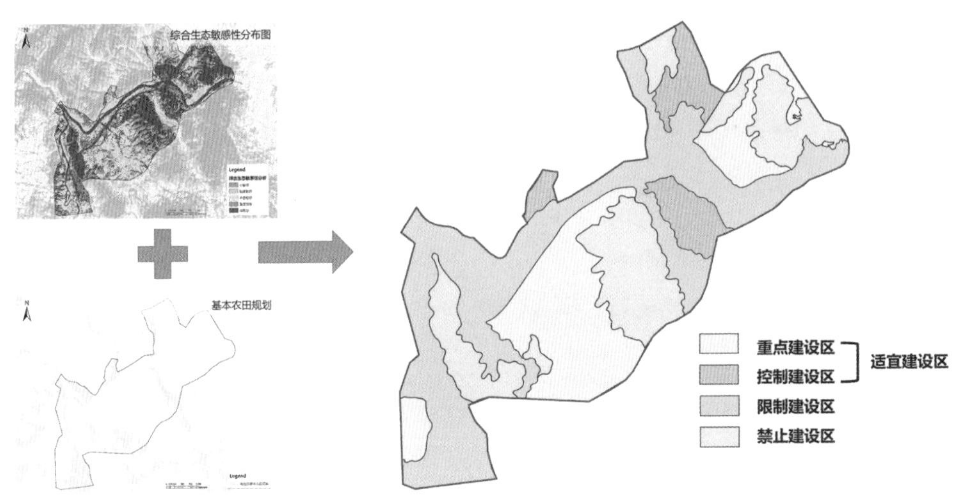

图5.3　城市建设三区规划

首先分析的就是水，因为水是所有城市发展的命脉和主导，城市建设要从水安全的角度来解决水的问题。针对防洪安全的问题，设计师对河流断面、水位、水深、水流速做了分析，并利用软件和模型进行了相关模拟（图 5.4）。

图5.4 洪水淹没范围

萍乡市有个善洲古桥（图 5.5），横亘于萍水河中下游，历史悠久，已经延续了 360 年，有极高的文化价值。当时萍乡市水利厅出资 8000 万元，要把 1500 米宽的河道（包含岸滩、湿地）压缩成 120 米，两岸筑起 5 米高的堤坝，来阻挡洪水，并把洪水直接通畅地排出去。我和设计团队都觉得这种防洪方式很不科学。我们翻阅历史资料，选取了萍乡市历年最大降雨量 376.5 毫米，通过模型模拟和计算了萍水河的洪水量和淹没范围，得到洪水期萍水河的最大水深为 4.5 米。但若河道压缩至 120 米，则洪水期河道最大水深可达 7.35 米，5 米甚至 7 米高的堤坝都难以抵挡，近岸城市将被淹没，善洲古桥将被冲毁。我们成功说服了萍乡市委书记，阻止了这一项错误的防洪工程。

那么科学的、生态的防洪措施是什么呢？就是最大限度地保留甚至还原原始河道，利用河道岸滩和湿地作为蓄滞洪区，来分散洪水，存蓄洪水。

在保证萍水河防洪安全的同时，提升水质，把景观做好，河道两边的土地就会升值。我们用了各种各样的方法来设计河道两侧的湿地和水稻田，使其既能够做到防洪、防旱、防内涝，又能够把水质提高到Ⅲ类水。通过包括河床改造在内的整个基础治理措施，把它变成一个水美山美的城市新区。

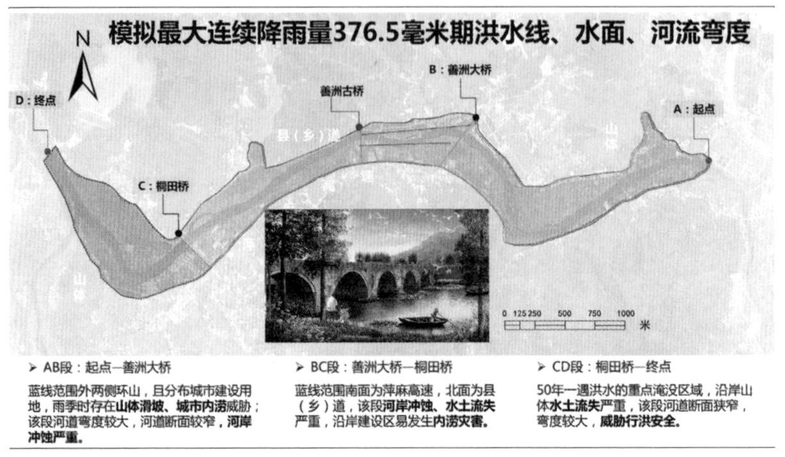

图5.5　萍水河洪水淹没范围分析

原来的设计是把城市的发展逼到河边，把 1500 米宽的河道变成 120 米，大部分农田都作为建设用地。我们彻底改变了这个规划，把整个 1500 米宽的河道恢复为水田，靠近水面的部分恢复为湿地。

通过整个流域以及整个区域的景观设计，包括空间格局以及水质提升的生态工程的总体设计，保障历年最大降雨时期的防洪安全，消除传统的百年一遇、五十年一遇的防洪概念。在整个湿地内打造一个狭长的湿地公园，保护鸟类生态环境，丰富河道内的生物多样性。规划过程中，我们把麻山区分成不同的山水田城的整体布局，分析哪些地方宜居、哪些地方能够布局什么（图 5.6）。

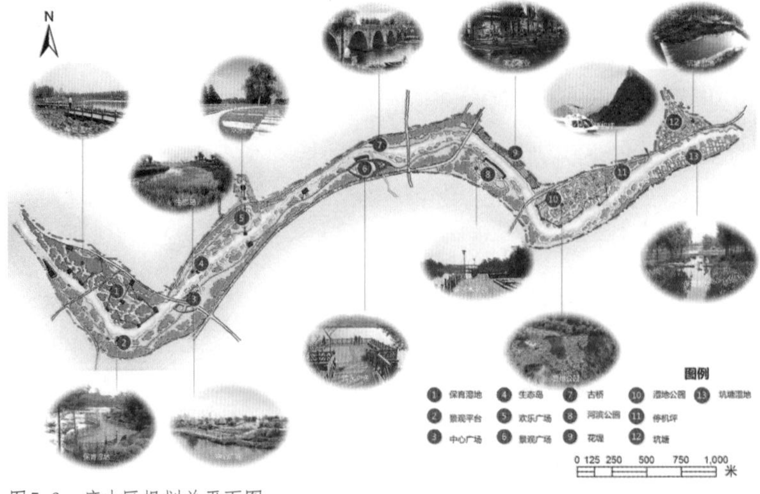

图5.6　麻山区规划总平面图

麻山区有非常好的半开发和未开发的山地。我们在这些山地里规划了一个 1667 公顷的高端猎场，放养很多人工饲养的动物，健全各种服务设施，吸引数以万计的游客来打猎，带来巨大的经济效益，完美实现“绿水青山就是金山银山”（图 5.7）。

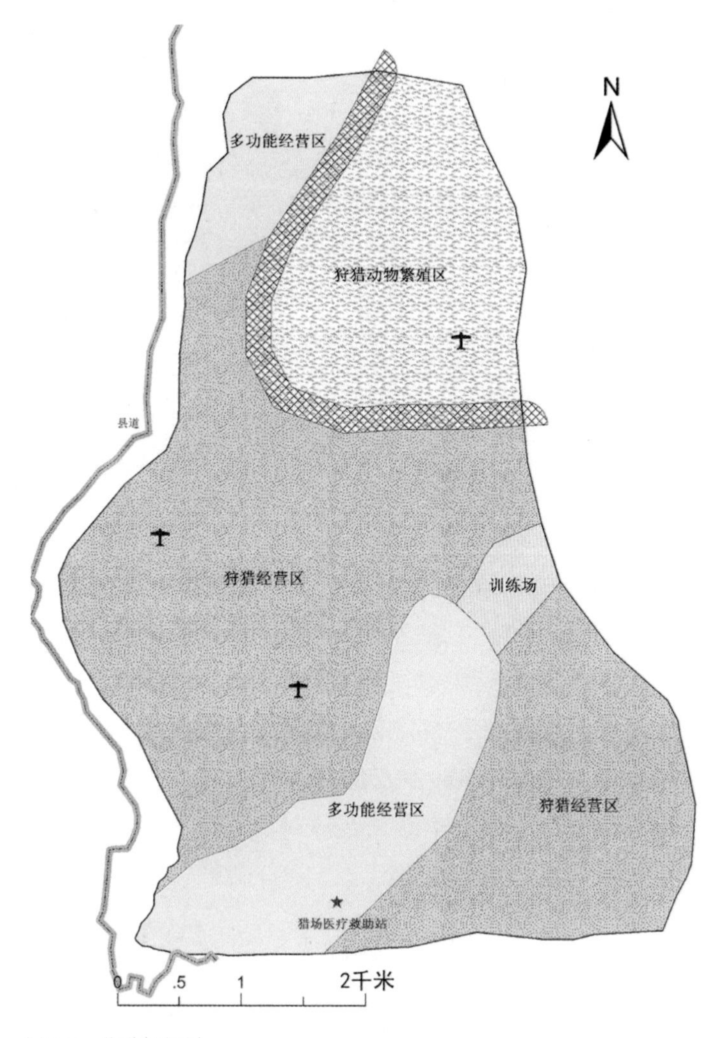

图5.7 狩猎场规划

美丽乡村并不是指原始落后的农村，而是既有非常完善的城市功能，也具有非常完善的社会福利，还有非常完善的交通、医院、小学教育等公共服务设施的居住空间。这绝不是一种摊大饼式的城市发展，而是一种田园综合体的发展（图 5.8）。

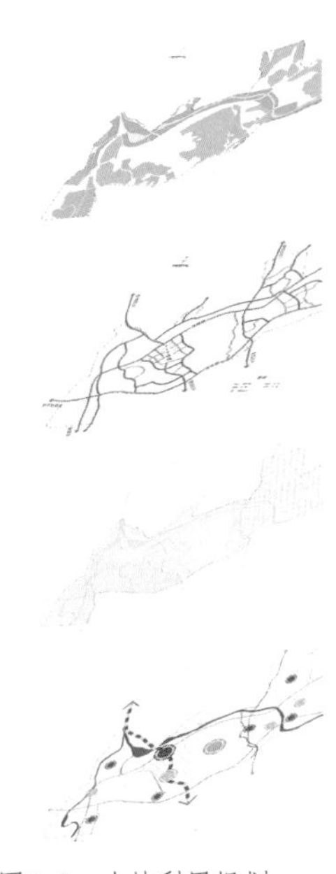

图5.8 土地利用规划

在美丽乡村最重要的就是农田，美丽乡村的财富、生产都在田里面。原规划红线内的面积是11平方千米，后来政府增加到13平方千米，把原来全部规划为居住用地的600公顷农业用地全部恢复，保住了珍贵的农田。现在规划的建设用地是683公顷，比原来1061公顷的建设用地，减少了300多公顷。但是通过我们的生态规划和景观设计，它的总体价值提高了20%。一期48亿元的投资开发完成以后，政府能获得60多亿元的土地增值收入。这就是我们所提出的，美丽乡村的建设不是一种投资的概念，而是一种新的经济体制，是经济发展的重要引擎，而不仅仅是政府投资。

5.3.3 美丽乡村与传统民居改造

眉山市是位于四川盆地成都平原西南部、岷江中游和青衣江下游的扇形地带，北靠成都，南连乐山，东邻资阳，西接雅安，是成都平原连通川南、川西南、川西和云南的咽喉要地和南大门。眉山市处于成都平原的核心圈层，是经济发展主轴上的重要节点。眉山不仅是成都—乐山—峨眉山的黄金通道枢纽，也是四川省“成都—攀西一条线”发展战略的重点地区，是“成都平原经济圈”西南部最具潜力的部分。东坡区位于成都平原西南边缘，地处岷江中游，古称眉州，是眉山市市辖区，位于眉山市西南方向。圣寿传统民居聚落片区位于区内东北部，岷江以西，南有苏堤公园，北临太和古镇。

规划区内现状建筑多为 2 ~ 3 层现代楼房和一层平房的现代农村建筑，川西风格民居保留较少；现代楼房以坡屋顶、水泥墙面、灰瓦为主，老旧平房主要以红砖、灰瓦、坡屋顶为主，整体风貌不协调；沿街建筑立面形象差，地域特色缺失；院落空间形式各异，缺乏统一指引；街巷空间脏乱差，缺乏应有生机活力。现状建筑质量一般，已基本无历史建筑遗存，村落空间格局保存较差。建筑多为 1 ~ 2 层民房，临街有少量商业分布（图 5.9）。

图5.9　现状鸟瞰

圣寿片区的改造要求保护好传统聚落内部及其周边的山、水、林、田、湖等主要构成要素，形成显山、亮水、秀城、融绿的整体景观效果。积极整治传统聚落，使其作为社会的物质、精神财富与时代共生，焕发新的活力，将圣寿片区打造成为中国美丽乡村的典范，一个有品位、有品质、有特色的具有国际水平的旅游消费热点。其改造面临的挑战有：如何在保护生态基底的基础上寻找发展的路径，实现保护与建设并行；如何深度发掘文化资源，与项目地未来的产业发展相融合；如何重塑主导产业，实现产业转型升级与发展；如何发展格局、理念的更新和创新。

我们的规划方案对圣寿片区改造的总体定位为以“田园为载体、以文化为灵魂”的美丽乡村和农业庄园之典范，有品位、有品质、有特色的国际都市田园标杆。重塑当代特色乡村聚落，树立高端文化业态标杆，引领眉山的休闲绿色生活。其功能定位为都市田园风格的现代农业村庄。

我们的规划原则为挖掘特色、打造精品，充分挖掘地域人文与自然特色，精准定位客群，开发精品项目；宜游宜居、功能融合，对外满足游客休闲需求，对内提供舒适人居环境，使之相辅相成、互为助力；因地制宜、尊重宗地，减少对现有地形的破坏，选取适宜土地进行开发建设。

眉山是北宋著名文学家苏洵、苏轼、苏辙父子的故乡，因此，我们详细研究分析了眉山的东坡文化，延续其文脉与人文关怀，使这里成为“三苏”文化展示的窗口。产品规划以“三苏”文化为核心，构建产品体系，打造“苏门六逸”核心品牌；将“三苏”文化融入项目中，让游客在观赏、娱乐、参与的过程中体验当地历史人文风情（图 5.10）。

图5.10　眉山市区的三苏祠

通过美丽乡村改造，在街巷、院落、建筑、雕塑、装饰墙等载体上进行文化创造，让游客对“三苏”文化产生最直观的了解和认知。在民宿、居住区内通过景观配置、文学化命名，再现“三苏”诗词歌赋中的情景意象，带给游客身临其境的居住体验。以歌舞颂歌的方式对“三苏”的生活、生平、造诣、人生轨迹等具体内容进行舞台呈现，带给游客有声有色的深度审美体验。设置东坡拍摄基地、旅游体验项目等，让游客直接参与或观览历史上“三苏”的生活场景、文化事件。创造可游、可观、可参与的旅游感受，产生最强的愉悦感（图 5.11）。

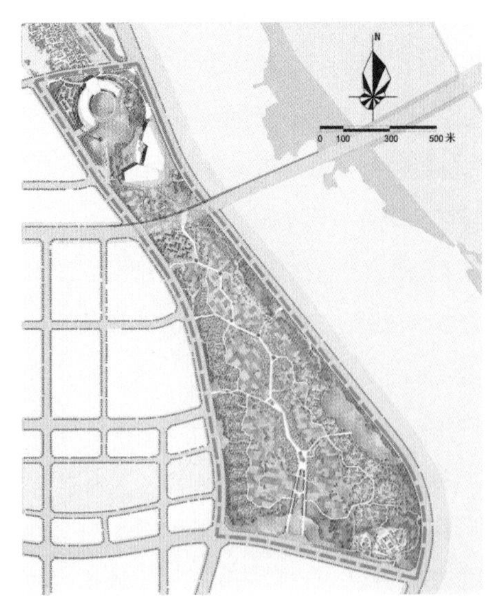

图5.11　圣寿片区规划总平面

在区域发展方面，延续南北东坡文化轴，承接东侧岷江生态资源。集中力量打造田园城市，将其建设成为眉山市文化旅游业的激发核心，带动全市文化旅游业的繁荣发展，同时通过促进文化旅游与工艺美术、农业、服务业等行业的融合推动全市经济的发展。注重统筹利用全市旅游资源，打造跨区域综合景区和多元系统的旅游线路，推动项目地与周边“东坡”文化景区的差异协同，促进小镇与太和湿地协调互补，发挥好工业园区对项目地的支撑作用和项目地对其的促进、反哺作用。

在居民农业升级改造方面，创建了一种由农民提供耕地，农民帮助种植管理，由城市市民出资认购并参与耕作，其收获的产品为市民所有，期间体验享受农业劳动过程乐趣的生产经营形式和乡村旅游形式。

美丽乡村的基础是生态建设。生态基底分析支撑开发策略，水质提升保障生态安全，生态景观打造宜居环境（图 5.12 ~ 图 5.15）。构建水资源安全保障体系、水环境保护系统和水景观优化格局，推行低影响开发和雨洪资源化利用，保护动植物多样性和生物栖息地，实现中水回用、清水入河、垃圾变资源，实行农业信息化和农村电子商务。

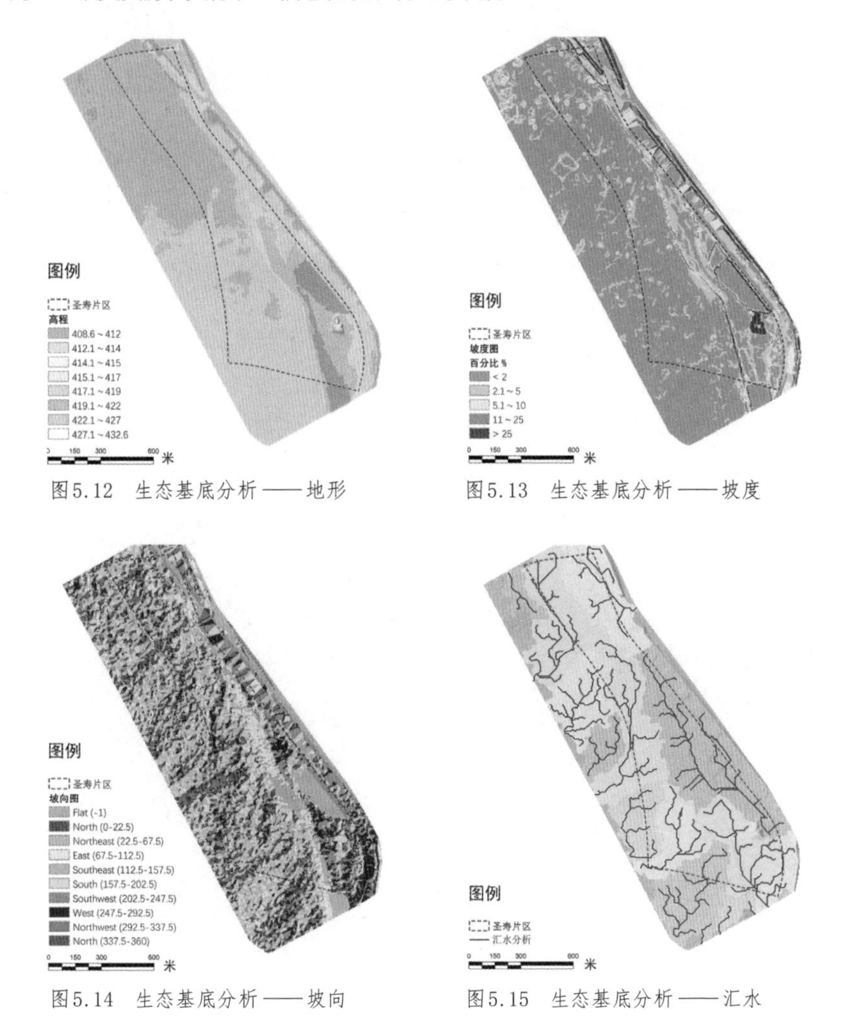

图5.12 生态基底分析——地形

图5.13 生态基底分析——坡度

图5.14 生态基底分析——坡向

图5.15 生态基底分析——汇水

圣寿片区将生态、文化、产业、居住、旅游等多要素互相融合，依托山、水、林、田、湖等生态资源，竭力打造自然本真、趣味盎然的田园城市。传承东坡文化资源，集中展示最具东坡文化内涵特色的元素与符号，形成完善的文化衍生产业，以此为基础，全面打造特色文化体验的链条式产业。在区域内交通组织上，我们取“树枝”的发散形态，结合项目分区布局，建立规划区内四通八达的路网形态，以主干路为支撑，向四周辐射联系周围地块，使功能得到最优化（图 5.16）。

图5.16　交通组织意象——生命之树

区域范围内构建以生态沟渠、坑塘系统、下凹绿地等为生态斑块的生态海绵乡村系统。区域外围用生态围墙（自然绿植生态隔离带）实现与外界区域的噪声隔离。总体空间格局保留川西建筑元素，以东坡文化为脉络，以聚落空间与环境营造为中心构想，形成生活机能环绕外围，共同围合中央田区，并定位中央田区为共享工作、资源与交流的创新场域（图 5.17）。

图5.17　圣寿片区改造效果图

5.4 美丽乡村建设的生态技术与商业模式

美丽乡村建设只要有顶层设计，则资金来源和未来管理的可持续性是能够实现的，在这个过程中需要一个可持续的商业模式。成功的美丽乡村应该是可以自我造血，有自我可持续、自我净化、自我组织的功能，这样才能够做到可持续发展。所以，在美丽乡村的设计过程中，必须非常强调这个经济引擎，全面准确地理解“绿水青山就是金山银山”。以下通过四个案例来介绍如何实现可持续发展的生态技术与商业模式。

5.4.1 浙江温州三垟湿地

三垟湿地位于浙江省温州市区，对城市发展非常重要。温州市政府从 2004 年就着手打造 13 平方千米的三垟湿地（图 5.18）。但是从 2004 年提出，到 2015 年还没有动工，而西溪湿地 2006 年提出来，2011 年已经建好了。三垟湿地的所谓顶层设计做了几十个版本，起码二十多个设计都没有做好。这其中最核心的问题是什么？三垟湿地打造需要 40 亿元，规划范围内拆迁、回迁等费用至少 90 亿元，两者相加总共 130 亿元。这个投资对温州市政府是一个巨大的负担，所以从 2004 年到 2015 年，11 年过去了，三垟湿地的打造始终没有办法实现。

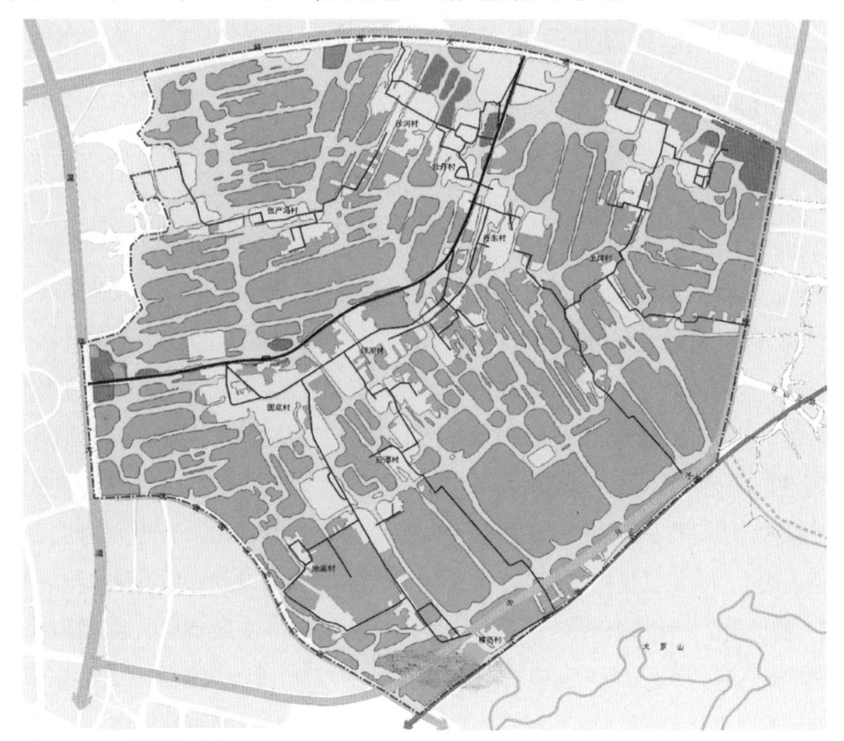

图5.18 三垟湿地示意

没有资金支持，不管有什么高端技术，三垟湿地的打造都难以顺利开展。所以，我们跟市长提议，这 13 平方千米的三垟湿地，可以保留 12 平方千米做湿地景观，拿出 1 平方千米作为配套，建设旅游设施。1 平方千米等于 1500 亩，按照温州土地的价格，1 亩就是 1800 万元，则这 1 平方千米价值 270 亿元。很简单的一个方法，三垟湿地的打造以及拆迁、回迁安置的费用，全部都能解决。

我们给温州市政府提出第二个提议：三垟湿地内有诸多大小各异的岛屿，选择适宜建设的岛屿进行高端商业开发。温州市委书记表示不可行，理由是在湿地里建设房屋，会污染湿地。从国内以往的发展和建设状况来看，这似乎是个问题，然而我们的眼界、观念和思想都在进步。我们已然清楚地了解到这个问题产生的根源，那就是污染物未经处理直接排放，比如太湖，周边的农业污染、村庄生活污染、工业污染直接排入太湖，发生了太湖蓝藻等极端恶劣的污染事件，既影响了周边居民的生活环境，也造成了难以估量的经济损失。世界上最美好的建筑，地产价值最高的建筑都是建在水边，最宜居、最美的城市也是建在水边。那如何能做到不污染水呢？很简单，截污。污水收集净化，固废收集、回收利用或处理，将污染源截断，没有污染物排入水体，水污染是不可能发生的。

很简单的两个提议，解决了困扰温州市政府 11 年的难题，使得三垟湿地的项目迅速得以顺利开展。

5.4.2 北京房山区琉璃河湿地

琉璃河位于北京市房山区，是一条季节性河流，且几乎常年断流。琉璃河旁边是著名的历史遗址燕都，历史悠久，底蕴深厚，具有极高的开发建设价值。从 2006 年起，北京市政府与房山区政府就计划在琉璃河打造一个湿地。

北京是一个极为缺水的城市，琉璃河几乎常年断流，附近的永定河等大型河流也没有足够的水量支持。因此，琉璃河湿地的水源只能来自污水处理厂处理后的中水。房山区污水处理厂日处理量约 20 万吨，可以作为琉璃河湿地的供给水源。但污水处理厂出水水质为 I 级 B 标准，水质极差，湿地植物和动物难以存活，没有生命的湿地又怎么能称为湿地？琉璃河湿地计划面积 760 公顷，总投资约 120 亿元，房山区政府和北京市政府都难以支撑。综上，琉璃河湿地的打造面临两个问题：一是水质，二是资金。

首先解决水质问题。原本的设计是把污水处理厂的中水直接排入琉璃河湿地，然而中水的水质远远达不到湿地动植物生长的水质标准，琉璃河湿地会成为一潭黑臭水体，这肯定是行不通的。我们建议使用坑塘系统。多个 0.5 ~ 2 米深的坑塘分布在琉璃河湿地，类似蜂窝布局，形成湿地坑塘系统。污水处理厂的中水先经过坑塘系统沉淀，初步去除固体废弃物，同时，不规则表面可形成紊流，促进水体溶解氧含量增加，去除 COD、氨氮等污染物。中水流过一定面积的坑塘系统后，水质可由劣V类提高到地表V类水，此时湿地植物可以生长，发挥植物的净化功能，形成稳定的湿地自净化系统（图 5.19、图 5.20）。

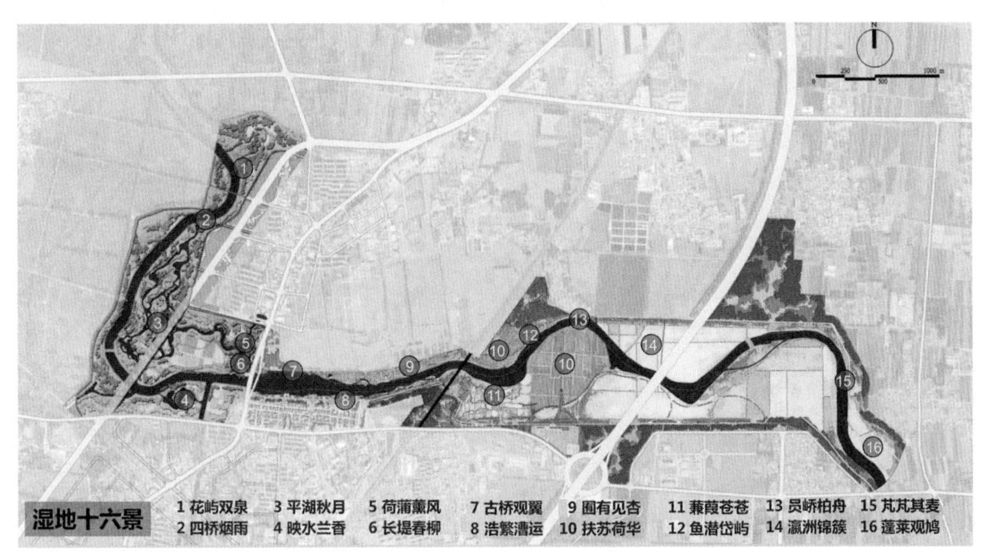

图5.19 琉璃河湿地十六景总平面

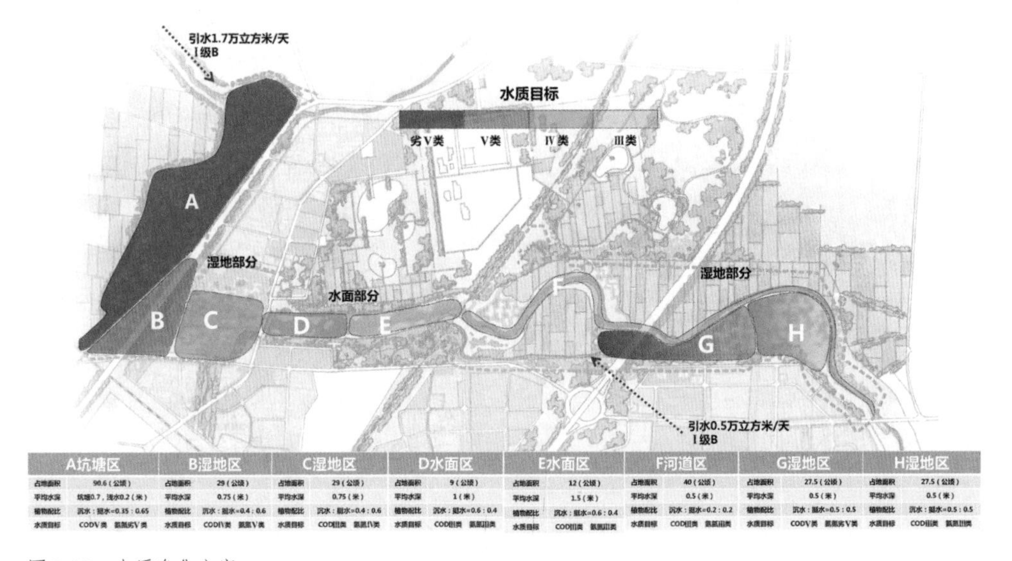

A坑塘区		B湿地区		C湿地区		D水面区		E水面区		F河道区		G湿地区		H湿地区	
占地面积	90.6（公顷）	占地面积	29（公顷）	占地面积	29（公顷）	占地面积	9（公顷）	占地面积	12（公顷）	占地面积	40（公顷）	占地面积	27.5（公顷）	占地面积	27.5（公顷）
平均水深	坑塘0.7，浅水0.2（米）	平均水深	0.75（米）	平均水深	0.75（米）	平均水深	1（米）	平均水深	1.5（米）	平均水深	0.5（米）	平均水深	0.5（米）	平均水深	0.5（米）
植物配比	沉水：挺水=0.35：0.65	植物配比	沉水：挺水=0.4：0.6	植物配比	沉水：挺水=0.4：0.6	植物配比	沉水：挺水=0.6：0.4	植物配比	沉水：挺水=0.6：0.4	植物配比	沉水：挺水=0.2：0.2	植物配比	沉水：挺水=0.5：0.5	植物配比	沉水：挺水=0.5：0.5
水质目标	CODV类 氨氮劣V类	水质目标	CODIV类 氨氮V类	水质目标	CODIII类 氨氮IV类	水质目标	CODIII类 氨氮III类	水质目标	CODIII类 氨氮III类	水质目标	CODIII类 氨氮III类	水质目标	CODV类 氨氮劣V类	水质目标	CODIII类 氨氮III类

图5.20 水质净化方案

其次，要解决资金问题。我们的设计团队实际踏勘了琉璃河湿地，结合房山区土地利用规划，划出了 200 公顷建设用地。目前每公顷建设用地价值 5400 万元，但是拆迁和回迁以及一起开发的成本是每公顷 5400 万～6750 万元，这显然是亏本的。分析发现，琉璃河湿地有一个明显的地理优势，即它距离北京大兴国际机场只有 16 千米。2019 年北京大兴国际机场建成使用后，琉璃河湿地周边的建设用地将达到每公顷 9000 万元。以此为据，我们帮房山区政府拿到了 180 亿元银行贷款，使琉璃河湿地项目得以顺利开展，2015 年已经动工。

5.4.3 海南文昌凌村河

文昌市位于海南省东北部，东南和北面是南海和琼州海峡，西面与海口市相邻，处于琼北综合经济区域一小时经济圈范围内，西南面与定安县和琼海市接壤。文昌建立两千余年，素有“九乡”美誉。自然景观以山海椰林为特色，文化景观以航天文化、侨乡文化、名人文化、民俗文化为特色。

文昌河是文昌的母亲河，它贯穿文昌城镇，是见证文昌历史的河流，“文城三古”、文东里、紫贝岭、“衣服航”、文南路骑楼老街等文化符号与之有不可分割的联系。凌村河是文昌河的重要支流，起源于龙北尾村，汇入文昌河，干流长度 14.7 千米。在绿地系统结构“三带、三廊、多点”的其中一廊上，凌村河流域既是生态防护屏障，又可以进行资源的开发利用，是吸引当地居民和外来游客的滨水生态景观廊道。

政府计划投资 8000 万元，在凌村河修建硬质防洪堤坝。但硬质堤坝就像一道屏障，把河道与城市分割开来，把水与人分割开来。当地居民抱怨政府乱整河道，把他们的乡愁整丢了。习近平说：望得见山，看得见水，记得住乡愁。乡愁，是一种生活的记忆，在于田野椰林，在于生产劳作，在于忘不掉的风土人情。凌村河生态治理的目标就是还原记忆，保住乡愁，回归自然，建设安全、清洁、健康的生态河流湿地，建立河流自净化系统，构建生态宜居环境。

我们常说“水往低处流，人往高处走”，可我们的城市建设却往低处建，又企图让水往高处走（水泵泵水）。我们总是企图把水给圈起来，腾出空间建城，可我们是否想过应该把城市“圈”起来？我们总是企图建设高堤坝，防百年一遇洪水，可我们为什么不能把城市建在百年一遇的洪水水位高度以上？要解决“文昌内涝”的问题，还是要从流域的尺度，让水往低处流，让城市留有足够的水面和湿地空间，最大限度地满足史上最大连续降雨量的蓄水要求。

以美国迈阿密市为例。迈阿密城市临水而建，建筑离水面仅高差 2 米，没有堤坝。这个区域的年降雨量超过 2000 毫米，最大连续降雨量超过 300 毫米。但是这里并不担心城市被淹的问题。关键是城市建设保留的水面大于其 20% 的面积。简单的数学计算可以得出，把 100 平方千米的汇水面积产生的地表径流，汇集到 20 平方千米的水面上，300 毫米的降雨水位最多增加 1.5 米，小于 2 米的高差，所以城市就免于洪灾，自然不需要百年一遇的大堤。

凌村河沿岸建设三座主题乐园：航飞探索主题乐园、地球探索主题乐园和生态激水主题乐园，配套建设服务中心和商业综合体，作为文昌市旅游经济的引擎。凌村河生态修复、中心城区海绵城市建设与景观效果的提升，将带动凌村河南北两侧约 733 公顷建设用地的土地增值和有效出让，5～8 年内可平衡一级开发建设投资。

5.4.4 山东青岛胶州湾湿地规划

我国海岸线长度为 1.8 万千米，居世界第四位，200 海里专属经济区面积为世界第十。1.8 万千米海岸线是我们宝贵的资源，是万亿资产。然而我们的万亿资产已经被污染了，从青岛乘飞机到上海，一路上可以看到海岸线外侧十几千米的海域都被污染了。

我一直强调城市的天际线。城市天际线即指从远方第一眼所看到的城市的外边形状，是一个城市整体面貌的缩影。所有好的城市的天际线，都是从海岸边看过来。所以，海岸线是万亿资产，我们却把万亿资产随随便便地污染了。

胶州湾生态大道把胶州区围拦起来，仅留下一个几米宽的涵洞与海洋相连。暴雨来临，地表径流迅速大量汇集，若不能及时排出，便会造成内涝，危害胶州区居民的生命和财产安全。我们的设计团队使用历年最大降雨量进行淹没模拟和防洪计算，根据模拟和计算结果，建议整个陆地和道路的海拔高程从原来的 4.2 米提升到 4.5 ~ 5.1 米，同时，扩大区域内的湖泊数量和面积，增加区域的洪水存蓄量，防止建设用地被淹（图 5.21）。

图5.21　胶州湾湿地规划效果图

大沽河河套湿地的情况又有所不同。河流的海拔大概是从 −1 米到 +2 米，涨潮时海水进入大沽河河道，最高水位达到 2 米，退潮时大沽河水位退回到原始水位。半咸水湿地是最富有的湿地，生态环境多变，生物多样性更加丰富。我们在大沽河湿地设计了坑塘系统，有大大小小不同深浅的坑塘，在海水涨退的过程中，坑塘系统会把水留下来，丰富大沽河湿地的生态环境，让整个河流变成一条活的河流。

我们在海湾湿地和大沽河湿地设计了丰富的植物配置，使光秃的海滨变成非常漂亮的城市花园，供市民休闲娱乐（图 5.22），生态效益、经济效益和社会效益统一。

图5.22　胶州湾湿地植物配置

湿地系统的一期建设需要投资 30 亿元。二期规划需要 90 亿元，用于投资建设渔人码头、低碳中心以及激水乐园等旅游服务设施。依据国家法律规定，我们选择湿地用地的 5% 作为建设用地，约 133 公顷，做旅游开发，把整个胶州湾地区的经济发展起来（图 5.23）。120 亿元的总投资，投资回收期约 14 年。

图5.23　胶州湾发展效果图

6

绿水青山与绿色发展和生态城市建设路径

吕永龙

现阶段，快速的城镇化引起了一系列生态环境问题，其实最关键的问题是我们只关注城市，而如何实现城市与区域的融合和一体化发展，推进整体生态文明的建设，可能是我们面临的重大任务，也是我们需要采取一系列举措的根本所在。瑞士在过去也是一个非常贫困的地方，是一个山区，但瑞士利用其独特的地理区位优势和技术创新，发展成为一个高度发达的国家。例如，达沃斯非常偏僻，小村子不大，但这么一个小地方为什么会变成全球知名的地区，它是怎么发展起来的？这里最早的资源利用就是滑雪，因为这个地方有雪山，空气质量很好，所以大家到这里来进行滑雪运动。1971 年，瑞士日内瓦大学教授克劳斯•施瓦布在达沃斯创立“欧洲管理论坛”，不久这里便成为全球最重要的经济、政治和社会问题的交流中心。一年一度的会议吸引了世界各地工商界领袖、政界领导人和社会知名人士参加，结合当地自然优势，就这样把经济发展起来了。达沃斯之所以成功就是因为引入了人，开发了相应的产业，如果它没有这种发展理念的话，就一个偏僻的小镇，是不可能发展起来的。所以说，任何一个地方有一个先进的发展理念，然后结合当地自然区位优势，那绿水青山就是金山银山。达沃斯就是个典型例子，如果不开发它，没有一个很好的理念，它就是一个雪山，而且条件很艰苦，因为有了很好的理念，就把绿水青山变成了金山银山。

6.1 为什么我们要选择绿色发展和生态文明之路?

我们在社会发展中取得了很大的成就，尤其在改革开放以后，无论是在经济发展、社会进步还是科技创新方面，都取得了举世瞩目的成就。但是如果从生态环境的角度来讲，经济发展也带来了很多生态环境效应及影响。我们可以从以下几个方面来看：第一，从自然环境来看，中国是一个生态极其脆弱的国家，从图 6.1 中可以看出中国的水资源分布不均，且人均占有量偏少，人口基数大使得生态极其脆弱。从整体的国土面积来看（图 6.2），52% 的国土面积是干旱和半干旱的，面临着很多水土流失问题，还有大面积的高寒地带和石漠化区域，这些都是我们自然环境条件相对比较艰难的地方，而且很多地方并不适合居住，也不适合发展工业，有些工业化强度高的区域会产生很大的生态环境问题。第二，中国是一个自然灾害频繁的国家，在这样一个相对敏感和脆弱的自然条件下，台风、洪灾、旱灾、泥石流等各种各样的自然灾害都可能发生，而且，以往在南方区域可能是洪灾，在北方区域可能是干旱，但是在现在的生态环境下，干旱和洪灾在南北方可能同时存在（图 6.3）。

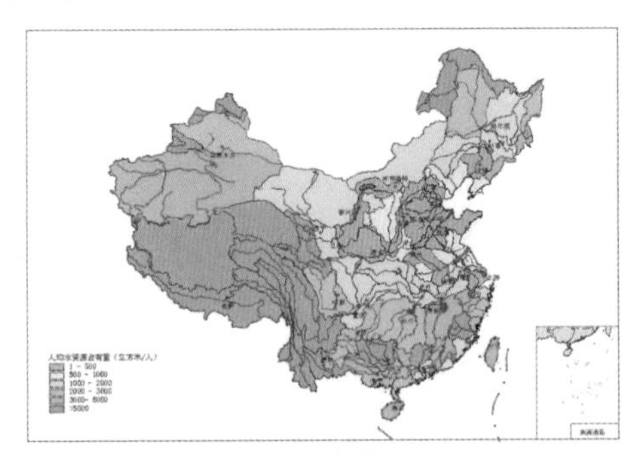

图6.1 中国人均水资源占有量分布

图片来源：中国水利水电科学研究院；数据来源：中国水利水电科学研究院

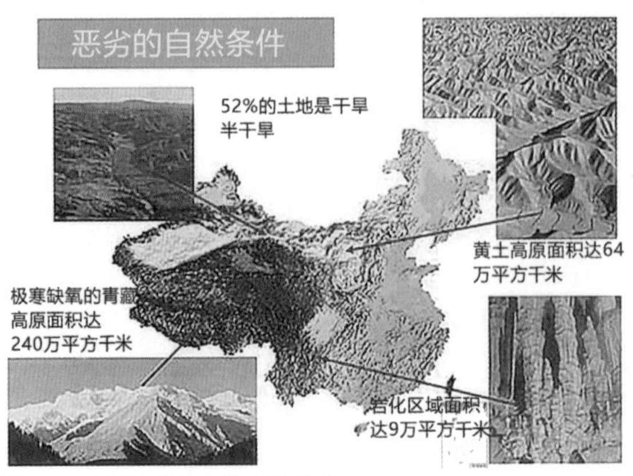

图6.2 中国恶劣的自然条件分布

图片来源：中国科学院生态环境研究中心

图6.3　中国自然灾害种类

中国这些年发展迅速，从环境风险的角度来看，中国已经进入了风险型社会。图 6.4 是 2003 年以来中国发生的重大环境事件，比方说松花江的化学品爆炸事故、太湖的蓝藻暴发，包括一些重金属污染的问题等，所以说中国已经进入了环境风险社会，必须采取措施，否则水、土、气污染将引起很大的问题。以一个调查为例，我们把水土污染与健康调查数据做了一个耦合分析，用了官方调查的 354 个癌症村分布的数据。从图 6.5 可以看出，这其中很令人深思的一个现象是这些癌症村大多分布在过去曾经是水土资源比较丰富的鱼米之乡，而且都分布在主要河流 3 ~ 5 千米的范围之内，其中 60% 的癌症村在离主要江河 3 千米的范围之内，81% 分布在主要河流不足 5 千米的范围之内，并且癌症村主要分布于海河流域、黄河下游流域、淮河流域、长江中下游流域、珠江流域。本来是鱼米之乡的地方，竟然要把水井打到 30 ~ 100 米取水，可想而知环境问题有多严重，这不仅影响到农田有机生态生产和鱼米之乡整体发展，还涉及当地居民的整体健康问题。我们现在很多看法是有关城市发展的，包括我们的粮食安全，其实应该关注水土污染如何引起我们粮食安全的问题，粮食安全不是量的问题而是质的问题，从而导致我们人体健康的问题。所以，我们必须选择一条健康持续的道路和绿色发展的道路。那什么是绿色发展的道路？我们的城市化，从 1978 年的 17.92% 提高到 2016 年的 57.35%。城市化率增加 39.43%，这是我们城市化快速增长的结果。人类开发活动与自然之间不能相协调，我们要实现两者的协调问题，要适度利用环境资源，然后真正做到跟自然承载能力相适应的发展模式。

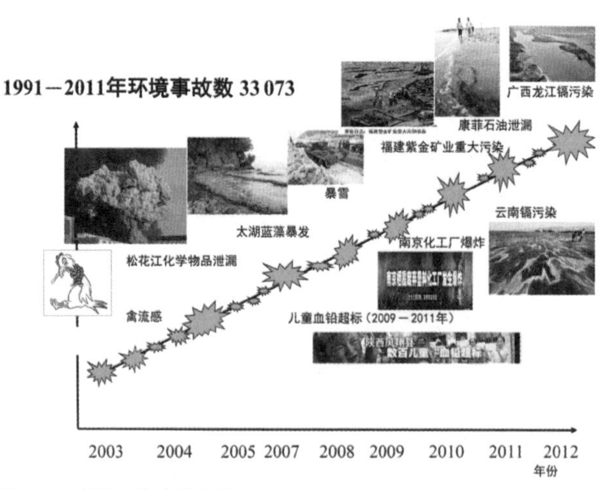

图6.4　中国环境事故曲线

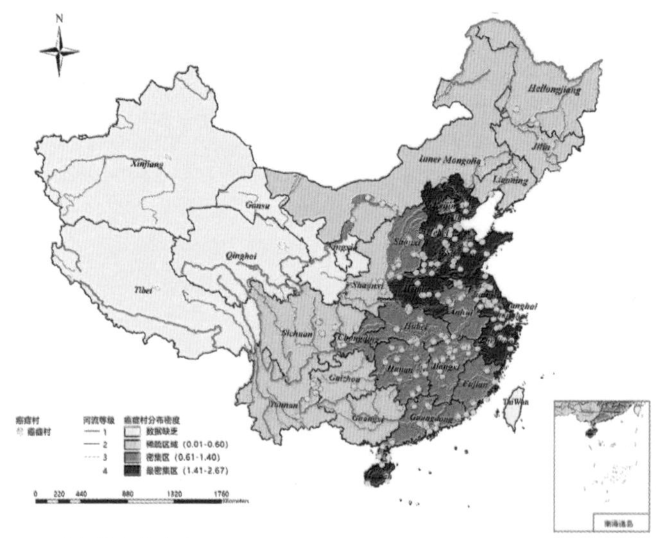

图6.5　中国癌症村分布

图片来源：《中国人口·资源与环境》；数据来源：华中师范大学可持续发展研究中心

6.2　发展路径的选择问题

现在有一个现象，就是很多地方政府的领导在规划词汇中都提倡要发展新型的战略性产业，认为走新型战略产业就可以避开污染问题和生态环境问题。其实几年前我就提出：“新型产业不等于绿色发展，新型产业也存在新型污染的问题。”比方说电子产业、航空航天产业，其实这些产业都用了一些现在马上就要被列入《斯德哥尔摩公约》中的优控污染物的物质，实际上是一类对环境有毒有害的污染物。像多溴联苯醚（PBDEs，图 6.6），作为一种高效的溴代阻燃剂被添加在电视机、电脑、航空器械等产品中，防止火灾发生。但是多溴联苯醚一旦进入环境后对生物是有影响的，比如肝脏毒性、内分泌干扰毒性、生殖和神经发育毒性、致癌等。而且，这一类的污染物具有一些特性，叫作长距离传输和食物富集，通过食物链放大，越是在食物链顶端的生物受到的影响就越大，相对来讲，不同生物受到的污染程度是不一样的，一般实验室没有一定的条件是很难监测出来的。另外一类，叫全氟辛烷磺酸（PFOS，图 6.7），这一类污染物跟我们日常生活大有关系，举一个简单的例子，大家一般认为北戴河没有这种物质的污染，但我们沿着环渤海进行采样，发现这个地方全氟辛烷磺酸浓度很高，为什么很高？由于当地每年游客很多，相对产生的餐饮垃圾就会很多，这些垃圾一部分会进入水体，在水体中传输。

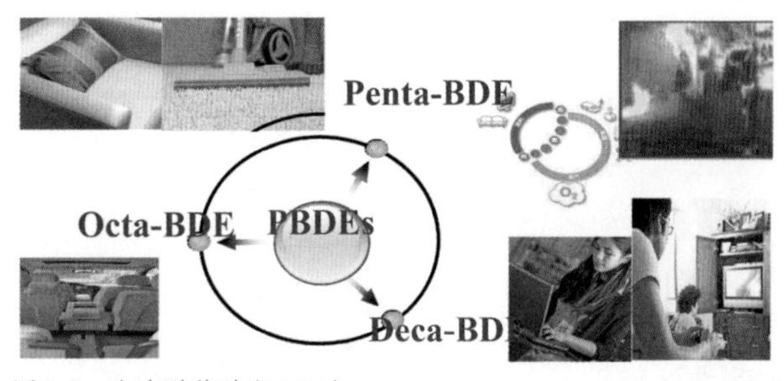

图6.6　多溴联苯醚(PBDEs)

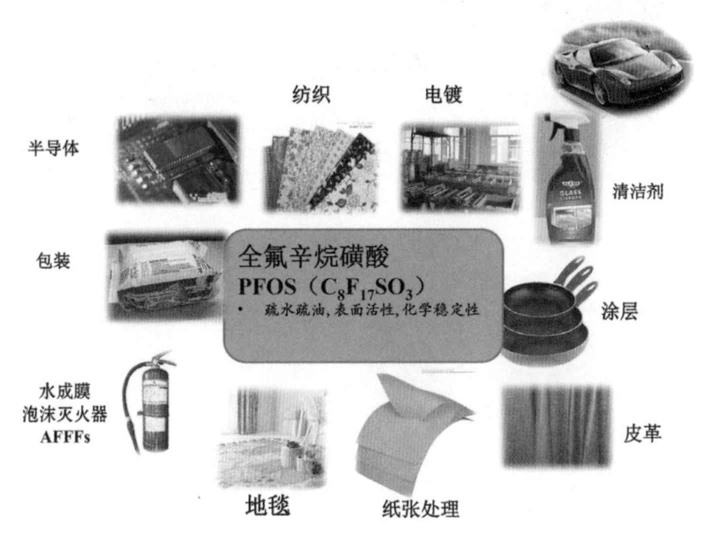

图6.7　全氟辛烷磺酸 PFOS($C_8F_{17}SO_3$)

中国作为新型的经济体，还是属于发展中国家，是全氟辛烷磺酸第一生产大国，我们把它作为新型产业引进来，其实带来很多的影响。从图 6.8 可以看出来，这些电子产品都是高端产品，也是新型产业，这种电子产品用完之后就废弃了，通常情况下会被人收集起来进行拆解，一种是在专业环境下进行封闭式拆解，相对影响较小，但现实是有很多人自己收集过来自行拆解，因为从中可以提取一些重金属，这样一来，拆解场地往往会受到严重的污染，尤其是对农田生态系统造成污染。以大凌河为例（图 6.9），大凌河是环渤海区域辽宁地区的一条河流，另有一条河叫细河，与大凌河交界，交界处两条河的水是完全不一样的，细河的水呈现白色，大凌河的水呈现黑色，出现这个现象的原因就是大凌河的沿岸有很多氟化工工业和其他化工工业的工厂。当时，我们沿着大凌河布局采样，采集水体样本、土壤样本、沉积物样本，其中沉积物样本是打到水下 1 ~ 2 米进行采集的，采样的目的就是研究周边引入这些化工工业后到底对当地有什么影响。这些采集的样本被运到实验室进行分析，我们采用同位素定年的方法来检测沉积物在各个年度土壤里面的氟化物的浓度等情况，然后再看它跟氟化工工业发展之间的关系。从中可以看出，基本上环境介质中的全氟化合物的浓度跟化工厂发展的不同阶段呈正相关（图 6.10）。2004 年之后，也就是《斯德哥尔摩公约》在中国生效之后，化合物的排放和政策的实施有很大的关系，由此可以判断我们的工业化过程对周边的环境所产生的影响。

图6.8　废弃电子器件污染

图6.9　大凌河污染检测

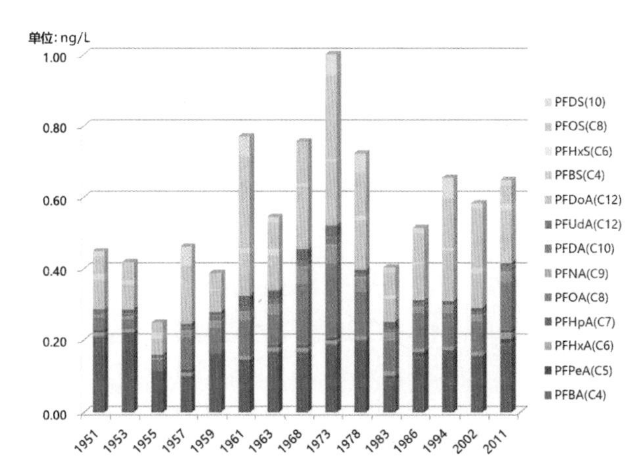

图6.10 环境介质中全氟化合物与氟化工发展的历年变化

再以北京周边洋河流域为例。为了保证北京的环境质量，要把北京城内的工业进行转移和外迁。通常一般工业都布局在小城镇，同时要满足水资源需求的条件，一般就布局在河岸地区。从这张图可以看出（图 6.11），周边工业排放的污染物进入到洋河后，离洋河越近的农田，农作物受到的损害就越严重，包括水稻、大豆、玉米等。2009 年前后，当地农民到政府投诉，政府找我们进行分析。我们分析这里面到底是什么污染物，然后建议农民调整结构。这个区域历史上就是以种植水稻为主，洋河流域以前也是鱼米之乡，是非常重要的粮食基地，但是现在要么干枯，要么受到污染，所以我们建议必须改变种植结构，依赖于水是不可行的。

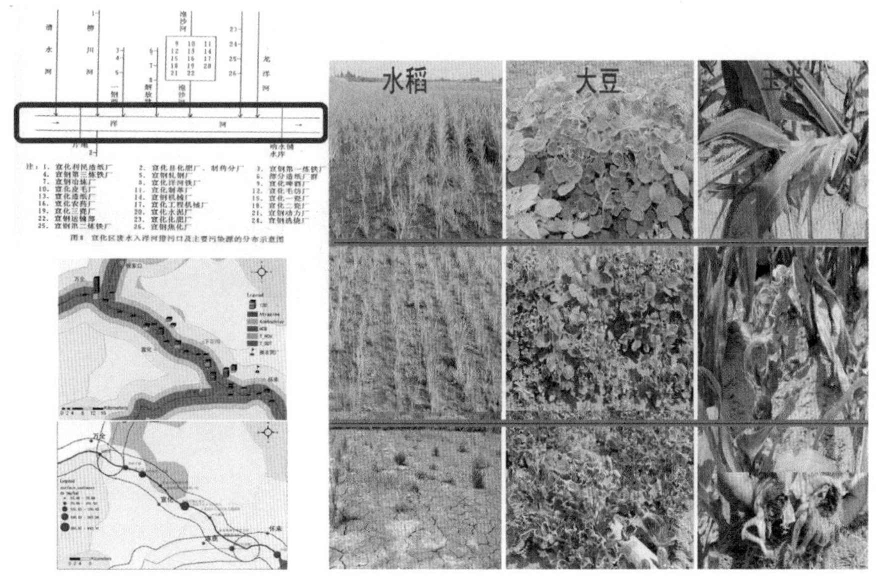

图6.11 污水灌溉对农作物的影响

洋河是官厅水库的水源，我们也是在长期研究官厅水库周边的污染情况，北京一直希望官厅水库能够恢复水源地的功能。1950 年，官厅水库修建的时候，就是作为北京的水源地，但 20 世纪 70 年代之后，由于周边的污染，官厅水库就不再作为北京水源地了。北京这么多年还是希望恢复官厅水库水源地的功能，但是这里面存在一个重要问题，就是跨域的问题，要想恢复水源地的功能，周边产业就要进行转型，还要给周边居民一定的经济补偿，所以当时我们做的一个工作就是在周边建湿地，增大缓冲区和植被覆盖率，目的就是让周边的污染得到最大化的净化和削减。但是很遗憾，由于当地的居民没有得到相应的补偿，所以几年之后，农民又继续种植或开发，本来采用的工程措施没有新的输入就荒废掉了。更有甚者，为了发展经济，居然在周边开发了别墅区，简直是不可思议（图 6.12）。还有一个现象，原来的污染物每年都有降解，但同时又有新的污染物产生，这是因为当地居民发展了新的产业，如给葡萄酒厂提供原料、别墅开发、农家乐等，有新的产业就会有新的污染，所以这也是一个新的结构调整和选择性的问题。

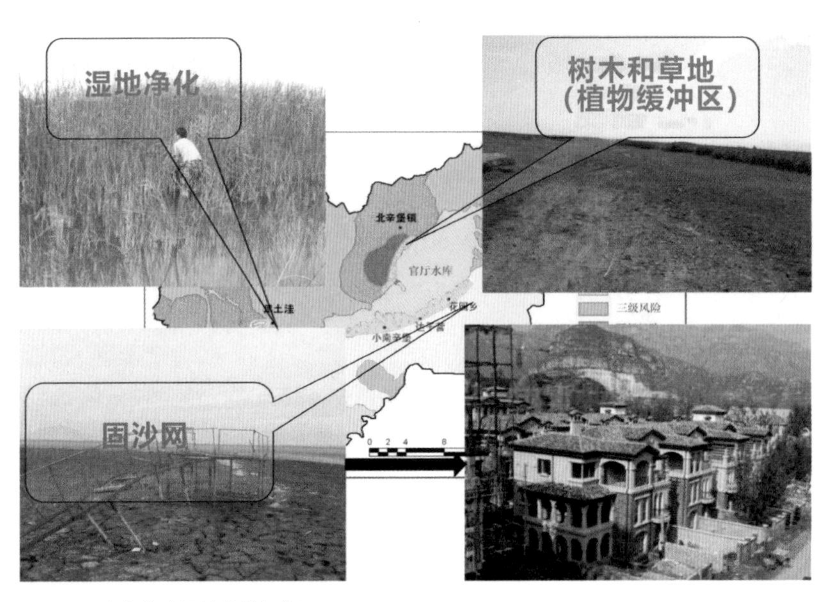

图6.12　生态敏感区的保护问题

当一个地方遇到发展问题的时候，往往需要转换思维，需要一个新的发展理念。以瑞士达沃斯为例（图 6.13）。瑞士过去也非常贫困，是山区，但瑞士是一个重视技术发展的国家。达沃斯这个地方非常偏僻，小镇不大，但就是这么一个小镇，为什么会变成全球非常知名的地区，它是怎么发展起来的？这里最早的资源利用方式就是滑雪，因为这里有雪山，空气质量很好，所以大家到这儿来进行滑雪运动。达沃斯论坛前身是 1971 年由瑞士日内瓦大学教授克劳斯·施瓦布创立的“欧洲管理论坛”，不久它便成为全球最重要的经济、政治和社会问题的交流中心。一年一度的会议吸引了世界各地工商界领袖、政界领导人和社会知名人士参加，结合当地自然优势，就这样把经济发展起来了。达沃斯之所以成功就是因为引入了人，开发了相应的产业，如果它没有这种发展理念的话，就一个偏僻的小镇，是不可能发展起来的。所以说，任何地方有一个先进的发展理念，然后结合当地自然区位优势，那绿水青山就是金山银山。达沃斯就是个典型例子，如果不开发它，没有一个很好的理念，它就是一个雪山，而且条件很艰苦；但因为有了很好的理念，就把绿水青山变成了金山银山。

图6.13　达沃斯

6.3　城乡的融合与生态现代化

第一个方面是城镇化与土地利用问题。中国这么多年快速的城市化过程中，出现一个问题（图6.14），就是我们占用了大批的农田用地，有的地方城市发展占用的农田还是很好的农用地。虽然我们强调占补，但是大部分补偿的是荒地，替补了肥沃的土地，占补面积在数量上虽然可以保证，但是在质量上很难保证，这就面临着城市土地结构和布局怎样利用更加合理的问题。我们现在的土地利用是相对粗放的，利用率也不高，怎样使城市快速的扩张跟土地利用的发展速度能够相适应，让耕地保护和粮食安全得到有效的保证，这是一个大的问题。

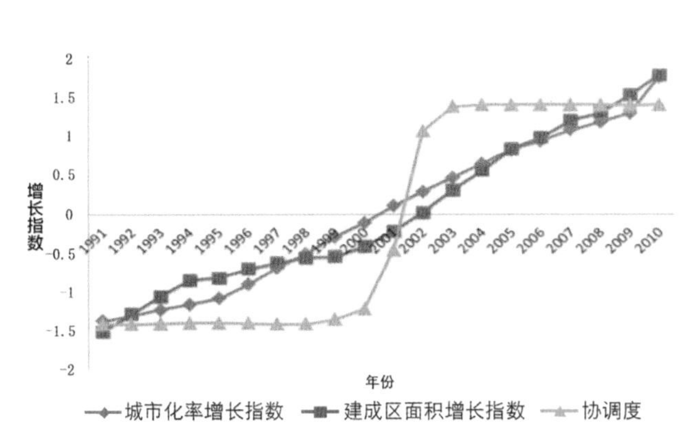

图6.14 城镇化与土地利用问题

另一个问题是如何使快速城镇化过程中产生的这些问题不遗留给农村区域。现在城市排放的水进入河流里面，河流影响的大片土地都是农村，怎么样把这两者结合起来？中国正在走这条路，我们开始制定法律，这个法律有几点很重要：第一是生态文明建设作为整体的国家大政方针，要考虑长期的环境影响和环境绩效的评估，更加科学化。第二是法规和政策的执行力度。这个不光靠督导，还要保证能实时获得各方面的信息，在不需要督导的情况下，在任何地方、任何时间都可以实时检测和监督排放情况。第三是责权利，尤其中央政府要求党政同责，这是非常有效力的。过去是书记做了决策市长负责，所以这里面就有矛盾，现在党的领导和政府的领导都要同时负这个责任，大家就非常小心做这件事情，因为真正作为政绩的一部分。这里面的难点是什么？是环境绩效审计的问题，未来对于生态学专业人才的需求量很大，因为真正对于生态的审计和生态资本定量的确定，现在还没有一个很好的方法，需要大家共同研究一个认可度相对较高的方法，日常的生态资产评估需要大量的人去做。第四是环境管理的模式怎样从传统的管制方式向新的管制方式转变。其实用行政命令式的方式还是最传统的方式，比较好的方式有经济的激励、经济处罚和自愿的方式等，其中自愿的方式就是让企业感觉自己必须去改善，比如提升企业的环境形象才能在市场占有一席之地。

第二个方面就是生态文明制度的整体建设。中央政府在推进生态文明建设指导意见起草的过程中，邀请了生态环境方面顶级的专家进行讨论，当时我提出来真正要解决中国的资源环境问题必须要明晰产权的问题，要把产权纳入到生态文明建设中去。当然，目前的问题是环境资源的产权到底怎样去界定，里面牵涉到环境资源所谓的利益相关方，怎样去确定各方的权限和义务的问题。这里面八项制度包括这几个方面：一是自然资源资产产权制度。二是国土空间开发保护制度。国土空间开发的保护突破了过去只强调陆地的局限，因为中国在历史上很长时间强调的国土，只包括陆地的 960 万平方千米，其实并没有考虑海洋，海洋是国土重要的一部分，海洋国土空间的开发和保护也是非常重要的，包括我们的国土完整和整体的开发对环境影响的问题。三是空间规划体系。过去环境有一个独立的规划，比如社会经济发展规划、土地利用规划、环境规划等，现在要求所有地区必须在主体功能区的整体规划里面进行多规合一的考虑。四是资源总量管理和全面节约制度。就是明晰整体资源总量，同时节约使用。五是资源有偿使用和生态补偿制度。包括有什么样的权利，才能得到什么样的补偿，这都是相互关联的。六是环境治理体系。例如浙江的“五水共治”，是整体治理的体系，其中包括水、土、气的问题，也包括技术和体制的问题。七是环境治理和生态保护市场体系。这里面明确一点，因为环境资源是一种准公共产品，有一部分是可以在市场上进行交易的，要充分利用市场的力量。八是生态文明绩效考核和责任追究制度。实行党政同责，终身追责，像天津大爆炸事故之后，当年环评论证的专家都负了责任，有的甚至判刑，这样使得每个专家签名都会小心，不是你领域的事不要瞎说，因为是终身追究责任的。

有了生态文明整体建设的指导意见和改革方案之后，在实施上，以水十条（《水污染防治行动计划》）、土十条（《土壤污染防治行动计划》）和大气十条（《大气污染防治行动计划》）几方面的行动计划为指导，针对目前非常紧迫的环境问题进行治理，但实际上，目前这些单独的行动计划应该是整合的。现在我们关注大气污染，其实土壤污染的长期影响比大气污染还要严重，因为土壤污染有隐蔽性，土壤污染对人体健康的影响和对生态系统的影响丝毫不比大气污染逊色，只不过大气污染现在大家都感受到了。另外，土壤污染影响到农民和农田生态系统，这个问题单靠政府力量也很难解决，需要大量投入，而且很难一次性利益回收。现在国际上推行生态系统管理的办法，国内却把水、土、大气分开来考虑，有的时候并不科学，例如土壤污染也有大气沉降的因素，有的水污染最后沉淀到土壤，所以专治大气或专治土壤都是不行的，要有一个综合的治理办法。

第三个方面，技术创新与产业转型。以通用电气（CE）为例（图 6.15），通用电气在人类科技发展的历史上有很大的贡献，包括汽车发动机等一系列电器产品方面的贡献。通用电气高层认识到全球可持续发展的问题，及时转型和调整，比如新增加了环境产业部门，同时，开发新的材料，比如纳米材料。所以技术创新和产业转型是这类大型企业选择的重要之路。

图6.15　通用电气（CE）技术创新与产业转型

第四个方面，产业发展的生态风险与环境影响。以联合利华（Unilever）为例（图6.16），联合利华在中国发展壮大之后，对自己减少温室气体排放和实现可持续发展的贡献做了专门分析，对产品的生态风险也做了分析，并从大的战略角度考虑其所带来的环境影响，这一方面是为了占领市场，另一方面是为了减少对环境的影响，最终改善其对全球环境影响方面的形象。

图6.16　联合利华产业发展生态风险与环境影响分析

第五个方面，“创新”新模式。以三菱商事（Mitsubishi）为例，三菱商事在全球环境与基础设施事业、新产业金融事业、能源事业、金属、机械、化学品、生活产业七个营业部门加商务服务部门的公司体制下，除了积极开展贸易活动以外，还与合作伙伴一起在世界各地开展各种商品的开发、生产及制造等业务。三菱商事的创新中心并不是自己进行技术研发，而是研究别人都在研发什么，哪些企业和研发机构在哪些领域和方向有新的研究进展，哪些研发成果可能会迅速进入市场，尤其是哪些研发活动对三菱的发展会产生不利影响等。然后研究策略整合这些全球性的创新资源，如购入很有前途的小公司，帮助小企业孵化技术以共享创新利益等。

6.4 资源城市转型

中国很多城市是资源型城市，像淮北、徐州，这些都是过去以煤炭矿业为基础发展起来的城市，经过多年的开采，许多地方的土地都凹陷下去，自然资源已经日渐匮乏，面临着如何实现资源转型的问题。日本北九州实际上也是煤矿城市（图 6.17），因为开矿污染很严重，引起了居民的健康问题。后来政府意识到问题的严重性，强调要依靠法制进行污染防控，先从法制建设入手，提出建立循环型社会，大力推进产业转型，加大力度改善环境。一个是控制排放，加强资源的再生利用，配备循环和处理装置，形成一个整体的循环，使整个社会进入到了这个循环之中。另外从基础教育抓起，从知识传播、技术创新到绿色联盟，提升新一代人对环境的意识，再利用一体化的产业联盟模式来整体推进。

图6.17 日本北九州市振兴环境产业战略

资源型城市转型需要培养国际化人才，这些人才需要有国际化意识和胸怀、具有国际一流的知识结构、视野和能力。在全球化竞争中资源型城市要善于把握机遇和主动争取高层次人才，然后形成强大的团队，同时尊重人的个性，尊重创新的精神，在此基础上发挥团队精神的建设。

7

绿水青山与“生态中国和美丽中国”建设

俞孔坚

当代城市建设需要一场“大脚”的革命，即习近平倡导的生态文明和“绿水青山”，这是一场可以与工业革命相提并论的革命。这个革命有两个关键的战略：第一，“反规划”解放和恢复自然之“大脚”，改变现有的城市发展建设规划模式，建立一套生态基础设施。第二，必须倡导基于生态与环境伦理的新美学——“大脚”美学，认识到大自然是美的，崇尚野草之美、健康的生态过程与格局之美、丰产之美。

7.1 “绿水青山就是金山银山”

从广义来讲，绿水青山指的是健康的景观生态系统。“绿水青山就是金山银山”是指通过建立生态基础设施，健全其综合的生态系统服务，包括供给服务（干净的水和空气）、调节服务（旱涝调节和气候环境的调节）、生命承载服务（为多样化的生命提供生存的条件）、文化精神服务（包括审美启智和生态休憩），这四类生态系统服务构成了一个完整的功能体系。

从狭义来讲，生态的即是经济的。我们可以将“绿水青山”理解为“生态”，“金山银山”理解为“经济”。生态（Ecology）和经济（Economy）在英文里是同源词，前缀都是“Eco-”，这表明了生态与经济之间相互依存的关系。另外，“绿水青山”可以带来“金山银山”，即生态可以带动经济的发展。例如，生态环境优美的滨水地产的价值往往更高。

目前，“绿水青山”是国家的稀缺资源，从我国过去三四十年的城市发展历程来看，没有绿水青山就没有金山银山。我们强调“生态文明建设”也正是基于这一经验提出的。城市的未来需要可持续发展，就要保障国土生态安全，远离城市病和环境危机，通过“海绵城市”和“海绵国土”来实现生态文明和“绿水青山”的“美丽中国建设”。

7.2 “美丽中国建设”与“生态建设”

习近平多次讲过，建设美丽中国“要望得见山、看得见水、记得住乡愁”。要建设美丽中国，那“什么是美丽”这个问题就尤为重要。目前，中国的城市现状风貌丑陋，城市综合问题突出，主要体现在以下两个方面：一方面，城市景观与城市文化堕落，导致城市病态发展过度的灰色基础设施和美化工程、小脚城市主义；另一方面，自然生态系统和环境出现危机，洪水与内涝，干旱与地下水水位下降，水、土、气环境污染，生态系统被破坏。

现在中国75%的地表水都出现不同程度的污染，三分之二的城市是缺水城市，50%的湿地在过去30年中消失，三分之一国土的上空笼罩着雾霾。常规的解决途径是修建灰色基础设施（图7.1），修防护堤防洪，修排水管道排涝，修建污水处理厂，关停有污染问题的工厂，修建园林公园。尽管这些措施在短时间内看似有效，但是随之而来的副作用却是破坏掉了整个生态系统。用硬质的钢筋水泥取代自然的河滩湿地，我们称之为小脚城市美学引导的城市建设。

图7.1　灰色基础设施

在中国古代，人们认为小脚是美丽的，少女们都被迫“裹脚”，以便能够嫁入“豪门”，成为“城里人”。千百年来，“城市贵族们”为了有别于“乡下人”，定义了所谓的“美”和“品位”，手段是将自然所赋予的健康和寻常，变为病态和异常。在传统文化中，一直把剥夺人的生产力、剥夺人的健康作为美的标准（图 7.2）。我们的城市，实际上就像小尺度裹脚艺术一样，反映了这种价值观和审美观。两千多年来，这种旧的思想仍然存在，而且一直在指导我们的城市建设。小脚美也是一种美，但是却耗费了大量的能源和资源。每一平方米的草坪一年要浇灌一吨的水，并且需要不断施化肥来养护。我们整个城市都在追求一种畸形的美，就像裹了脚一样。在这个过程中，我们耗掉了世界 50% 的水泥、30% 的钢材和 30% 的煤炭，用来毁掉我们健康的双脚，以至于我们的地下水水位年年下降，我们一共就 600 多个城市，现在有 400 个城市缺水。无尽挥霍我们的能源来建立的城市，就是小脚化的城市。“小脚”，是当代城市面临的问题，它不能独立行走、自我生存，需要人工养护，这种能源耗费最终会回归空气并形成污染。因此，当代城市建设需要一场大脚的革命，即习近平倡导的生态文明和“绿水青山”，这是一场可以与工业革命相提并论的革命。

这个革命有两个关键的战略：第一，“反规划”解放和恢复自然之大脚，改变现有的城市发展建设规划模式，建立一套生态基础设施。第二，必须倡导基于生态与环境伦理的新美学——大脚美学，认识到大自然是美的，崇尚野草之美、健康的生态过程与格局之美、丰产之美。

Urbanity (**citified small foot**)
城市（小脚丫）

Rustic (**rural big foot,欧洋画**)
乡下（大脚丫）

图7.2 “小脚主义”与“大脚主义”

7.3 策略一:“反规划”建立生态基础设施，即海绵城市的基础设施，综合解决问题

“反规划”是相对于传统城市规划过程提出的一种规划途径，它需要我们在规划中优先考虑洪水自然过程、生物过程、乡土文化体验过程及生态休闲过程，建立绿色基础设施（即建立海绵系统），然后再进行城市建设用地规划。“反规划”包括在多个尺度上构建的生态基础设施（图 7.3）。

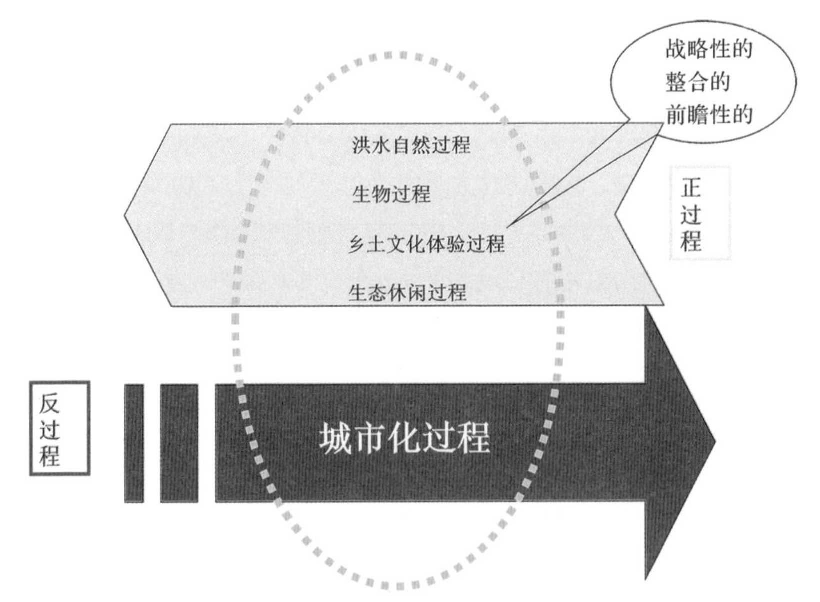

图7.3 反规划的思考流程

宏观尺度：国土和区域海绵系统。研究水系统在国土尺度和流域中的空间格局，即进行水生态安全格局分析，并将水生态安全格局落实在国土空间规划和土地利用总体规划、城市及区域的总体规划中，通过生态红线的划定，成为国土和区域的生态基础设施，也是国土“反规划”的关键。

中观尺度：城镇和乡村海绵系统。重点是有效利用规划区域内的河道、坑塘和湿地，结合集水区、汇水点分布，合理规划并形成实体的海绵系统，最终落实到土地利用控制性详细规划以及城市和乡村设计中。

微观尺度：“海绵体”。“海绵城市”最后要落实到具体的场地，包括广大乡村田园上的陂(bēi)塘、自然的水渠，城市中的公园和局域的集水单元的建设，这一尺度上的工作是对一系列生态基础设施建设技术进行集成应用，这些技术重点研究如何通过具体的景观设计使“海绵体”的综合生态服务功能发挥出来。

综上，“反规划”是以自然优先、生态优先，先建立跨尺度的生态安全格局、绿色基础设施，然后再搞开发建设的一个逆向规划的过程。

7.4 策略二：新美学，大脚美学，大自然美学，景观生态系统美学

7.4.1 与洪水为友：金华燕尾洲公园

中国的大小江河，用水利工程修筑水泥防洪堤岸来防范 50 年一遇、100 年一遇的水患，如同旧社会妇女脚上的裹脚布，破坏了自然系统的生态服务功能。

浙江金华的婺江，沿岸筑起了水泥高堤以御洪水，隔断了人与江、城与江、植物与江水的联系。同时，江面缩窄，也使洪水的破坏力更加强大。为保护沙洲不被淹没，当地水利部门已经在燕尾洲的部分地段分别修建了 20 年一遇和 50 年一遇的两道防洪堤，这种做法破坏了燕尾洲公园的亲水性。为解决这一系列问题，设计师将尚没有被防洪高堤围合的洲头设计为可淹没区，同时，将公园范围内的防洪硬岸砸掉，应用填挖方就地平衡原理，将河岸改造为多级可淹没的梯田种植带，形成生态护坡，这样不但增加了河道的行洪断面，减缓了水流的速度，缓解了对岸城市一侧的防洪压力，还提高了公园邻水界面的亲水性。梯田上广植适应于季节性洪涝的乡土植被，梯田挡墙为可进入的步行道网络，旱季游客在其美丽的体验空间中欢快游憩，雨季梯田被淹没，但仍有步行桥（50 年一遇高度）维护两岸的有效通行。同时，雨季洪水带来的泥沙沉积，使适应于旱涝的禾本科植被得以茂盛生长。这种与洪水相适应的设计使滨江水岸成为生机勃勃、兼具休憩和防洪功能的美丽景观（图 7.4）。

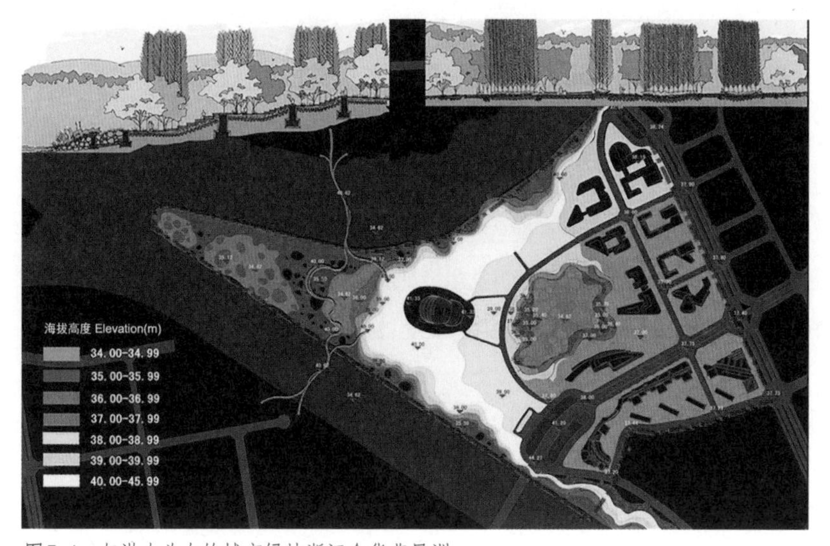

图7.4 与洪水为友的城市绿地浙江金华燕尾洲

7.4.2 回归生产：沈阳建筑大学

沈阳建筑大学的校园面积是1平方千米左右，校方花费5亿元修建了校园中的建筑后，由于资金短缺无法进行景观环境的建设。为解决时间短、要求高、资金匮乏的重重困难，设计中大量使用水稻，当作以农作物和乡土野生植物为景观的基底，显现场地特色，不但易于管理，更形成了独特、经济而高产的校园田园景观（图7.5）。师生除了在这里赏景读书外，还能在这里收割、畅谈。

景观设计应该重建土地和人的联系，让生产型的农业景观成为城市环境的一部分，这是“大脚”美学——丰产之美、都市农业之美。

图7.5 沈阳建筑大学的稻田景观

7.4.3 珍惜足下文化与遗产，循环再生——中山岐江公园

中山岐江公园项目原址是广东著名的粤中造船厂，厂房环境脏乱，当时这个城市正在组织拆迁，计划要把造船厂全部拆掉。

造船厂是工业化的象征，拆除厂房会抹灭人们对宝贵历史遗产的记忆。为此，公园在设计时保留了烟囱、龙门吊、厂棚等具有造船厂文化特征的事物，通过新的表现形式设计了被称之为静思空间的红盒子，以生锈的铸铁做铺装。废弃的机器零部件及钢管放置于公园中，形成独特的雕塑小品（图7.6）。

设计成功地将废弃的造船厂改建成为城市主题公园，保留了造船厂原本的工业痕迹，这就是城市改造进程中“大脚”的美丽。

图7.6 中山岐江公园鸟瞰

7.4.4 最少干预：秦皇岛汤河红飘带

在河道治理的过程中，自然河道往往被渠化和硬化，这种做法既影响了生态服务功能，又需要大量的资金投入，秦皇岛汤河案例说明我们完全可以有更明智的城市河流改造和利用方式。项目在设计中保留自然河流的绿色与蓝色基底，仅引入一条以玻璃钢为材料的红色飘带，用最少的人工干预，满足现代城市人的最大需要，创造了一种人与自然和谐的生态与人文空间。红飘带是一条绵延于林中的线性景观元素，它整合了步道、座椅、环境解释系统、乡土植物展示、灯光等多种功能和设施，使这一昔日令路人掩鼻绕道、有安全隐患、可达性极差的城郊荒地和垃圾场，变成令人流连忘返的城市游憩地和生态绿廊（图 7.7）。

所以，保留自然馈赠给我们的财产，用最少的干预让艺术跟生态结合去创造大脚之美。

图7.7 绿荫里的红飘带

7.4.5 让自然做工：天津桥园

场地原本是个废弃的射击场，垃圾遍布，污染严重，盐碱化。设计引入景观再生策略，改变地貌，配置适应性植物，让自然做工。通过地形设计，在园区内挖方 21 处，营造出大小深浅不一、标高不同的洼地。在不同的洼地中形成不同水分和盐碱条件的生境，适宜于不同植物群落的生长。同时，洼地形成雨水细胞收集雨水，经过自然演替，呈现出不同形态的水敏性景观（图 7.8）。

园区在短短两年的时间内就实现其目标，成为一个风景优美且维护费用低廉的多功能生态型公园。

图7.8 改良土壤的雨水细胞

7.4.6 绿色海绵营造水弹性城市：哈尔滨群力国家湿地公园

设计灵感来自于中国三角洲农业的桑基鱼塘，通过挖填方平衡技术来构建城市中心的绿色海绵体。方案创造出一系列深浅不一的水洼和高低不一的土丘作为雨水过滤和净化带，同时也形成了城市与自然湿地之间的缓冲区。沿湿地四周布置雨水进水管，收集新城市区的雨水，使其经过沉淀和过滤后进入核心区的自然湿地。步道网络穿梭于土丘和水洼之间，给游客带来穿越山林的体验。水洼边设临水平台和座椅，使人们可以更加贴近自然。高架栈桥连接山丘，给游客们带来凌空于树冠之上的体验（图 7.9）。

通过场地的转换设计，湿地的多种功能得以彰显：包括收集、净化、储存雨水和补给地下水。昔日的湿地得到了恢复和改善，乡土生物多样性得以保存，建筑与雨洪得以和谐共生，自然和城市得以同时发展。

图7.9 雨水过滤带和净化带

7.4.7 景观作为生命系统：上海后滩公园

场地是钢铁厂和造船厂的工业废弃用地，紧邻黄浦江。方案提出再生设计策略，将该地变为一个生命的系统，提供综合的生态系统服务，包括食物生产、洪水调蓄、水净化和为多种生物提供栖息地。公园的核心是一条带状、具有水体净化功能的人工湿地。沿线设计了一系列滨水生境来净化黄浦江受污染的水。其中，叠瀑墙用来给富营养化的水体曝气加氧，人造梯田湿地用以逐级沉淀、过滤水中杂质，梯田中的多种湿地植物被用来吸收水中不同种类的污染物，从而在为游客提供愉快体验的同时净化水质。现场测试表明每天有 2400 立方米的水可以从劣 **V** 类净化到 **Ⅲ**类水质，处理过的水作为非饮用水用于上海世博会。与常规水质净化方法相比，每年可节省约 300 万元的费用（图 7.10）。

后滩公园作为再生景观、人工湿地，向人们展示了生态基础设施能够为社会和自然所提供的多重服务。

图7.10 湿地植物净化水体

7.4.8 集成案例一：迁安三里河11千米城市河流综合治理

迁安三里河绿道项目分为三段：上游引水段、中部城市段和下游湿地公园段，包括污水截流、引水和生态重建、城市土地开发等内容。

设计利用自然高差，将滦河水从上游引入城市，源头处形成地下涌泉，进入城市并改善其生态条件后，又在下游归流入滦河；引入与洪水为友的水弹性技术模块，运用“蜿蜒拟自然水道+湿地链”的做法来恢复水生态系统弹性以应对滦河水位变化，少水时可以利用湿地水洼和水坝来存水，水多时滨河活动带可以作为行洪通道；保留场地中原有树木，形成众多树岛，令栈道穿越其间（图7.11）。

整个项目综合运用雨洪生态管理及与水为友的适应性设计，并结合污染和硬化河道的生态修复，用最少干预保留现状植被，融入艺术装置和慢行系统，将生态建设与城市开发相结合，构建了一条贯穿城市的、低维护的生态绿道，为城市提供全面的生态系统服务。

图7.11　修复后的城市生态走廊

7.4.9 集成案例二：六盘水明湖湿地——海绵系统综合解决生态环境问题

场地建设前污染严重、河道硬化、湿地自净功能遗失殆尽。为解决这一系列问题，规划设计从宏观和微观两方面着手。宏观上恢复流域的雨洪调蓄与净化功能，将沿河径流、鱼塘、低洼地作为湿地纳入整个雨洪调蓄与净化系统，缓解城市内涝，回补河道景观用水，形成分级雨洪净化湿地；而后，恢复河道的自然驳岸，恢复河道生态状况与自净能力，重现河道的生命力。微观上对具体河段进行设计，根据现状地形，构建梯级净化系统，利用中国最早的农耕技术——陂塘系统，将地表径流减速耗能，给水系统以自我净化的时间，并滋润多样化的生境（图 7.12）。

经过三年的时间，整条河的生态系统得以改善，昔日被水泥禁锢且污染严重的城市“排水沟”，又重回到了人们记忆中那碧波荡漾、流水潺潺的母亲河景象。

图7.12 降低地表径流速度的陂塘

7.4.10 集成案例三：三亚的城市双修

三亚市“双修”工作是指“生态修复和城市修补”，主要内容是河岸线、海岸线、道路和山体修复。

（1）水系修复

系统地梳理了三亚市中心城区的水系结构，形成水利上安全，生态上连通，景观上连续的水系网络；将中心城区水系打造成以雨洪为友的“城市海绵系统”。

（2）湿地修复（图 7.13）

①三亚市白鹭公园景观工程——恢复红树林，重建白鹭家园。

恢复健康水系统，使潮汐能进入公园内部水系，从而恢复红树林的生长；在此基础上规划设计白鹭栖息岛，将人、鸟分区，消除影响。同时对人群活动区域进行整合和空间提升，打造城市生态海绵公园。

②三亚市东岸湿地景观设计——恢复湿地，打造水上森林。

改善水质，恢复湿地生境，同时融入城市功能，打造成综合性城市湿地公园。通过充分挖掘场地文化和土地记忆，项目以陂塘系统作为湿地恢复的核心要素和方案形式来源，集城市雨水收集、雨洪滞蓄、水质净化、湿地生境恢复和鹭鸟栖息地营造、三亚历史文化展示等功能于一体，以最小干预的建设方式打造城市湿地海绵。

③三亚市红树林生态公园景观规划与景观工程——引导潮汐，恢复红树林。

以“呼吸根”的形式重组公园水系，引导潮汐漫入，增长水岸线，创造有利于红树林生长的环境，恢复场地的生态系统，打造滨水生态海绵公园。

（3）生态道路

设计方案将现状完全依赖市政灰色基础设施的凤凰路排水系统改造为充分利用道路绿地，以“排”为主，“排、蓄、渗”三大功能结合的生态雨水排放系统，可滞蓄一年一遇暴雨径流量的60%。结合道路外部环境合理安排种植，结合慢行系统和开放空间布局，打造成一条以多样城市界面展示为主要特色的城市景观大道。

（4）山体修复

项目主要解决临春岭城市果园位于城市干道边的一片山体被破坏后产生的巨大高差和视觉影响问题，同时完善城市果园的生产、游憩功能，将生产型景观的美展示给市民。以台地的种植形式，结合丰富、细致的种植设计，将果园种植、休闲游憩和高差处理巧妙融为一体，打造集山体修复、生态保育和城市休闲于一体的城市山体公园。

三亚城市“双修”项目建成后，不仅能够修复重要的红树林生境、调节城市雨洪、显露城市“山—河—海”天际线，还能为市民绿色出行和多样化的活动提供高品质户外空间。

图7.13　三亚湿地修复工程

7.4.11 集成案例四：浙江浦江县浦阳江

作为浦江县的母亲河，浦阳江却因为污染严重被省政府点名列入重点治理工程，生态破坏、雨洪安全、地域文化丧失、缺乏活力以及可达性差等问题使得曾经碧波荡漾、流水潺潺的河流变得满目疮痍。设计师结合“五水共治”理念，对浦阳江提出综合治理措施方案，包括截留工业污水进入污水处理厂，以自然风貌、农田果园和水泡链组成水净化系统的基底，沿河构建绿色海绵系统，保护河道植被，恢复生态河岸，建立自行车道，用挑空的方式引入适应性水弹性步行栈道等，使人们在享受自然生态系统服务的同时，尽量避免对自然产生干扰。经过两年的综合治理，浦阳江恢复了母亲河昔日的美丽（图 7.14）。

图7.14 修复后的浦江生态廊道

7.4.12 生态城市从家做起：低碳之家

生态设施可以从每个家庭做起，解决雨洪收集的问题。

目前建筑耗能总量在我国能源消费总量中占到近 30%，而屋顶面积占城市建筑的地表覆盖面积的 20% ~ 30%。所以，如果将屋顶的雨水及太阳能收集起来，可以帮助解决中国的能源问题和城市雨水问题。例如本人自己家公寓的低碳改造，将阳台改造成可食菜园和芳香花园，利用屋顶收集的雨水浇灌蔬菜，每年可以生产 32 千克的蔬菜。同时，阳台的水也可以进入室内，进行降温和空气净化。通过阳台花园对温度和空气湿度的调节作用，夏天可以不开空调，冬天可以不开加湿器。这种以家庭为单位的低碳改造如果得到普及，节能和改善环境的社会和经济效益将是十分显著的（图 7.15）。

图7.15　北京褐石公寓阳台改造

7.5　结语

第一，“反规划”建立生态基础设施，解放自然之大脚；第二，让自然之大脚变成美丽之大脚，通过设计来开启一个新的美学时代。这是一场变革——我们称之为“生态文明”的变革，这一变革是实现“绿水青山”和“美丽中国”的伟大战略。

8

建设绿水青山的生态技术

伍业钢

绿水青山的生态技术的本质是对水、土壤、地形、植物的尊重。要实现自然水体的自净化能力，一共有四大要素。第一是水动力，第二是土壤，第三是植物，第四是微生物，核心要素是水动力。土壤、植物和微生物的合理搭配共同营造了一种生态环境，协调完成降解污染物，而水动力则为这种生态环境创造了更为优质的先决条件。湖北荆门爱飞客生态小镇绿水青山生态工程设计的案例分析，完整阐述了作为生态城市的五大指标体系（生态环境、生态经济、生态文化、生态社会、生态制度）以及绿色发展与生态发展的生态技术方案。

绿水青山的建设离不开科学理念、生态技术和先进的商业模式。无论是讲绿水青山，讲水生态文明建设，还是讲海绵城市建设，都包含了一个非常重要的生态学意义。这个生态学意义始终贯穿着三个内涵：生态承载力、生态关系和生态可持续性。生态承载力着重强调任何事物的发展都不应该突破其对应的极限，即生态环境容量。其次，所有的生态系统都是复合的、相互关联的，称之为生态关系。错综复杂的生态关系处理好了，生态系统就可以实现可持续，经济发展就可持续。

习近平关于生态文明建设有这样一段生动的描述："我们要认识到，山水林田湖是一个生命共同体，人的命脉在田，田的命脉在水，水的命脉在山，山的命脉在土，土的命脉在树。"这充分表明了山、水、林、田、湖之间存在着密切的生态依存关系，这种生态关系又包含着空间关系、逻辑关系、尺度关系等。通过对景观生态学的分析研究，可以很好地理解这个生态关系。生态可持续性往往建立在对生态承载力的良好把控和对生态关系的恰当处理的基础之上，因此可持续性也是一种目标。同时，把控生态承载力和处理生态关系，又需要可持续的生态技术。

建设绿水青山的核心生态技术是：以水动力为基础，以水质为目标，以工程技术还原自然生态系统，以模型模拟来量化工程措施。

本章主要分析建设绿水青山中以水动力为基础、以水质（地表Ⅲ类水）为目标的水生态治理技术，如坑塘岛屿沟渠系统，打造湿地空间格局，保障水动力，提高水体的自净化能力，科学规划不同植物群落的空间格局和三维水动力空间格局，提升水质，降低未来运维成本。

8.1 为什么是以水动力为基础、以水质（地表Ⅲ类水）为目标

8.1.1 水动力的力量

生态治理技术的本质是对水、土壤、地形、植物的尊重。实现自然水体的自净化能力，离不开四大要素：水动力、土壤、植物、微生物，其中水动力的重要性是第一位的。土壤、植物和微生物的合理搭配共同营造了一种生态环境，可协调完成降解污染物，而水动力则是为这种生态环境营造了更为优质的先决条件。

"流水不腐"这个词重在强调流动的水体不易发生腐败变质，表明了水动力对水质的好坏有着非常重要的作用。这里的水动力主要是指影响水质变化的水文要素，包括流速（图 8.1）、流量、坡降比（图 8.2）、河道弯曲系数、糙率、水力停留时间以及水温等。水体的流动特性影响着河流的溶解氧水平、泥沙及其他物质的输移、水生植物的分布及数量、水生动物的生长繁衍以及微生物的水平含量等指标，而这些指标又决定了自然水体自净化能力的强弱，这也体现出生态关系的重要性。

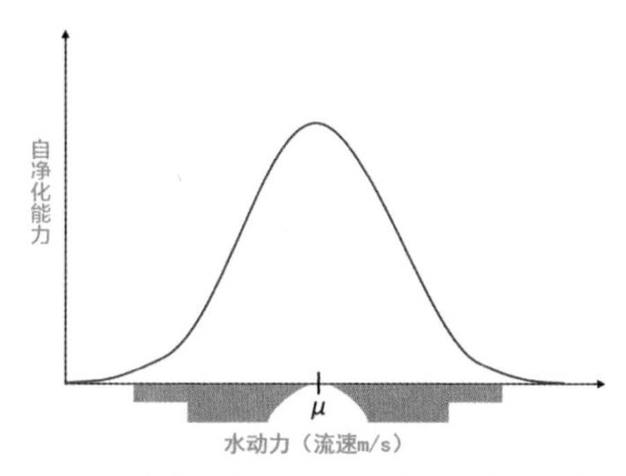

图8.1 水动力要素中流速与自净化能力的关系示意曲线

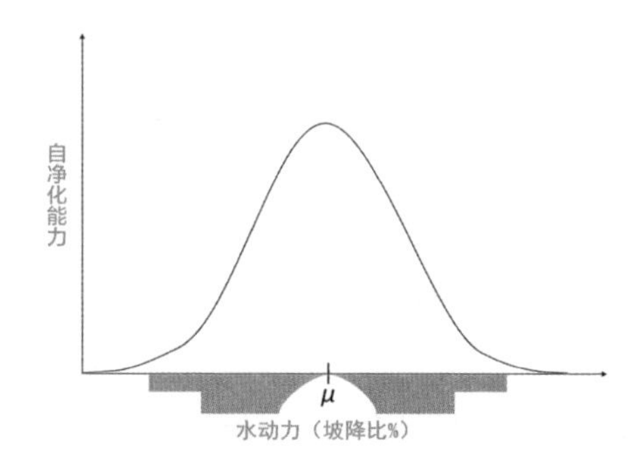

图8.2 水动力要素中坡降比与自净化能力的关系示意曲线

8.1.2 水质的阶段性目标

为什么要实现绿水青山，为什么我们的目标一定是要保证一泉清水？因为人们的内心向往美好，向往干净的水。越是干净的水，人们越懂得珍惜它；越是污染的水，人们越想远离它，越容易不尊重它，所以治理目标是水质必须要达到地表Ⅲ类水。

我们现在应该很清醒地认识到，水质提升是一个持续投入、循序渐进的过程，从我国的污水现状来看，治水应该分三个阶段。第一阶段的首要任务是对污染源的治理，主要针对劣Ⅴ类水到Ⅴ类水，比如很多城市普遍存在的黑臭水体问题。本阶段大概要投入一个单位的钱和时间，对普通城市来说大约为50亿元和5年。第二阶段可称之为建立水系自净化系统阶段，水质从Ⅴ类到Ⅲ类。本阶段大概要投入两个单位的钱和时间，即对应约为100亿元和10年。第三个阶段是从Ⅲ类水质到Ⅰ类水，也是美国大部分河流所处的阶段。本阶段涉及水系生态系统修复、生物多样性保护、水源地建设、食物链恢复等生态治理工程和研究内容，可能需要投入四个单位的钱和时间，即对应约为200亿元和20年。

我们希望通过社会各界的投入，实现弯道超车，通过 5 ~ 10 年的时间达到Ⅲ类水标准。我们的目标不能只停留在黑臭水体的消除，最起码要满足人们的亲水需求，至少是可以游泳的Ⅲ类水。因此，我们不仅要全面截污，还要建立水系的自净化系统。这不仅是我们的目标，也是我们的责任。我们所讨论的生态治理技术也建立在这一理念和信心基础上。

8.2 水生态治理工程技术措施

8.2.1 河床三维坑塘水系系统

我们在治理河湖水污染过程中经常遇到河床空间狭窄、堤坝限制、可利用土地极少、入河水质极差等棘手的现象。面对这些问题，我们分别提出河流床体的构建和湖泊床体的构建方案。

自然河流往往呈现出曲折蜿蜒的水面及深潭、浅滩、跌水、干流、支流等多种空间形态，而受损的河流往往表现为形态顺直、硬质堤岸、植被稀少等不健康的状态。我们为了恢复受损河道的自净化能力，以水动力为基础，以水质为目标，以湿地净化原理为技术，提出河中造塘、河中造河、河中造湿地的方法，将河道改造成为一个由坑塘和湿地组成的小型水网，增大水体与土壤的接触面积，增加污染物的沉淀时间，促进水体的溢流曝氧，尽可能为植物提供生长空间。坑塘系统像一个被铺平了的蜂窝毯，每个坑体需要挖成一个 1.5 ~ 2 米深的锥体状。这里的坑塘坡降比设计很重要，通过合理的斜坡，能使水体与土壤的接触面积增加 1 ~ 7 倍。坑塘系统中深的地方用来沉淀污染物，坑塘之上大约应该保持 20 厘米的水位，水体在流经塘与塘之间时会形成一定的曝氧作用，这一点有助于植物和微生物的存活，进而促进净化能力。这种坑塘系统对于中水进入湿地之前尤为重要，因为无论标准是一级 B 还是一级 A 的中水进入湿地，对于湿地的植物都会产生极大的伤害，虽然湿地有净化功能，但湿地不是污水处理厂，植物极少能在这样的中水环境下生存。中水经过一定面积坑塘系统的沉淀曝氧后，水质能从劣Ⅴ类达到Ⅴ类。这样，湿地植物就能生存，湿地作为自净化系统的功能就得以实现，其功效的大小取决于湿地面积和坑塘系统的空间格局（图 8.3）。

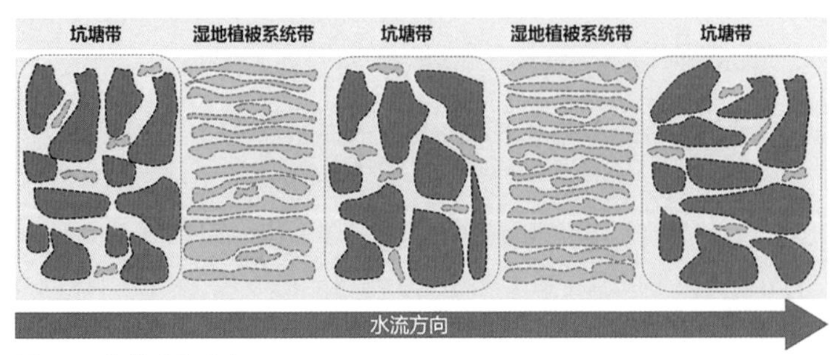

图8.3　坑塘系统示意

湖泊的自净化系统恢复有两个关键点：第一，湖区要有浅水区湿地带（水深小于 2 米），2 米以下的浅水区湿地可以形成有效的隔离防护，其面积大约占整个湖泊面积的 10% ~ 20%，这个区域同时能起到消波消浪的作用，尤其在偏硬质湖岸的区域，风浪很容易搅动底泥，引起污染物的释放。第二，湖体要有像锅底一样的斜度，最深处可至 6 ~ 12 米，使污染物集中沉淀到“锅底”，必要时进行集中清淤。自然的湖泊通常并不需要清淤，底泥的自然淤积大概是 1 毫米 / 年，但国内部分水体的底泥淤积可达 15 厘米 / 年，所以还会存在清淤问题。清淤是一件需要谨慎对待的事情，过量的清淤会导致水体中碳含量的急剧减少，影响氮的反硝化过程，因此处理好各物质之间的生态关系显得尤为重要。因此，湖泊床体的构建过程中要做到：减少硬质化护岸，增加环湖湿地面积，增大湖深，构建曲线湖底坡面，减少坡体死角出现。湖泊的自净化系统恢复的关键在于环湖湿地面积和空间格局的确定，以及湖底坡降比三维水动力的构建。

8.2.2 湿地岛屿的空间格局

绿水青山里面非常重要的一个因素是湿地，湿地非常重要的一个因素是它的空间格局。湿地系统究竟怎样生长、变化、退化，它的自净化的功能怎么样？我们进行了研究分析，选取了 18 块湿地，每块面积 4 ~ 6 平方千米，在这个面积里面，黄色高的地方是芦苇，低的地方是沉水植物，它们之间水的位置差别就只有 0.5 ~ 1 米高，但是这 0.5 ~ 1 米高里面的湿地空间格局是非常重要的（图 8.4）。湿地的空间格局决定了湿地自净化功能和湿地生态系统服务的价值（图 8.5）。之所以要恢复湿地的自然空间格局，是因为我们对湿地、自然、生态系统理解甚少，而把生态修复和生态治理技术定位在修复湿地的自然空间格局，是一种保守的、负责任的、科学的生态治理工程措施。这个生态技术也建立在我们对湿地的定义上，即一是 0 ~ 2 米波动水位，二是湿生植物生长，三是厌氧土壤，同时满足这三个条件的区域可划分为湿地。

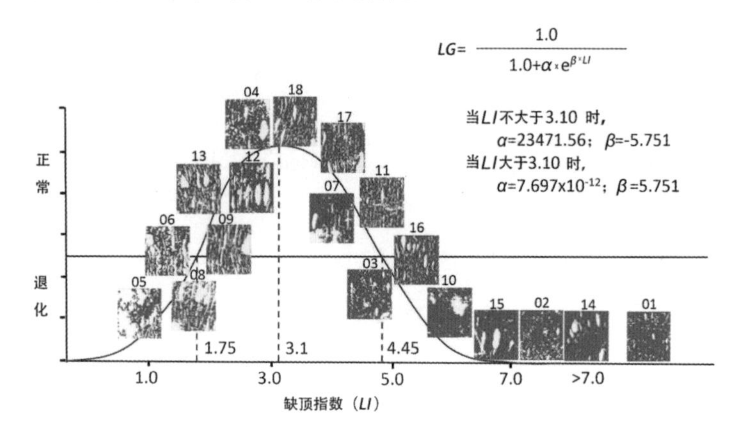

图8.4 Lacunarity 指数所确定的自然湿地空间格局

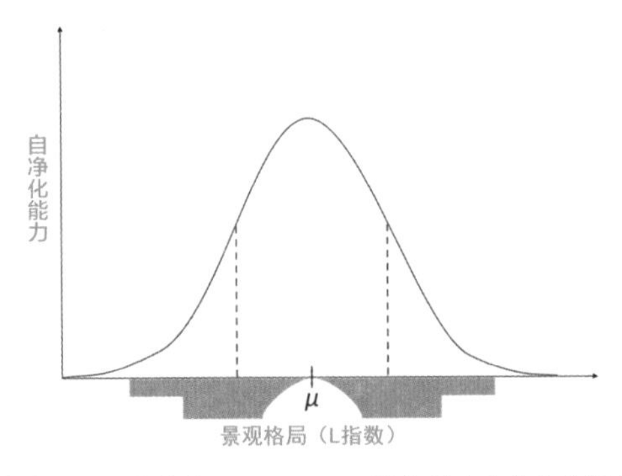

图8.5 根据图8.4导出的Lacunarity 指数所确定的自然湿地空间格局

很多人不明白为什么千岛湖的水保持得非常干净，可达 I 类水。之所以被称为千岛湖，一个重要的因素就是它的岛多，这么多个岛屿、岛屿周围的土壤、土壤里面的微生物以及周围的植被系统对于千岛湖的水质保障起到至关重要的作用，其中土壤和土壤微生物是水系自净化系统非常重要的组成部分。所以，在湿地修复过程中要特别注意对水岸线和岛屿空间格局的打造。我们的办法就是模仿自然的湿地空间格局：控制表面水力负荷，不能太快也不能太慢，且要达到均匀漫流；控制水力停留时间，7 天是一个比较好的周期，通常 14 天后水质会开始出现下降趋势；控制水力坡降比，一般可选择 0.3% ~ 0.5%，数值太小会导致水体流动性差，数值过大则不易改造且自净化能力难以体现；控制水、陆、植物面积比，进行景观格局指数核算等（图 8.6、图 8.7）。因此，湿地的设计必须确定好水深、流速、面积比例、污染负荷、植物选择等因素，并要充分研究当地的气候、水文、土壤类型等基本条件。

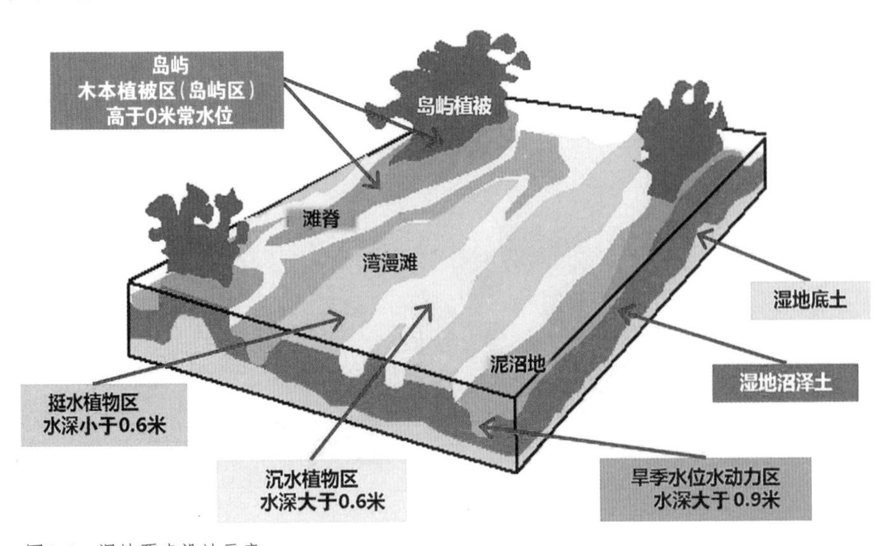

图8.6 湿地要素设计示意

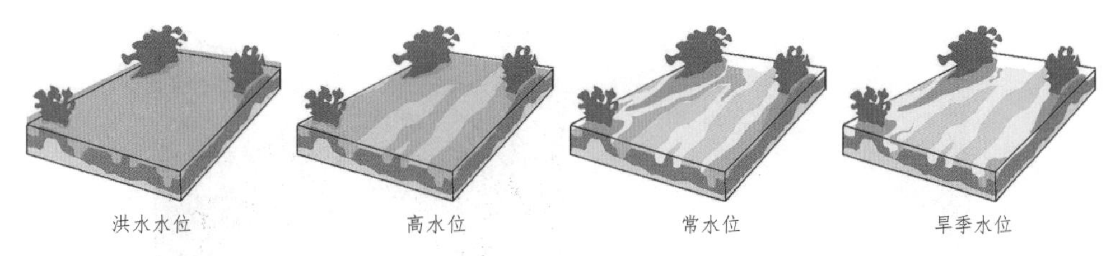

图8.7 湿地水位示意

8.2.3 效仿自然的跌水堰沉淀及曝氧

人们常用“去而回顾，深聚留恋”来形容河流的柔美与智慧，自然清澈的河流总是呈现出动静结合，缓急相错的流态。活水为微生物提供了充足的氧气，沉淀给污染物以足够的时间降解，二者各司其职，缺一不可。当我们的城市河流受到污染后，水中溶解氧被大量消耗，危害水生态系统健康，严重时便成为黑臭水体。我们模仿大自然在河道内建造跌水堰，发现跌水堰可将沉淀和曝气两个功能完美结合，极大地促进了污染物的降解，正可谓一股“清泉石上流”。

跌水堰的净化原理主要分为前池沉淀和堰体曝气两部分。河道中建起的石堰将水流挡住，提升了堰前水体的水位，扩大了水域面积，降低了水体的平均温度，增加了水体的滞留时间，这些变化均为污染物的消纳提供了积极的条件。当水体溢流经过堰体后急速下降，较大的势能使水流发生剧烈的扰动形成跌水曝气，这个过程增大了水体与空气的接触面积，水体中溶解氧的含量得到快速恢复，极大地提升了下一阶段的水体自净化能力。多级跌水则是提高污染物降解能力的强化措施，也是控制水动力、水流速的极好的自然工程措施，沉淀和净化效果极佳，比较适合地形落差相对较大的区域（图 8.8）。

图8.8 跌水堰的前池沉淀和堰体曝气示意

卵石坝、石头滚和汀步石台也能起到类似的功效，同时也可利用人工曝气器增大曝气能力，如推流曝气器和扬水曝气器等（图 8.9）。

图8.9 推流曝气与扬水曝气示意

8.2.4 生态驳岸及三道防线的设计

驳岸属于河道的重要组成部分，保护河岸免受冲刷和崩塌。在美国，所有的河流岸边都留有一定面积的植被区，被称作水园林的区域，严格受法律的保护。在我们的城市，很多河流都属于裸河，即缺乏生态护坡护岸保护的河流。这样就会出现两个严重的问题：面源污染和土地流失。面源污染多出现在没有植被防护带的偏硬质岸线，城市地表径流的污染物没有得到有效截留和净化直接进入到自然水体，对水质造成很大的影响，而且这种影响会不断积累，会持续增加河湖底泥淤积，降低水环境容量。土地流失多出现在缺乏植被防护带保护的裸土岸线，岸线侵蚀和泥沙流失现象严重。

为了解决上述两个问题，我们在设计中提出了三道防线的设计理念，所谓三道防线就是要有乔、灌的植被过滤吸收系统，草坡、草沟的滞留拦截系统和滨水植被的湿地系统（图 8.10）。

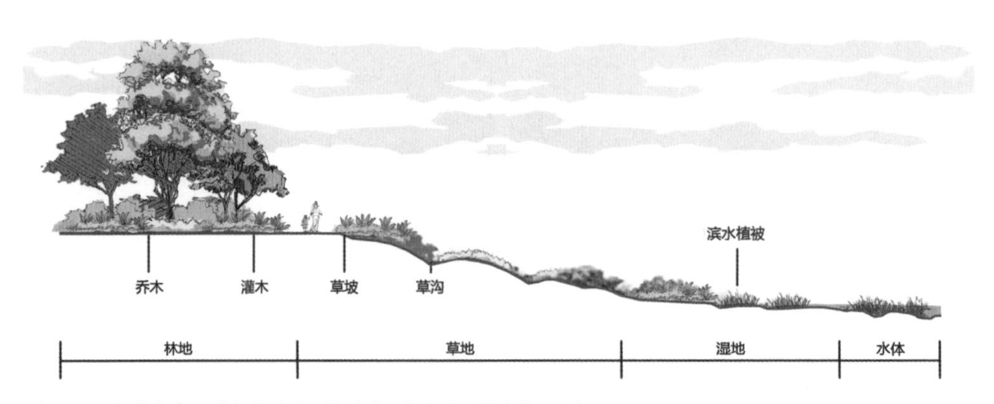

图8.10 水系岸边三道保护防线（植被带、草沟带、湿地带）示意

所有地面上的污染物随地表径流进入自然水体前，可通过三道防线消纳大约 60% ~ 70%，剩余的污染物进入到水体的过程中，构建的滨水湿地植被系统又可将剩下的 20% ~ 30% 的污染物

清理。同理，三道防线中湿地系统可对农业面源污染起到非常好的消减作用，在做密西西比河上流污染治理时得出一个经验数据，即 1 亩湿地可以消减 20 亩农业污染或城市面源污染的污水，构建湿地的办法极大地减少了农业污染对整个河流的影响（图 8.11）。其次是对河岸的水土保持，输水过程通常都会伴随着输沙过程，水体在流动过程中会将河底及两岸的泥沙进行输移。1926 年，密西西比河的一次大洪灾后直接造成 562 平方千米土地损失，这是多么严重的一个数据。三道防线的构建对降低岸线冲刷也起到重要的防护作用，木本植物根系可以起到很好的锚固作用，草本植物根系可起加筋作用，木本植物浅层的细小根系也能起到加筋作用，粗壮的主根则对土体起到支撑作用。

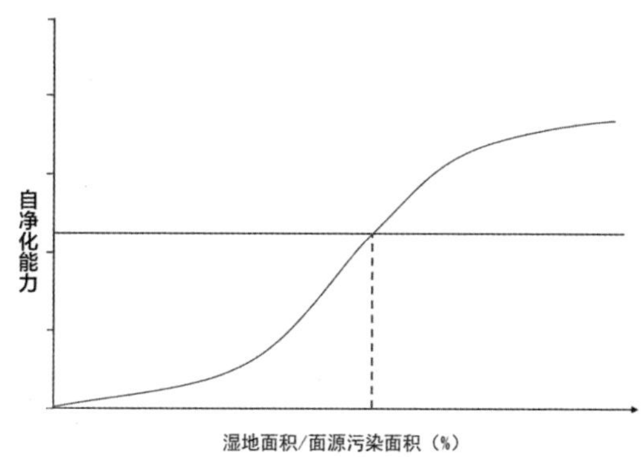

图8.11　湿地面积与面源污染面积比值和自净化能力的关系示意曲线

因此，为了维持河流生态系统的完整与健康，以及保证河道与陆地及地下水的连通，生态驳岸首先考虑植被三道防线。当植草方案不足以满足其坚固要求或有其他设计需求时，可以根据实际情况选择其他生态形式，如植草砖、生态袋、石笼、植被混凝土和多孔质结构护岸等。

8.2.5　土壤微生物、沉水植物、挺水植物、浮水植物系统的构建

土壤及其微生物和植被的合理搭配构建了一套完整高效的污染物净化系统，这里面的物质循环、能量流动、相互作用正是大自然生态关系的神奇之处，也是人类模仿大自然处理污染水的根源所在。

土壤的净化作用主要体现在土壤生态系统中的各要素对污染物的去除和降解。因此，极力推荐在河道中构建坑塘系统，以增加土壤与水体的接触面积，增加面流，减少渠流。在湿地系统中，土壤也是主要的基质与载体，既是许多物质转化过程的媒介，又是大部分植物可利用化学物质的主要贮存库，且湿地永久性或间歇性淹水的条件使一些净化过程和效果更为突出，尤其是微生物的作用。微生物的净化作用主要通过吸附和代谢作用，在不同溶解氧条件影响下，对有机物、氮、磷等污染物进行分解、转化、吸收。植物的净化作用主要指水生植物对污染物的吸收和代谢，以及为根际和根面微生物提供营养和能源，如碳源和氧气。水生植物一般分为浮水植物、挺水

植物和沉水植物，浮水和挺水植物主要吸收氨氮，沉水植物主要吸收磷。植被的茎和叶可以减缓水流，从而促进泥沙等颗粒物的沉积，使底泥避免风浪和其他扰动，其中浮水和挺水植物具有景观性好的特点，沉水植物具有与水体接触面广的特点。

这个部分主要强调以下两点：一是土壤—植被系统是一种较为廉价易行的绿色治理技术，但该系统不是污水处理厂，在劣V类水中，植被无法存活，更无法体现净化能力。因此，针对劣V类水的治理，植被系统需要在前区设置一定面积的沉淀池和坑塘系统。二是植被群落的配置一定要充分结合当地土壤、气候、地形、水文等多个条件，营造出一个健康的、多样化的自然景观空间格局，这对水质的提升有关键作用。

8.2.6 原位微生物激活素的投放

原位微生物激活素技术属于微生物强化技术中的一种，可配合其他水生态修复技术使用。在自然水体中，微生物作为分解者，其数量和活性直接影响到水体对污染物的降解能力。原位微生物激活素技术就是通过原位选择性激活（ISSA）PGPR 微生物来进行生态修复（PGPR 是指生存在植物根圈范围中，对植物生长有促进或对病原菌有拮抗作用的有益细菌统称）。

该技术的核心是把激活原位 PGPR 所需的各种营养物质通过纳米技术及微包覆技术制成颗粒均匀的生态修复剂，加入特制生态反应池中，建立 PGPR 激活、繁殖生物平台（图 8.12）。同时利用缓释技术把这些营养物质持续提供给水环境中的 PGPR 微生物，这些 PGPR 被连续不断激活并不断吸收能量和营养而快速繁殖，不断繁殖的微生物将水体中的富营养物质（如氮、磷等）转化成可被浮游微生物及水体植物吸收的营养物质，浮游微生物及水体植物又被当作鱼、虾等生物的食物，从而形成“大鱼吃小鱼，小鱼吃虾米”的良性生物链，对水体进行原位生态修复。同时，一些水草、鱼虾等生物的增多会进一步恢复水域的自净能力，达到生态平衡，从而起到生态修复水体的作用。其反应机理主要包括食物链的去氮去磷作用（图 8.13）、反硝化作用的去氮机理（图 8.14）、生物清淤机理（图 8.15）。

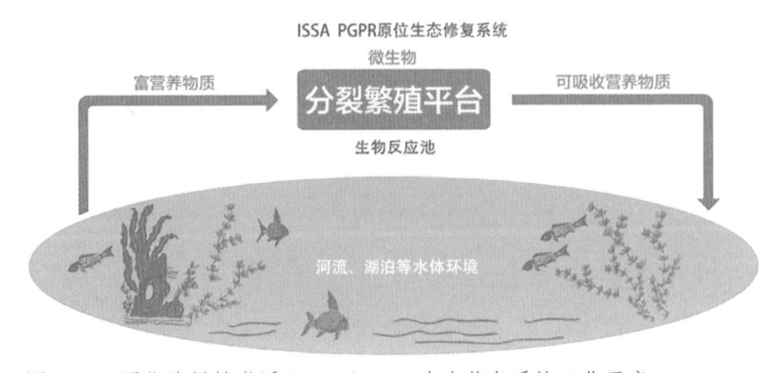

图8.12　原位选择性激活（ISSA）PGPR生态修复系统工作示意

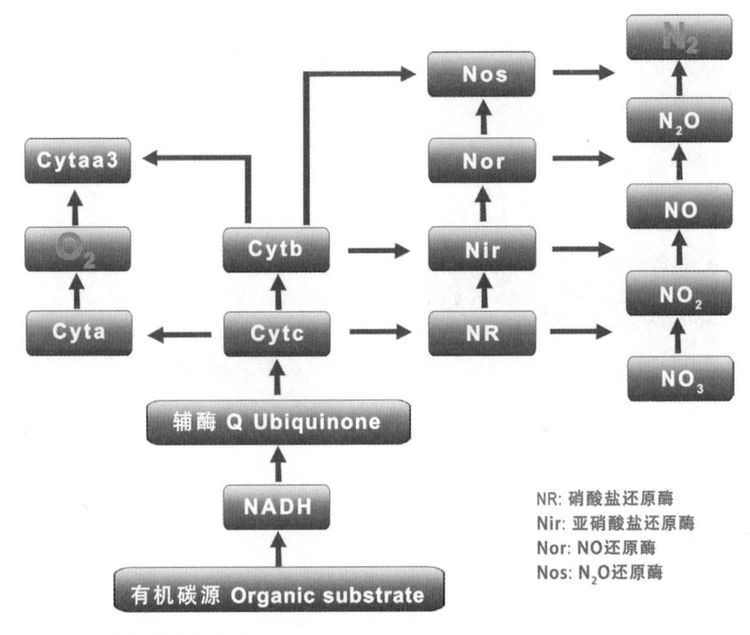

图8.13 食物链去氮去磷示意

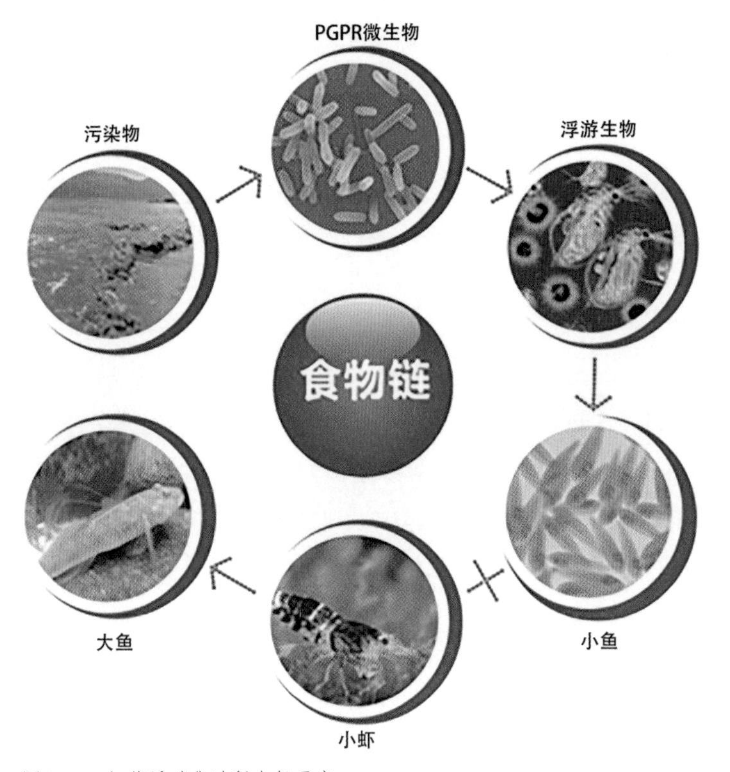

图8.14 细菌反硝化过程去氮示意

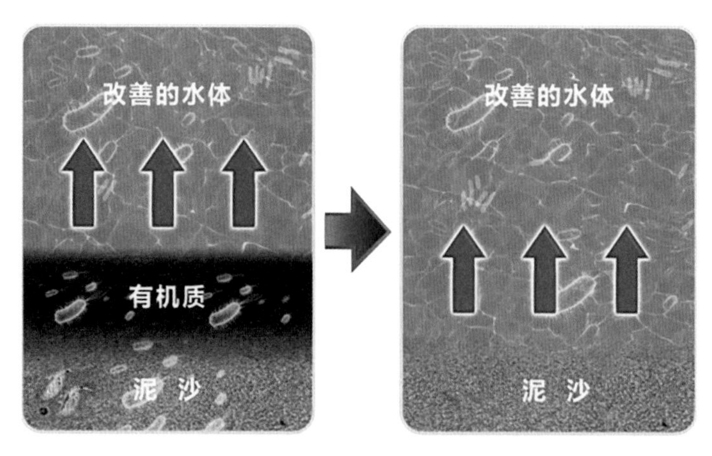

图8.15 生物清淤示意

原位生态修复系统是目前最新、最先进、最安全、最有效的水环境生态修复技术之一。技术本身不是去改变水体本身，而是加强水系自我净化能力的一种方式，是遵循自然规律的一种尝试。不仅施工方便，而且效果显著，后期只要进行投入较小的维护就可维持治理现状，也不用担心投放的化学物质会引起二次污染。该技术能根据不同水体污染的多样性制定针对性的生态修复方案，逐步实现消除黑臭水体、改善水质的目标，实现污染物的原位修复，重新恢复整个水体环境的生态平衡，成倍增加水体环境的自净承载力。

8.3 绿水青山先行示范小镇：湖北荆门爱飞客生态小镇绿水青山生态工程设计

8.3.1 项目简介

荆门爱飞客生态小镇地处湖北省荆门市漳河新区漳河水库东岸，位于荆门市东西、南北两大城市发展轴的相交区域，目标是发展成为华中地区最大的通用航空运营服务基地、国家立体漫游休闲旅游区、未来荆门市的形象展示名片和后花园。本次规划具体任务：荆门市漳河新区绿色生态科技产业城及爱飞客生态小镇绿色生态专项规划与生态环保实施方案。项目地规划范围包括两部分：爱飞客小镇（30 平方千米）及绿色生态科技产业城（14.05 平方千米），规划区及其周边重点水系图和地形地貌分布图如下（图 8.16、图 8.17）。

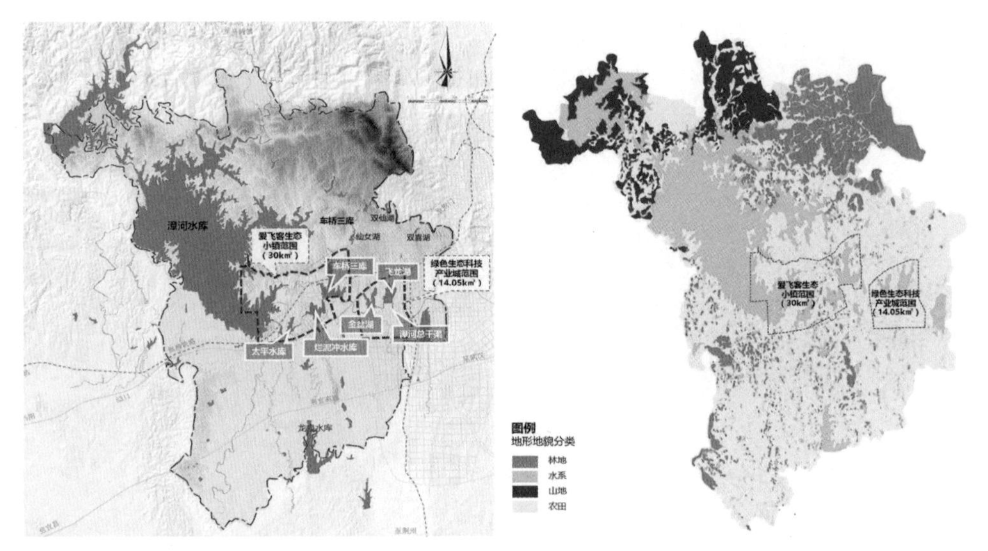

图8.16　规划区及其周边重点水系

图8.17　地形地貌分布

8.3.2　目标与理念

基于项目地环境保护、产业提升和旅游聚焦三大发展诉求，实现重塑绿水青山，激活航空产业，维持绿动脉搏，打造生态宜居城市的伟大目标，将生态总体目标定为：近期规划区内水质达到Ⅲ类水标准，远期达到全域Ⅱ类水标准；建设绿色生态廊道，构建城市绿色空间。本次生态规划坚持绿水青山就是金山银山，生态优势就是经济优势的生态价值理念，提出“依水系定城，靠绿林安城，保地形固城，护土气兴城”的生态战略目标，旨在打造一套具有系统性、关联性、整体性的生态解决方案，并实现可操作、可检验、可示范的带动效应。

8.3.3　生态策略及技术建议

本次生态规划的重点分为“蓝绿”两部分，“蓝”指水系部分，主要包括河流、湖泊和水库；“绿”指绿地部分，主要包括山体、林地、田地、草地，涉及的具体生态策略和技术建议简要归纳如下。

1）整体格局梳理

（1）构建区域综合生态安全格局

以漳河水库西北、北部、东北山体和水库洪泛区为重要的生态源地，以其他山地、林地和湿地为斑块，通过沿水系、道路等线性元素建立生态廊道、游憩廊道，构成区域网络生态基础设施和开放空间构架（图8.18）。

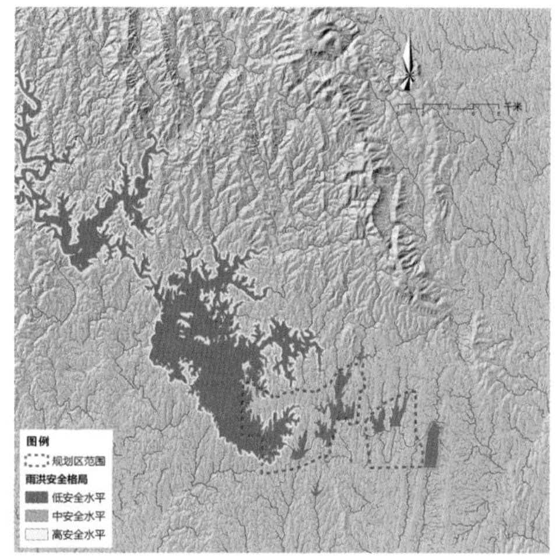

雨洪安全格局

生物安全格局

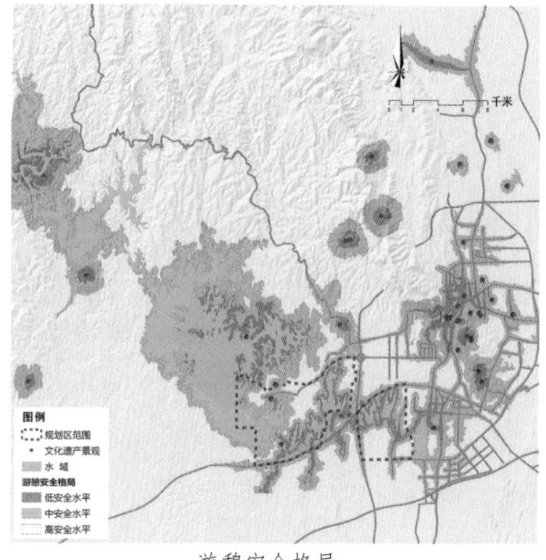

游憩安全格局

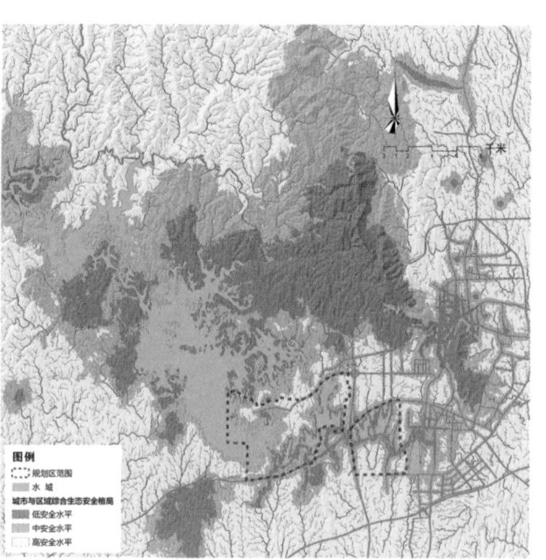

综合生态安全格局

图8.18 区域生态安全格局

（2）构建区域蓝网、绿网

从大尺度、大格局的层面对项目地生态蓝网和生态绿网的格局进行设计，保护“山、水、田、林、湖、草”等生态本底，保障示范区生态安全，增加示范区绿网和蓝网面积，打造漳河新区的“海绵核心”（图8.19）。

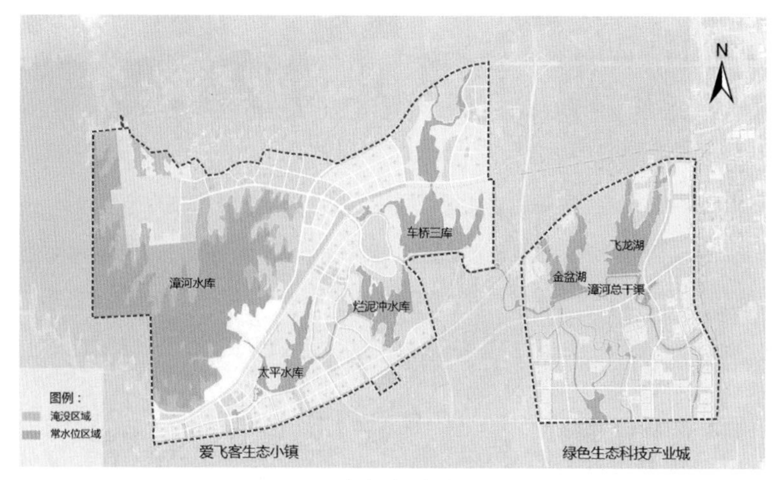

生态蓝网构建

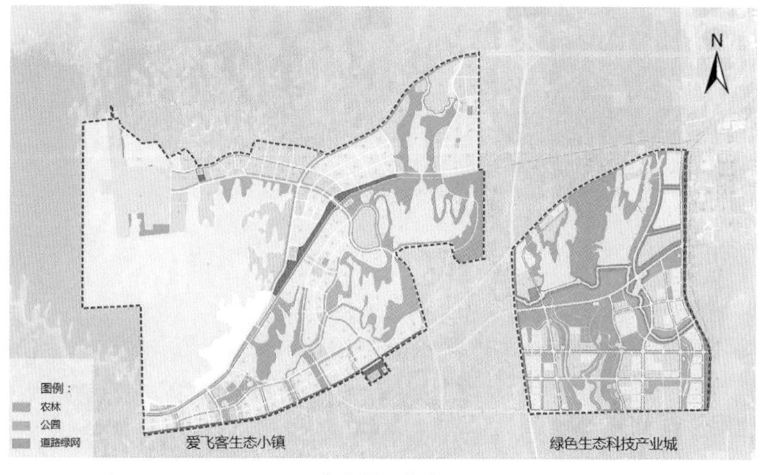

生态绿网构建

图8.19 区域蓝网、绿网构建

2）生态要素修复

山：周围山体保护状况良好，防护建议主要以生态保育为主，逐步提高植被覆盖率及生物多样性，重点做好水土保持工作。

水：漳河新区水系资源丰富，湖库河网密布。河流部分规划内容包括漳河总干渠和漳河新区规划中的五条河流，修复的重点目标是水质提升及自净化系统的构建。用到的生态理念及技术有：①在完善截污管网建设的前提下，建立河道内湿地，打造面流坑塘与沟渠，补充植被系统，恢复河流生态系统的自净化功能。②建立河道三道防线（林地、草地、湿地）及生态驳岸，控制污染物直接流入河道，并扩大径流流经面积，避免地面径流冲刷河堤破坏河道。③设置扬水曝气装置和跌水堰，增加水体溶解氧含量，有利于污染物降解。④通过微生物修复生态系统，激活本地物种的快速生长，形成丰富的本地生物种群，提高自净化能力。⑤构建挺水植物、浮水植物及沉水植物等多样性湿地植被系统，净化河流水质，增强湿地自净化功能，增加河道的景观美学价值。

林：保护现有林地，最大程度地增加项目地块森林、绿地、绿廊和绿带覆盖率，建立完善的绿色廊道系统，包含自然森林公园、城市滨湖公园、城市水岸绿地公园、城市湿地公园、道路绿带系统，打造荆门自然森林生态系统，保护荆楚生物多样性及基因库。部分公园设计图如下（图8.20），其中自然森林公园主要以保护生物多样性及生态为目标，营造荆门本地树种、自然群落、鸟类和野生动物之生境。

自然森林公园

车桥滨湖公园

烂泥冲湿地公园

太平水岸绿地公园

图8.20　公园设计平面图

田：规划区内存有一定比例的农田，针对农业种植面源污染，建议采用生物防治措施代替农药和杀虫剂的使用，推荐使用生态有机肥，推广酵素肥料的使用。加强农田植被防护带构建，在农田周边建立草沟、草滩、草墩等缓冲区，促进污染物的过滤拦截沉淀。

湖：规划区域内及周边湖库众多，主要有漳河水库、车桥三库、烂泥冲水库、金盆湖、飞龙湖等。本部分治水思路包括基础控制与过程优化两部分，其中基础控制是指构建生态市政基础设施，主要包括：①建立完善的雨污收集处理系统：采用分流制排水系统，建立污水处理系统及中水回用系统，实现分质供水。②净化湿地：雨水及未能中水回用的尾水经湿地过滤净化后进入自然水体。③局部清淤：选择污染淤积严重区域进行局部清淤，降低内源污染，重建自净化系统。过程优化主要包括：①陆上保护圈：在湖岸建立“乔、灌、草”植被系统及生态驳岸，削减城市和农业面源污染。②建立水体自净化系统：对现有湖床进行空间改造，加强水动力；建立环湖自然湿地净化系统，增加污染物消减过渡区。③强化水质净化效果：通过微生物激活技术提升和强化湖体净化能力。以金盆湖为例，部分示意图如图 8.21。

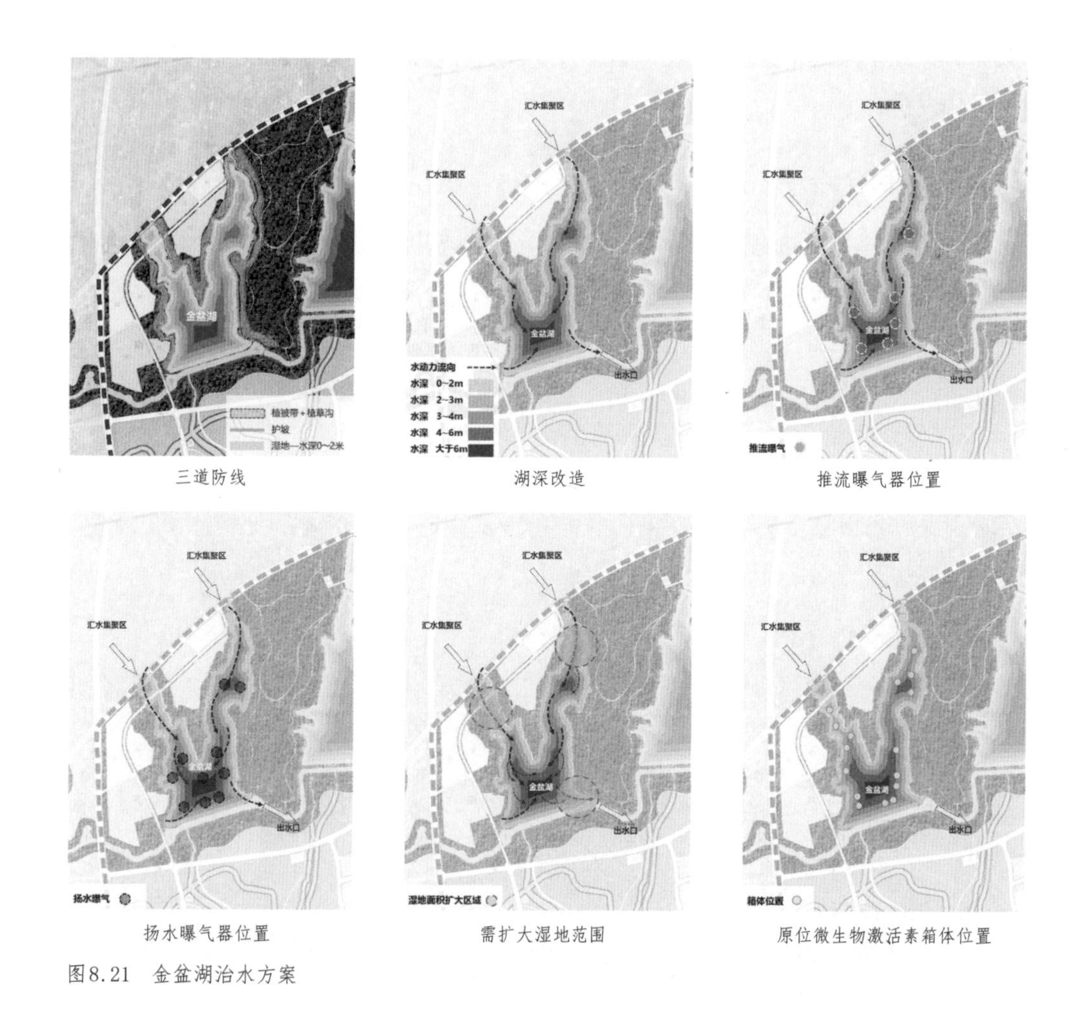

三道防线　　湖深改造　　推流曝气器位置

扬水曝气器位置　　需扩大湿地范围　　原位微生物激活素箱体位置

图8.21　金盆湖治水方案

草：草本植物在治理面源污染方面起着举足重轻的作用，规划中对草本植物进行了高效利用，主要包括草沟、草坡、草滩、草墩、草坪、植草带等。其中，草沟和植草带对污染物控制起到积极的截留、沉淀作用；草墩可形成防污墙，有效阻挡地表径流携带的污染物，在建设区外围铺置草墩是非常经济的污染物拦截策略，机场防护中大量使用了灌草植被及草墩。草坡、草滩以及草坪则形成巨大的污染物缓冲消纳带，同时也是非常重要的生物栖息地。

8.4 绿水青山先行示范区：眉山市东坡区圣寿片区传统民居聚落片区改造

8.4.1 项目介绍

眉山市位于四川盆地成都平原西南部，是成都平原连通川南、川西南、川西和云南的咽喉要地和南大门。东坡区位于成都平原西南边缘，地处岷江中游，古称眉州，是眉山市市辖区，位于眉山市西南方向。圣寿传统民居聚落片区位于东坡区的东北处，岷江以西，南有苏堤公园，北临太和古镇。

规划区内大部分农田分布于项目地南部，农田大多为自家菜地和甘蔗种植，景观效果较差，空间脏乱差，缺乏应有生机活力（图 8.22）。规划范围内水系只有一个较大坑塘水面，水系单一，水动力不足，水质较差，水景观风貌不佳，后期需要根据地形连通水系，解决水动力和水质问题，从而做足水景观及水产业。

图8.22 现状鸟瞰

8.4.2 目标与理念

圣寿片区改造的总体定位为“以田园为载体、以文化为灵魂”的美丽乡村和农业庄园之典范，有品位、有品质、有特色的国际都市田园标杆。

生态规划策略：生态分析支撑开发策略，水质提升保障生态安全，生态景观打造宜居环境。构建水资源安全保障体系、水环境保护系统和水景观优化格局，推行低影响开发和雨洪资源化利用，保护动植物多样性和生物栖息地，实现中水回用、清水入河、垃圾变资源，实行农业信息化和农村电子商务。

8.4.3 生态建设技术措施

1) 综合生态敏感性分析

生态敏感性因子是影响该地区生态环境质量的重要因素，根据基地的生态本底及未来的生态愿景，选择五个生态敏感性因子进行分析（图 8.23）。

在确定各个生态因子后，通过 GIS 空间叠置技术，得到综合的生态敏感性结果，为重建生态系统及城市开发提供依据。

极高敏感区：保全或恢复为自然状态的地区，绝对禁止开发或者进行极为有限的开发，其面积约 2.7 公顷，约占研究区总面积的 2.38%。

高敏感区：保护生态涵养功能，有限度地开发利用，其面积约 12.3 公顷，约占研究区总面积的 10.7%。

中敏感区：生态保护和开发区之间的缓冲区，在保护的前提下适度开发，但要防止建设无序蔓延，其面积约 13.6 公顷，约占研究区总面积的 11.83%。

低敏感区：土地开发的负面影响较小，适合城镇建设拓展，可做中高强度的开发，其面积约 59.2 公顷，约占研究区总面积的 51.59%。

非敏感区：现有建设区域及部分交通用地，占地面积约 26.9 公顷，约占研究区总面积的 23.5%，现有基础条件较好，因地制宜进行空间优化区域。

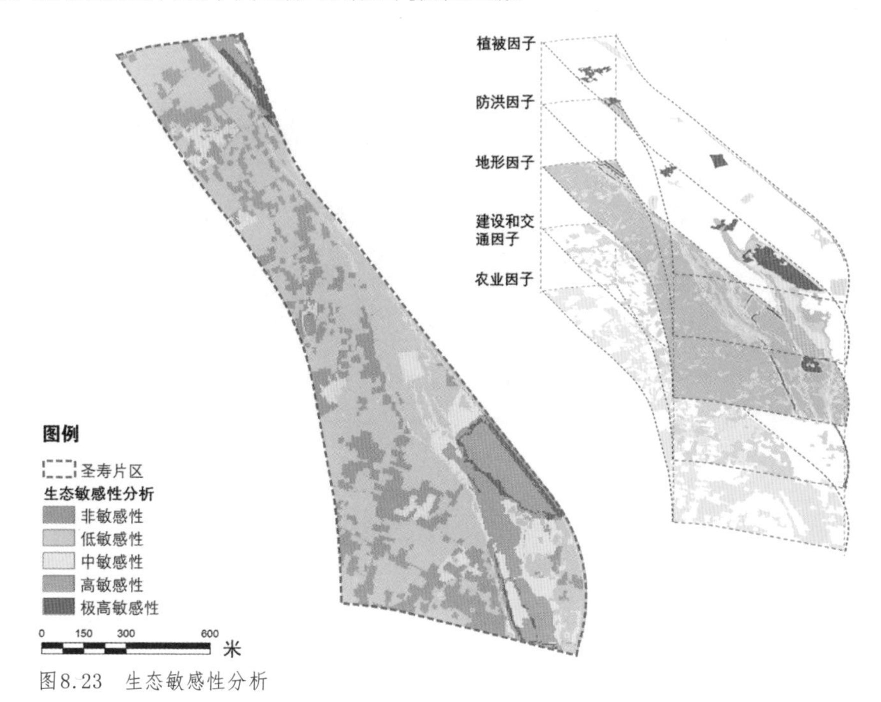

图8.23 生态敏感性分析

2) 建设适宜性分析

通过对项目地发展主要限制性条件的基本判断和关键生态资源的识别得到适宜建设空间分布的定量评价；对生态敏感性评价及预估限制性用地边界进行叠加，在注重生态安全的基础上，同时增加可开发用地的弹性空间。建设适宜性分析结果如表 8.1、图 8.24 所示。

表 8.1　建设适宜性评价

项目	占地面积（平方米）	占地面积（亩）	占比（%）
重点建设区	253200	380	22.07
弹性发展区	624950	937	54.47
禁止建设区	269075	404	23.45
总计	1147225	1721	100

图8.24　建设适宜性分析

3) 技术措施

(1) 流域尺度

从流域尺度来看，规划区的污染主要来自于城镇生活污水、生活垃圾等点源污染，化肥农药、水土流失等面源污染，河流、湖泊底泥等内源污染，如果不对污染源进行治理，将导致持续的水污染。

因此，在流域尺度，我们进行水污染治理的技术措施是采用地埋式污水处理站处理日常生活污水，水体沿岸设置滨岸缓冲带削减农业生产过程中产生的面源污染，尊重自然地形进行河床改造，弯曲河道以及坑塘、岛屿和沟渠系统可以极大地增加水和土壤以及湿地植被系统的接触面积，有利于土壤中的微生物充分分解水体中的污染物，采用生态驳岸、循环造流、曝气充氧、跌水富氧，以及将河道和湖泊水深小于 1.5 米的区域建设为湿地，净化水质，提供景观、休闲游憩功能。

（2）开发地块尺度

地块开发将导致生态环境的急剧改变，地表径流污染增加，地表径流量增加，生活污水排放增加，垃圾废弃物增加。如果对上述污染风险不加以处理，将最终导致入河污染物增加，带来水质恶化的结果。

因此，在开发地块内，我们采用低影响开发设施，最大限度地保护原始地形和植被，建设绿色基础设施。低影响开发措施相对于传统开发模式具有极大优势：对面源污染可进行物理过滤，避免其污染水体；减少市政雨水管道工程量以及养护成本，并且绿色基础设施比管道更便于管理；加强城市应对自然灾害的弹性，有效管理暴雨洪水；改善建设区形象，提升景观价值（图 8.25）。

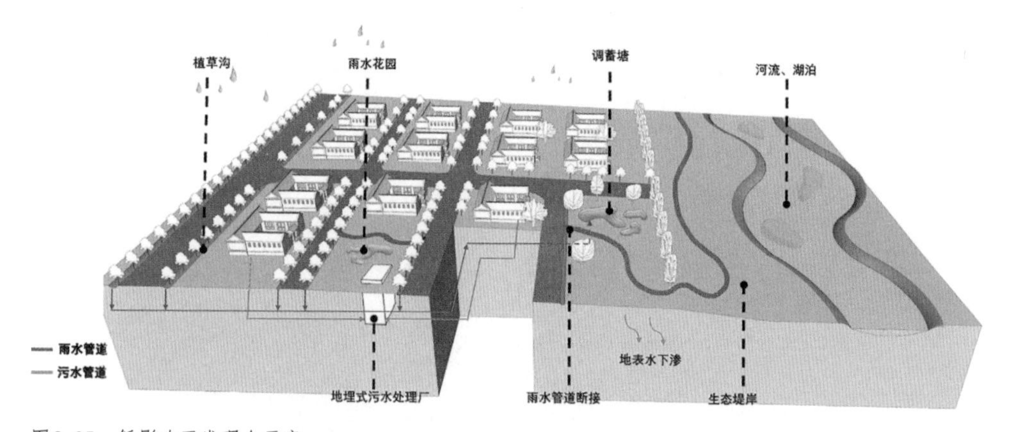

图8.25　低影响开发理念示意

依据眉山市最大连续降雨量 410.8 毫米，规划后地表径流量为 21.6 万立方米，需要低影响开发措施和水体来调蓄。规划绿廊和绿地面积为 21.92 万平方米，水面面积 15.5 万平方米，下沉深度平均为 0.5 ~ 1.5 米。建设的低影响开发设施和水域对径流吸收可达 27.86 万立方米（大于所需径流调蓄容积总量 21.6 万立方米），极端降雨情况下可完全避免洪水及内涝危害的发生（表 8.2、图 8.26）。

表 8.2　径流量计算汇总

用地性质	面积（公顷）	平衡径流系数	调蓄容量需求（立方米）
建筑面积	15.3	0.8	50281.92
建筑面积（绿色屋顶）	2.30	0.5	4724.2
交通场站	0.80	0.8	2629.12
道路面积	11.88	0.8	39042.43
道路面积（透水铺装）	7.90	0.4	12981.28
绿廊和绿地面积	21.92	0.2	18009.47
农田面积	39.40	0.15	24278.28
水面面积	15.50	1	63674
总计	115.00	0.58	215620.70

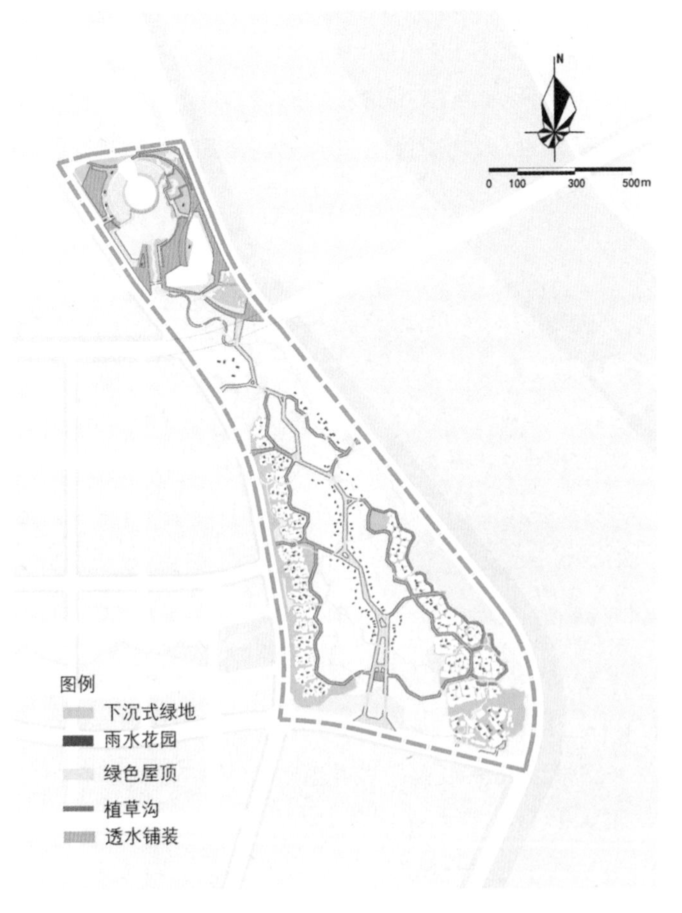

图8.26　低影响开发措施布局

9

论绿水青山与可持续发展

李百炼

人类已消耗了近 80% 的可用生态资源，在历史上第一次接近了全球性的“临界点”或“红线”。“绿水青山”是指拥有健康功能的整个生态系统：良好的生态承载力、良好的生态系统关系、良好的生态可持续性等。中国在过去30多年的经济高速发展过程中出现了大量的生态环境问题，使得经济发展所带来的红利大部分被生态环境的破坏所抵消，中国经济结构的调整和转型势在必行，诸如生态修复和环保产业将发展为新经济，“绿水青山”的绿色发展、可持续发展将是中国发展的国家战略。

9.1 人类面临的问题

为什么说“绿水青山就是金山银山”？如何保证或修复绿水青山？这跟发展有矛盾吗？绿水青山如何转变为金山银山？金山银山能取之不尽吗？没有绿水青山怎么办？我们的出路在哪里？从人类整个发展历程来看为什么我们今天走到这一步？为什么生态文明、绿水青山在今天来说比任何时候都更加重要？

从工业革命开始，整个人类的活动产生了一系列变化，尤其是进入 21 世纪以后，变化更为巨大。它为整个地球系统带来了本质性的变化，这里面就涉及人与自然的关系。人与自然作为一个社会系统、生态系统，既有物质能量和信息之间的交换，又有进化的过程，整个人类发展的文明史要从进化的角度、动态的角度去认识。

人与自然的关系，既有人对自然破坏的一面，也有人为此修复甚至促进生态系统的一面，就像我们的城市生态系统，它有负面，但是也有正面。原始社会没有工程手段，很难应对自然灾害。同样的，对人类社会来说，服务有正面也有负面。

文明的毁灭和自然环境的破坏是人类的聚集增长速度跟整个资源系统不匹配导致的。目前世界资源正在高度整合中，区域性的灾难很快就会演变为全球性的灾难，也就是整个人类的毁灭。因此，我们必须意识到，过去的区域性文明的消失带来的后果和今天自然生态系统毁灭带来的后果，本质上是不一样的。人类已处理、转换与消耗了近 80% 的可用生态资源，在历史上第一次接近了全球性的“临界点”或“红线”，且将面临自然资本、自然服务的提供与环境承载能力下降的趋势。同时，在高度全球化的今天，区域性的社会与自然间的生态不和谐不仅会导致这些区域文明的衰落与消失，甚至会导致全球性的崩溃。正因为如此，我们更要意识到绿水青山的重要性。绿水青山不是简单意义上的“有山有水”，而是指拥有健康功能的整个生态系统：良好的生态承载力、良好的生态系统关系、良好的生态可持续性等。

从 1750 年开始，因为煤的使用，已经有 1500 亿吨的碳释放到大气中，而未来还会释放 1400 亿吨，二氧化碳的含量将升高到 0.065%（一般认为环境中二氧化碳含量不应该超过 0.045%，现在水平已达到 0.038%）。我们从大量媒体上所获知的信息是，工业化过程中导致全球气候变暖，最大的祸首是二氧化碳，但实际上不止如此，还有更多的温室气体，对人类生存和生态系统的未来在很多方面更具有破坏性。科学家预测，在未来的 100 年里，这些温室气体，包括二氧化碳将共同导致全球平均温度的大幅度增高（图 9.1）。

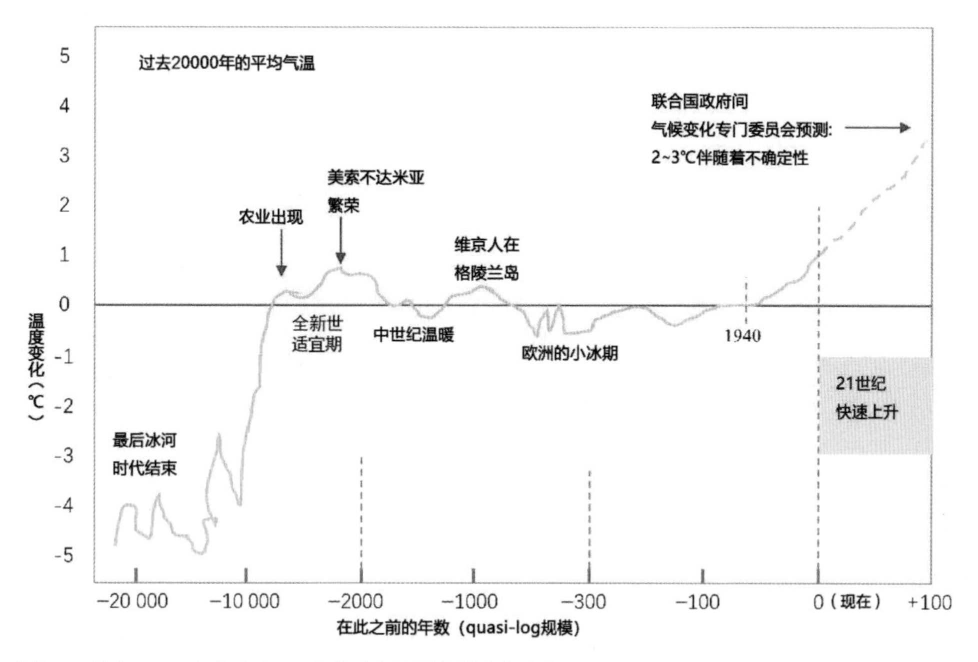

图9.1　过去20000年和未来100年地球表面平均温度的变化

社会系统和生态系统，它们之间是有物质能量信息交换的，而且两个系统之间有协同的适应性。自然能提供粮食作物给人类，同时也会有一些灾难，例如地震、海啸等；人类对自然造成破坏，但也有修复甚至促进生态系统功能的一面（图9.2）。但是今天，人作为一个物种来说，对于自然环境的影响，已经远远超过其他生物对环境影响的总和。这会带来怎样的后果呢？现在相当一部分人这样认为，我们生活的城市、郊区或者农村，还有大量的自然。但是从人直接对自然的利用来说，陆地生态系统中大概只有10%左右的土地可以称得上是自然，而这部分土地所产生的自然生态系统的净生产力大概只有20%左右。这也就意味着，过去我们认为或者现在还在这么认为，自然是无限大的，产生一定量的污染是没有关系的这种想法是不对的。如果80%以上的（系统）都在生产污染，即便有系统去处理这些污染，自然也没有足够的净化系统去处理，过度污染已造成生态系统失去它的自我修复能力和自净化能力。

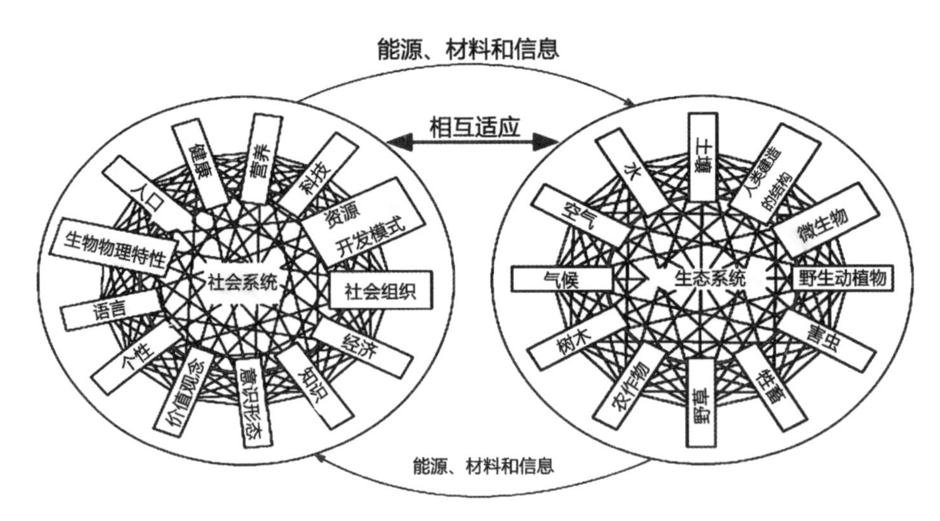

图9.2　社会系统和生态系统，它们之间是有物质能量信息交换的

过去的玛雅文明、中东波斯文明等都从辉煌走向了毁灭，无不是与人口增长以及自然环境、生态价值的破坏有关。而今天，我们生活在高度整合的世界，任何一个区域性的衰亡都有可能带来全球性的影响（图 9.3）。

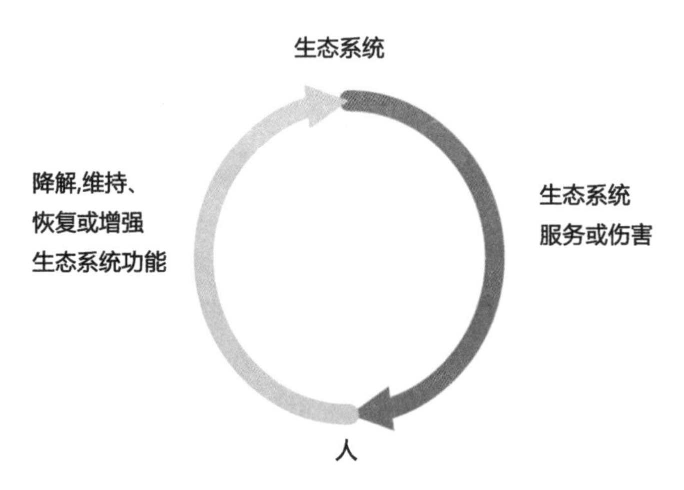

图9.3　人与自然的耦合关系

一般认为，地球已经进入人类经济时代，人作为物种起到了决定性的作用，已经有了控制地球的能力。但在修复污染方面，人类不可能在短时间内完成，例如黑臭水体、雾霾等，需要更加持久的净化。中国提出的生态文明，是站在历史的高度，是这个国家和民族一个伟大的、关键性的壮举。因为这不是我们今天简单认识的生态系统的服务功能等的转变，而是更长期的、更有高度的一系列轨迹。对于中华民族来说，更高的高度对待生态环境是一个可持续发展的过程。就

拿人口来说，2014 年全球人口 72 亿，21 世纪内保守估计有 93 亿。现在中国已经开放二胎，我们的农业如何来养活这么多人口？这必然带来环境的问题,因为粮食谷物的增产离不开用水用肥。中国农村施用的化肥远超国际水平的 3 ~ 5 倍，那么这些化肥元素都跑到哪里去了？水里、土里都有，这就需要自然消减能力去处理这些问题。

实际上，农业对生态环境造成的破坏，远比我们所知道的二氧化碳对大气系统的破坏要高得多，其破坏性可能是二氧化碳的 300 倍左右。农业生产中二氧化碳对于全球温室气体的贡献只有 15%，而甲烷有 50% 左右，氨氮有 90% 以上。这些，对于人类的健康都是非常重要的污染源（表 9.1）。另外就是农药的使用，即便是生物可降解的农药，也会对自然环境造成破坏。农业相对密集的地方，氨使用就会更多，地下水污染就会更严重。地下水污染会导致怎样的后果？我们饮用的水，饲养牛羊等的水源，都将受到污染，有害元素势必会沿着食物链进入人体，参与人体内蛋白质的合成和分解。在这种环境中，即使有优越的饮食条件，对人体也是有害的（表 9.2）。

表 9.1 农业污染对大气温室气体的贡献及对 2030 年温室气体变化的预测

（联合国粮食与农业项目组织 FAO2003）

项目	温室气体				
	二氧化碳	甲烷	一氧化二氮	氮氧化物	氨
农业资源（估计占总排放量的百分比）	土地利用变化，特别是森林砍伐	反刍动物（15%）、大米（11%）、生物质燃烧（7%）	牲畜 / 肥料（17%）、矿物肥料（8%）、生物质燃烧（3%）	生物质燃烧（13%）、肥料 / 矿物肥料（2%）	牲畜 / 肥料（44%）、矿物肥料（17%）、生物质燃烧（11%）
农业排放（占人为来源的百分比）	15%	49%	66%	27%	93%
到 2030 年农业排放的预期变化	稳定或减少	大米（稳定或减少）、牲畜（增加 60%）	增加 35%~60%	—	牲畜（增加 60%）

注：总排放量包括自然和人为来源。

表 9.2 含氮气体造成空气污染对人体健康影响的研究

污染物和科学评估	有证据表明有明显的联系	可能的联系（需要更多证据）
氮氧化物（通常是衡量 NO_2） 2008 年环保局综合 科学评估（ISA）	短期的呼吸道疾病，包括： 增加的肺部炎症和敏感性，尤其是哮喘患者； 增加气喘、咳嗽和哮喘症状； 增加了对哮喘和其他呼吸系统疾病的住院治疗	短期增加呼吸道疾病和心脏病风险， 长期呼吸道疾病，包括： 降低肺功能 降低肺活量和儿童呼吸系统功能
臭氧 2006 年美国环保署空气质量标准文档（AQCD）	短期的呼吸道疾病，包括： 增加就医； 增加肺部炎症和敏感性，尤其是哮喘患者； 增加气喘、咳嗽和哮喘症状； 短期增加呼吸和心脏病死亡风险	短期心脏疾病，包括： 增加医院 减少心脏功能
细颗粒物 2009 年美国环保署 综合科学评估（ISA）	短期和长期的心脏和呼吸系统疾病，包括： 增加医院； 心脏和肺功能降低； 短期和长期增加因呼吸道和心脏病死亡的风险	不良生殖结果，如： 早产风险增加； 出生体重下降； 婴儿死亡风险增加； 长期增加的癌症风险

注：短期指的是暴露于污染物中的数天或数周，长期指的是数月或数年。

大气污染的 PM2.5 对人体的心脏、免疫系统以及神经系统都有致命性的害处。而现有的研究表明，农业生产对于大气污染有很大的影响，与工业对比，几乎是起到一样的作用。从图 9.4 世界上 5 个主要区域的 PM2.5 化学组成图可以看出，自然界的 PM2.5 大多源于粉尘，农业污染大多来自氨氮。在中国，农业对大气 PM2.5 的影响差不多占总的人类污染的一半。

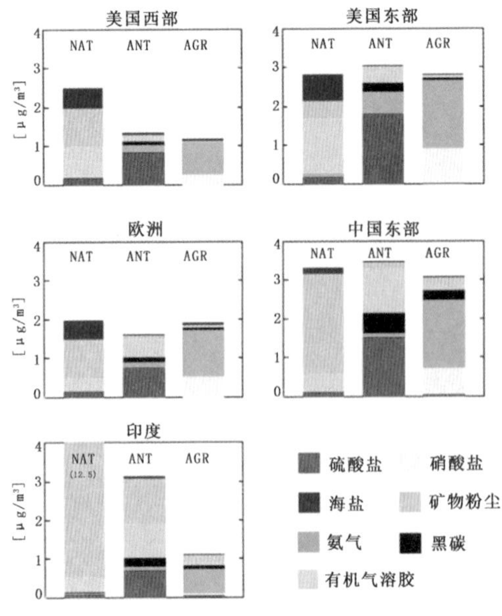

图9.4 世界上5个主要区域的PM2.5化学组成

NAT—自然界；ANT—不含农业的人类污染；AGR—农业污染

空气污染不但影响人类的身体健康，还影响人才的市场。北京社科院 2017 年 7 月 28 日发布的《北京蓝皮书：北京社会发展报告（2016—2017）》指出，高涨的房价及空气污染等问题对北京吸引和留住人才相当不利，在一定程度上导致该市的高层次人才流动到中国其他城市和远走海外。

在中国，大量制药产业的污染物排放到自然中，抗生素等也进入到整个生态系统中。即便有污水处理，其中的 3000 多种化学物质也是不能用我们现有的系统来处理的。这就有可能导致人类出现不孕不育等情况。还有塑料污染，如常见的瓶装水所带来的污染也是致命的。因为一系列的塑料产品会产生微颗粒，这些微颗粒已经存在于全球 83% 的水中，日常饮用的水就有微颗粒塑料污染（图 9.5）。塑料对人的影响，主要体现在男性的精子产量减少，女性提早发育，孕期女性早产或流产增多，同时，对于人类的学习、记忆等能力有极大的伤害。美国旧金山 2017 年已经开始禁止出售瓶装水。

图9.5　塑料污染流程

同样与我们日常生活息息相关的还有城市热岛效应，主要是因大量的人工发热、建筑物和道路等高蓄热体及绿地减少等因素造成城市“高温化”。由于热岛中心区域近地面气温高，大气做上升运动，与周围地区形成气压差异，周围地区近地面大气向中心区辐射，从而在城市中心形成一个低压旋涡，结果势必造成人们生活、生产、交通运转中产生的硫氧化物、氮氧化物、碳氧化物、碳氢化合物等大气污染物质在热岛中心聚集，危害人们的健康甚至生命。另一个大家想象不到的温室气体排放源就是浪费粮食，剩饭剩菜对于温室气体排放有极大的贡献，所以节约能源、低碳生活就可以从节约粮食做起。

9.2 基于生态系统弹性（Ecosystem Resilience）的生态环境认知

生态系统弹性（Ecosystem Resilience），是指生态系统的抗扰动能力及自然更新的能力，而且不至于系统崩溃或者转变成由本质上不同的一系列生态过程控制的状态（图 9.6）。

（1）弹性是所有生命系统的固有特征

生命系统都具有一定的目的性，复杂、自适应以及自组织，并且运作于各种尺度上，小至单个细胞、有机体，大到复杂的生物种群，甚至整个生态系统。

（2）弹性系统能意识到并对扰动做出回应

生命系统可以感受到平缓的扰动或者突然的威胁，并且通过行为、功能或者结构性的适应做出回应，从而保持原有状态。

（3）生命系统的进化受不同尺度的周期变化的影响

每一个系统都有子系统、更高级别的系统以及相关的系统，相关的周期变化可能快速，也有可能较慢。

（4）弹性系统一般具有纠正式反馈环以保持动态平衡

扰动可以使系统脱离原有平衡，或者导致其崩溃，遇到扰动，系统可能会跨越阈值，发生结构性转变而达成不同的平衡状态。

（5）自组织、自主意识的系统可以被设计，从而达成固有的弹性

人为设计的系统可以通过识别潜在的扰动，被设计成为能更好地承受极端事件，适应不断变换的环境系统。

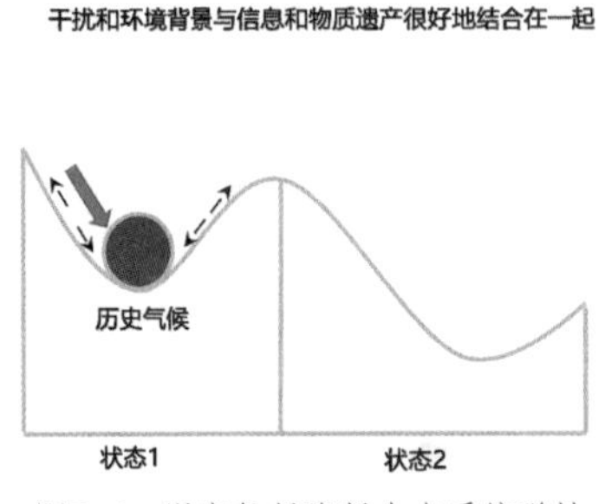

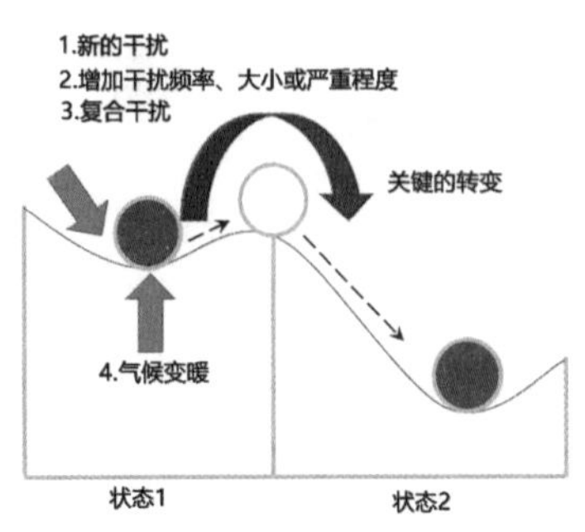

图9.6 温室气候降低生态系统弹性

弹性思维中，还需要理解物质遗产（Material Legacies）、生态记忆（Ecological Memory）、弹性债务（Resilience Debt）以及安全的操作空间（Safe Operating Space）等概念。生态系统发生扰动后，会留下之前的生物、种子、含氮物质等，就是物质遗产；另外对于整个系统，因其时空尺度的不同，会有不同的持续性的周期循环，信息、物质流动，可以认为是生态记忆；物质、信息的改变，可能会造成生态系统弹性的降低，可以表述为弹性债务；在扰动与系统发生相互作用时，生态系统发生变化的程度以及压力等都有一定限度，这可以理解为安全的操作空间。

基于弹性思维，景观生态学强调格局和过程，在一定程度上能帮助环境决策者去理解重要的景观功能和生态服务，并做到可持续。另外，基础研究重视检测数据和景观模型，就需要将景观生态学与基础研究结合，有助于对景观格局和过程的理解。这些研究内容包括描述景观格局梯度并制作成图，量化各个梯度的生态系统服务功能，并运用于适合的管理框架中。

目前，在全球和区域生态环境问题加剧的情况下，人们提出了新的目标：理解人类固有的环境要求并且用人文景观代替自然环境以满足人类的要求。自然环境中人类每天能在 10 千米的范围内活动。按照食物自然更新时间为 1 年，一般认为个体需要的领地面积为 4 平方千米。假设人口密度与生态稳定性相一致，并且人类的基因就已经决定了这种稳定应该是每平方千米容纳 0.2 个人。但现代文明的人口密度已经远远超过这个数字，包括海洋在内的情况下为每平方千米 13 人，不包括海洋则有 45 人。图 9.7 反映了自然环境中哺乳动物随着体重的增加所需领地面积的变化情况，绿点表示食草动物，黑点表示食肉动物和杂食动物，上方的棕色方块表示与人类同等体重的食草动物所需领地面积约为 4 平方千米，而下方棕色方块表示现代城市中人类的领地面积。

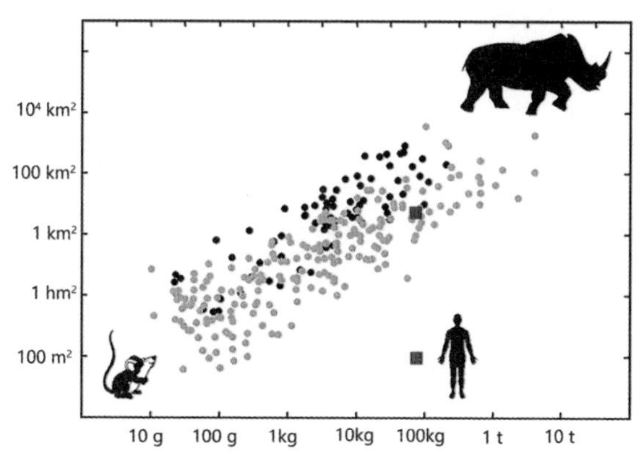

图9.7　哺乳动物的体重与领地面积的相关性

生态环境问题如此突出的情况下，生态景观学主要的目的是找到一系列的景观设计，能有助于生态系统服务功能的可持续，尤其是在快速发展的地区，或者是某些受大尺度压力因素巨大的地区，例如受气候变化影响剧烈的地区。

9.3 “绿水青山”的可持续发展理念

把“绿水青山”转化为持续的好的生活质量为主导的经济体，就需要我们转换铺天盖地建设的模式，要充分利用人的资源、人的大脑，而且需要重构社会资本，然后建立人类的资本。

人类的资本包括三种：经济资本、社会政治资本和环境资本。人类已经逐渐意识到公平正义的重要性，并且应该最终达成共同富裕。只有这三种资本协调统一，人类的系统和整体才能真正达到高水平。这是非常困难的，不仅仅是中国，世界各个地方都很难真正实现三个资本的统一。传统思维体系认为这个世界的自然资源是取之不尽的，我们四周都存在可以使用的资源。而实际上，这是空洞的理论，人类所需的东西并不是随处可见的。但是，消费者往往认为消费得越多越是富裕，而商人则以增加的百分比评价当年的产值，一旦不增加或者增加不合心意，那么就认为市场经济走下坡；另外，许多地区解决贫困的方法就是不断增加可用资源，并且认为私有制有助于社会的发展。但是如果不使用 GDP 衡量经济，而用人类福祉来看，事实证明，以上的方式并不会使人类的幸福有所增长。

面对一系列的问题，需要建立生态大数据平台，无论生态修复和环保产业发展，还是全球系统范式的变革、促进人与自然和谐的政策、创新和生态教育与价值观的建立，都需要生态大数据的支撑。生态大数据能够帮助减少能源与物质的消耗及污染物的排放，大力创新并将新颖的生态规划设计、生态工程和生态修复相关领域提出的理论与技术方法付诸应用，为生态保护和修复提供决策支持。在生态保护、修复过程中应采用“师法自然”的生态修复方法，将生态理念贯穿始终。通过模拟自然，尤其是地形、地貌、水文、生态，构建人与自然和谐系统，依靠自然、人工促进的生态修复过程，建立生态自净化系统、河流生态系统和生物多样性系统；依靠水动力、土壤、植物、微生物四大核心要素，最大限度削减污染，产生生态红利。

我们已生活在人类纪时代，当今人类已处理、转换与消耗近 80% 的可用生态圈，却未能完全理解自己的行为所带来的严重后果，比如雾霾、水质污染等棘手的环境问题。对于这类问题的解决，我们首先要从复杂系统的科学分析入手，优化应用法律、政策、金融、生态工程与修复技术等来实现综合治理的目标。任何单一的方法或工具来解决当今生态环境问题都有其局限性（图 9.8）。

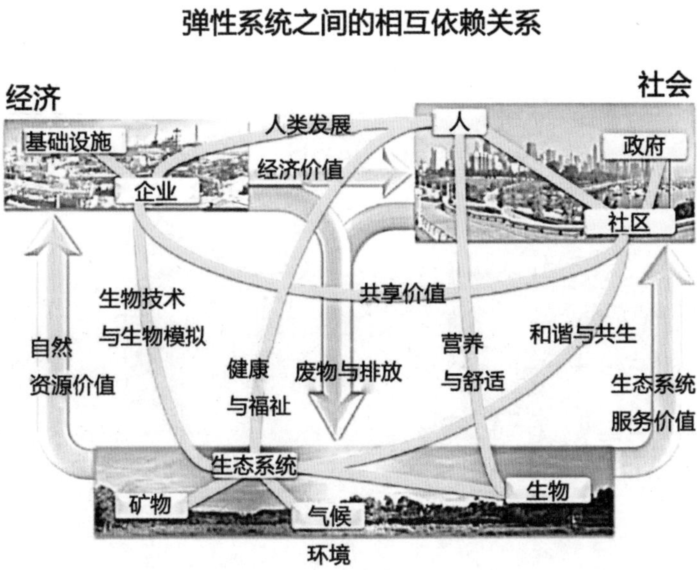

图9.8 生态系统的可塑性及相互赖以生存的复杂关系

其次，我们要强调构建有弹性的生态系统，即在遇到各种干扰以及不确定性的情况下，生态系统依然具有生存、适应以及繁荣的能力。弹性思维是国际上特别推荐的资源管理的新思维方式，是面对可持续发展而提出的新生态观，其中阈值和适应性循环是弹性思维的核心内容。阈值无处不在，人们通常只有在阈值被跨越或突破，并且系统的行为方式发生明显变化时才意识到它们的存在，例如生态系统的崩溃等；而适应性循环描述的是系统多个组分如何随着时间的变化而变化，以及系统弹性如何依据系统所处的特定阶段而发生改变。同时，生态系统有其复杂性，即生态系统由大量单元组成，单元之间存在大量非线性联系，形成具有开放性、自维持、自调控功能的极其复杂的网络系统。所以在理解生态系统之前，需要了解一系列的概念，包括非线性、自维持、等级以及适应性等，这样能更科学地理解生态系统的复杂性和用弹性思维看待事物。例如，在理解湖泊生态系统的时候，欧美经常讲到关键物种，而中国很多湖泊治理就没有这些信息。日本也一样，日本的琵琶湖治理了很多年，依然没有关键物种。如果没有关键物种调节系统上下的功能，生态系统的可持续性发展将成为一个极大的挑战。

基于景观生态学提出的景观完整性和层次性、景观对抗性原理，景观不稳定及多稳态理论以及景观选择原理等定义和原则在可持续生态系统构建中发挥了重要的作用。师法自然就是很好地借鉴了以上的理论和定义，就是模拟自然，尤其是地形、地貌、水文、生态等，就是构建人与自然和谐、依靠自然，就是模仿自然景观的空间格局、种群组成、群落结构、生态系统功能和结构，人工促进的生态修复过程（图 9.9）。比如，美国矿山修复就利用了这样的 GPS 定位的师法自然的景观空间修复软件系统，这样能保证地形、地貌、水和生态的整体性，工程量会比传统节省 10% 以上，而且促进生物多样性的保护。

图9.9　宁夏沙湖芦苇群落的景观空间格局

同样地，海绵城市的理念也是很值得推崇的。但是，在中国，各种规划的论证会上，都是以一系列的标准来施工，而这些标准往往基于过去的城市设计做指导，所以再按照这样的标准指导海绵城市的设计，就解决不了内涝的问题。而重新修订标准也不一定能适用，因为生态学讲究的是因地制宜，不能拿一个公式来套所有城市，也不能拿一个城市的模板用在另一个城市上。所以在海绵城市的建设中，要在既定的空间结构中，利用景观的规划设计增强生态系统的服务功能。

城市生态系统作为一个典型的复杂系统，其内部个体之间存在错综复杂的非线性相互作用。要解决当前的城市内涝等生态环境问题，必须了解生态系统复杂性。复杂性科学研究中一个具有重要意义的“弹性”或“可塑性”概念在这里极具现实意义。生态弹性城市会更好地利用绿地，滞留和净化雨水，一方面补充了地下水，另一方面也让土地和地表生命植被得到了很好的发展。也就是说，一个城市或一个区域需要一定量的地表水流域和湿地面积来储存雨水，减少地表径流。而目前的城市建设，不仅浪费了宝贵的雨水资源，还使水系统的生态服务功能也一同被浪费。

9.4 “绿水青山”可持续发展的实践

建设“绿水青山”的可持续发展，需要全面理解区域内的生态系统，将生态修复过程看成是一个社会过程。尊重自然生态系统，有效发挥生态系统服务功能，实现可持续发展目标。

美国纽约的供水系统就是一个很好的例子。前期投资用于生态系统的保护和恢复，形成 19 个自然水库，用于净化和储存水源。其运用了师法自然的理念，形成 187 千米的水流长度，104 平方千米的湿地和湖区，保护了 300 多种鱼类和野生生物。本来预算 60 ~ 80 亿美元建饮用水厂并每年花费 5 亿美元运营的工程搁置，而改为投资 14 亿美元进行流域生态系统保护和恢复，从尊重自然生态系统出发，通过一系列的生态系统修复工程和保护措施，有效地发挥生态系统服务功能，满足城市饮用水的需求，节省巨额开支，并实现可持续发展的目标（图 9.10）。

图9.10 美国纽约发挥流域生态系统服务功能的供水系统

另外，中国也已经开始使用多级植草沟和人工湿地系统来构建可持续生态系统。通过层层过滤，净化农业面源污染物，防止污染物进入河道。“山、水、田、林、湖、草”是统一的自然系统和资源，其作用渐渐受到政府决策者和科学工作者的重视（图 9.11）。

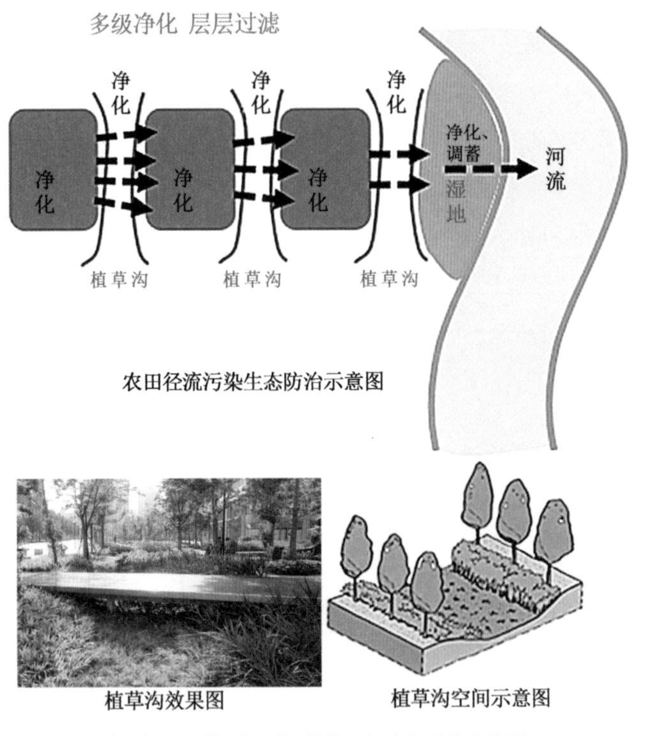

图9.11 “山、水、田、林、湖、草”是统一的自然系统和资源

我们在湖北荆门爱飞客生态小组的“绿水青山”设计中，率先打造全国第一个Ⅱ类水水质的区域，创造全国“绿水”标杆宜居环境，突显漳河水库的Ⅰ类水环境，使之成为“绿水青山”先行示范镇和荆门的名片（图 9.12）。我们借助漳河水库Ⅰ类水的优良生态条件、政府对新开发区绿色生态的定位要求和总体规划的科学性，做了开发区水质保护规则实施和对未来水质保障的生态工程设计。同时，为达到真正绿色生态城市的目标，在有限的区域内通过各项生态模拟数据分析，最大限度地增加项目地内森林、绿地、绿廊和绿带覆盖率，打造荆门自然森林生态系统，保护荆楚生物多样性及基因库，最终实现这个区域的水系面积、湿地面积、森林面积接近 70%。

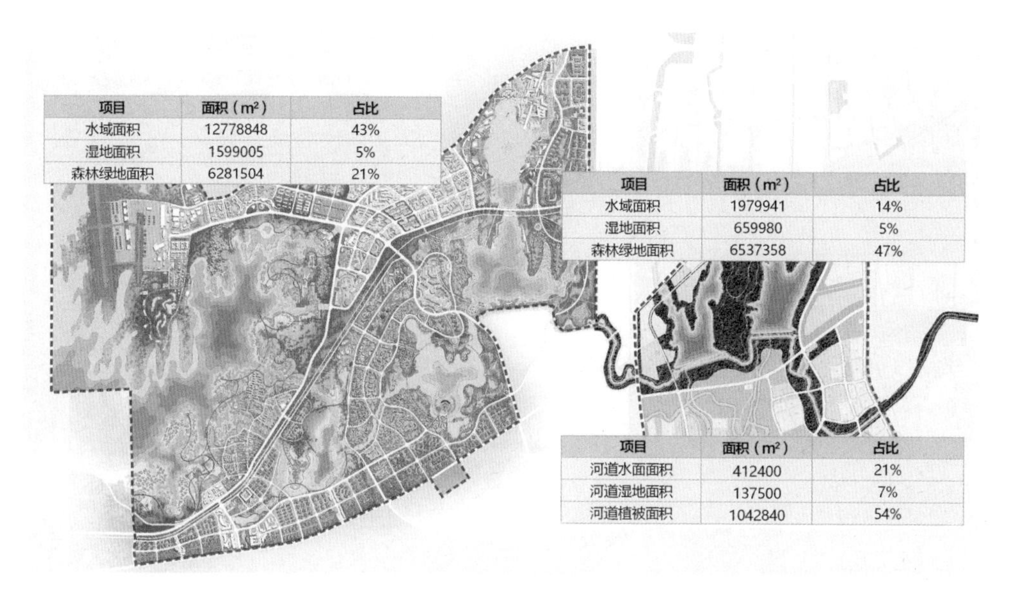

项目	面积（m²）	占比
水域面积	12778848	43%
湿地面积	1599005	5%
森林绿地面积	6281504	21%

项目	面积（m²）	占比
水域面积	1979941	14%
湿地面积	659980	5%
森林绿地面积	6537358	47%

项目	面积（m²）	占比
河道水面面积	412400	21%
河道湿地面积	137500	7%
河道植被面积	1042840	54%

图9.12　荆门爱飞客生态小镇绿色生态规划实现全国首个全域Ⅱ类水区域

荆门爱飞客生态小镇的打造，总体策略是构建绿色网络体系，包括现状绿地与水系、道路绿地网络、规划城市中心绿廊、组团斑块绿地。在保证功能的基础上，将绿地空间与用地功能、人居活动相协调；进行雨水与污水管理，引导雨水就地下渗，径流削减率达 85%；采用小型地埋式污水处理厂，处理后回水用于景观灌溉；实现雨污分流，提升水资源利用效率。

中国在过去 30 多年的高速经济发展过程中出现了大量的生态环境问题，使得经济发展所带来的红利大部分被生态环境的破坏而抵消，中国的经济结构调整和转型势在必行，诸如生态修复和环保产业应大力发展。2005 年，习近平在浙江湖州余村提出的“绿水青山就是金山银山”，就是要解决发展中的生态环境问题，回归自然生态系统的可塑性，实现绿色发展和可持续发展。这一理念将成为我们国家的发展战略。作为科技工作者，我们抱着一样的情怀。

2005 年 4 月 23 日，英国《经济学人》杂志咨询了全球不同领域的众多经济学家后，做了一个评估，意在回答投资自然生态的回报率是多少，其结果是 7.5 倍到 200 倍。对比如今的股票市场、地产市场等，不可谓不高。同样，在进行生态环境治理后对人类健康指数的分析中，例如 2017 年联合国的水资源综合评估，投资于污水处理得到的健康收益能达到 5.5 倍。所以，绿水青山并不简单地就是我们所见所闻的有山有水，而是整个生态系统功能的综合，是生态系统的健康、可持续发展，是其带来的经济、社会、生态效益的统一。

10

绿水青山的生态系统服务价值与功能

傅伯杰

浙江是江南水乡，因水而名、因水而生、因水而美、因水而强。保护好浙江的绿水青山，是浙江人民迫切的期盼，也是浙江人民共同的梦想。

习近平在浙江工作时，对浙江发展做出“八八战略”重大决策部署，提出“绿水青山就是金山银山”等理念，认真抓好安全饮水、科学调水、有效节水、治理污水的“四水工程”建设。浙江省委认真践行习近平的治水理念，举全省之力推进以治污水、防洪水、排涝水、保供水、抓节水为内容的“五水共治”，从源头上控制和减少污染，让天更蓝、水更清、地更净；就是要把绿水青山护得更美、把金山银山做得更大，进一步增强人民群众的获得感和幸福感。生态文明，是当今世界之潮流；绿水青山，是民心民意之所向。

10.1 生态系统服务

10.1.1 生态系统服务的概念

生态系统服务（Ecosystem Services）是指在生态系统中，人类直接或间接谋取的所有福利。人类生存与发展所需要的资源归根结底都来源于自然生态系统。习近平提出的“绿水青山就是金山银山”的理念，从科学上来说就是生态系统提供给人类有价值的服务所产生的生态价值和经济价值。

这种生态系统服务可以分为三类：第一类是供给服务，它包括生态系统直接为人类所提供的食物、淡水及其他工农业生产的原料，人类直接从生态系统中获得产品。第二类是调节服务，是看不见摸不着的，但能比供给服务提供更多的价值，比如调节气候、减少疾病、控制污染，更重要的是支撑与维持了地球的生命系统，维持生命物质的生物地球化学循环与水文循环，维持生物物种的多样性，净化环境，维持大气化学的平衡与稳定。第三类是文化服务，人类欣赏美丽的自然景观，看到的绿水青山都可以陶冶情操。合理利用自然资源，保护自然资源，改善人类生存环境，以促进文化艺术、教育、科技等事业发展。生态系统提供的这三类服务，与人类自然安全和维持高质量的生态，以及我们人类的健康和保持良好的社会关系都有密切联系，是实现人类社会可持续和谐发展的基础（图 10.1）。

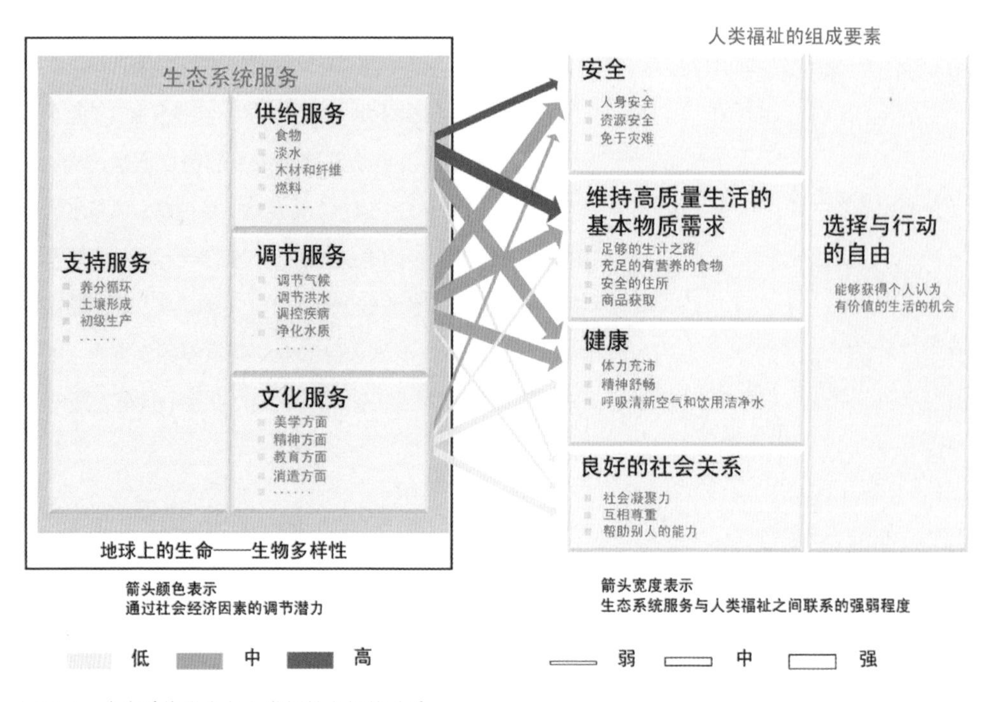

图10.1 生态系统服务与人类福祉之间的关系

10.1.2 国际热点与前沿

生态系统服务的丧失和退化将对人类福祉产生重要影响，威胁人类的安全与健康，直接威胁区域乃至全球的生态安全。生态系统服务研究已成为国际生态学和相关学科研究的前沿和热点。

“千年生态系统评估”（The Millennium Ecosystem Assessment，简称 MA）是由时任联合国秘书长的安南于 2001 年 6 月宣布启动的一项为期 4 年（2001—2005 年）的国际合作项目，这是在全球范围内第一个针对生态系统及其服务与人类福祉之间的联系，通过整合各种资源，对各类生态系统进行全面、综合评估的重大项目，并呼吁保护生态系统。

MA 的主要成就和贡献是在全面、综合、多系统地评估了全球生态系统的状况的情况下，提出了应对的策略。在 MA 评估的 24 项生态系统服务中，有 15 项（约占 60%）正在退化或者处于不可持续利用的状态。

在过去的 50 年里，主要为了满足自身快速增长的食物、淡水、木材、纤维和燃料需求以及精神满足和美学享受，人类改变生态系统的规模和速度皆超过了历史上的任何可比时段。目前，生态系统的变化已经导致地球上生物多样性的巨大丧失，并且大部分是不可逆转的[1]。

英国生态协会在 2006 年邀请了多位自然学家、生态学家、环境学家和决策者、管理者，其中市长、副市长 1300 多位，让大家列出 100 个与决策和政策相关的生态学的科学问题，最后大家列出了生态系统服务功能研究名列第一，也就是说生态系统服务的研究和决策、政策密切相关。

生物多样性和生态系统服务政府间科学一政策平台（Intergovernmental Science-Policy Platform on Biodiversity and Ecosystem Services，IPBES）将是一个类似于联合国气候变化专门委员会（Intergovernmental Panel on Climate Change，IPCC）的政府间机构，其目标是在生物多样性领域的科学界和政府决策者之间搭建一个平台，促进科学知识向政府决策的转化，更好地保护全球生物多样性和生态系统服务。

由于 IPBES 这样一个联合国常设机构的建立，生物多样性和生态系统服务必将会被国际社会提升到前所未有的高度，发展中国家生物多样性的保护也将获得更多的政治资源和经济资源；另一方面，由于 IPBES 是一个政府间的机构，就要求每个国家对生态环境负责，目前已经有 140 个国家加入，我国作为发起人之一，同时也是一个发展中的生物多样性大国，目前在《生物多样性公约》及其他相关公约的谈判中已经发挥了举足轻重的作用[2]。

---

[1]:Millennium Ecosystem Assessment Ecosystems and Human Wellbeing: Synthesis[M]. Washing DC: Island Press, 2005

[2]:Department of International Cooperation，Ministry of Environmental Protection of China. Protect the life system which human beings depend on-Review and outlook of the Convention on Biological Diversity. Beijing: Science Press，2011.

IPBES 主要功能有四个方面：一是开展不同尺度的评估；二是通过评估来创造知识，为决策者提供决策和管理依据；三是研究未来生物多样性和生态系统保护中间采用什么政策工具和方法；四是要呼吁综合评估来加强全球和区域的生物保护和生态系统服务建设能力的提升。它的主要特点就是把科学和其他的知识体系与政策和决策联系起来（图 10.2）。

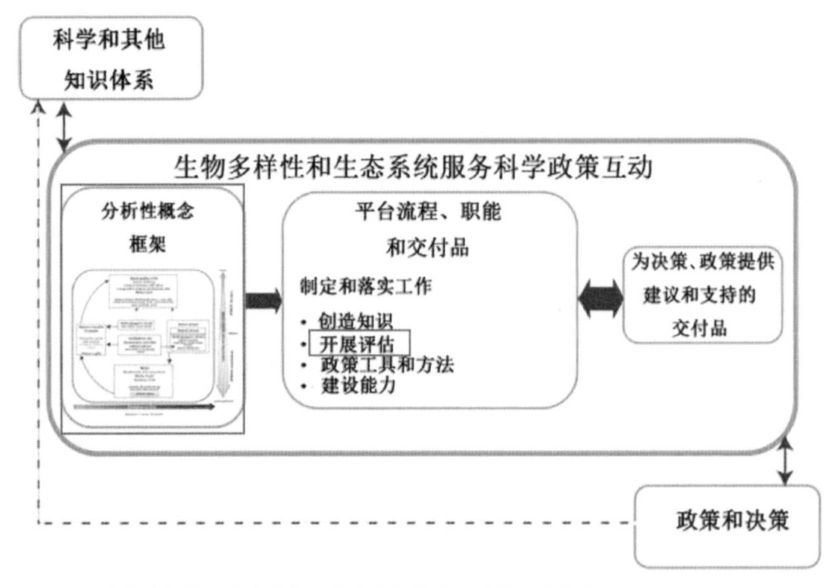

图10.2　生物多样性和生态系统服务政府间科学—政策平台特点

未来 IPBES 的主要职能将是开展系统的评估工作，并研究开发评估的标准和模型，我国已经组建了一些生态系统和生物多样性方面的监测网络，如中国科学院的中国生态系统研究监测网络（www.cern.ac.cn）和中国森林生物多样性监测网络（www.cfbiodiv.org）等，但是其地理覆盖面和监测的广度还不够，特别是针对动物多样性监测的内容很少。而欧美一些国家已经建立了较完善的生物多样性监测网络[3]。因此我国应借鉴国际上先进的生物多样性监测的技术和经验，加强我国的生物多样性监测，增强对本国生物多样性的认知和评估能力，更系统地认识生态系统服务与人类福祉间相互密切的关系。

2005 年 8 月，时任浙江省委书记的习近平同志在浙江省湖州市安吉县考察时，提出了“绿水青山就是金山银山”的科学论断，2013 年 11 月，习近平在党的十八届三中全会上进一步指出，山水林田湖是一个生命共同体，我们要从生态系统服务这个角度考虑到它可以给我们人类产生价值，也就是说“绿水青山就是金山银山”。习近平的“绿水青山”从学术上就是充分肯定生态

[3]: 斯幸峰，丁平. 欧美陆地鸟类监测的历史、现状与我国的对策 [J]. 生物多样性，2011，19(3):303-310.

系统服务的价值。人的命脉在田，田的命脉在水，水的命脉在山，山的命脉在土，土的命脉在树在林，山水林田湖是一个生命共同体，我们要建立一个和谐的、合理的生态格局和生态安全的格局。生态系统服务和“绿水青山”理论，无论是从思想高度还是从理论高度、学术高度，都奠定了我们对生态保护的理论基础。

10.2　生态文明

10.2.1　生态文明阐述

生态文明，是人类社会文明的一种形式。它以人地关系和谐为主旨，以可持续发展为依据，在生产生活过程中注重维系自然生态系统的和谐，保持人与自然的和谐（图10.3），追求自然—生态—经济—社会系统的关系和谐，追求可持续性。

图10.3　人地和谐生态系统

这种文明观强调人的自觉与自律，强调人与自然环境的相互依存、相互促进、共处共融。这种文明观同以往的农业文明、工业文明具有相同点，那就是它们都主张在改造自然的过程中发展物质生产力，不断提高人的物质生活水平。但它们之间也有着明显的不同，即生态文明突出生态的重要，强调尊重和保护环境，强调人类尊敬与敬畏自然，理解自然规律，人类依据其发展变化规律来利用自然，放弃局域与短期的利益，在更广大的时间和空间尺度上考虑问题并对自然进行保护。

10.2.2 发展阶段

人类社会文明的发展经历了史前文明、农业文明、工业文明、生态文明4个阶段（图10.4）。史前文明是原始阶段，那个时候人与自然处于一种和谐的阶段，由于生产力水平特别低，人类生存主要依靠野果来维持自我的生命，没有造成生态破坏和环境污染。第二阶段进入农业文明，在一些区域，比如黄河流域、长江流域、两河流域等文明发源地，会随着长期开垦造成森林砍伐、草地破坏、水土流失等生态和环境问题。随着工业文明到来，人与自然的关系和资源的高度消费利用造成资源的衰竭，环境的污染造成了一些地区乃至全球的生态和环境问题。

工业文明最重要的特征一个是市场经济，一个是自然资本。自然资源消耗已经达到极限，是限制经济发展的决定性因素。自然经济无法走出恶性循环的困境，人类的福祉并未与经济发展同步，国与国、人与人之间贫富差距加大。

第四阶段进入新时代，人类通过对工业文明的革命性反思，得到一种追求生态文明可持续发展，以人与自然、人与人、人与社会和谐共生、良性循环、全面发展、持续繁荣的理念。生态文明倡导的是以生态为导向的现代化，是以较小的自然消耗来获得较多的人类福祉。

图10.4　人类文明的发展阶段

未来通向生态文明的创新路径是以绿色发展作为整个社会发展的引领性思想，以生态文明发展理念在发展中追求绿色发展，根据自然环境承载力发展优势产业，通过优化产业布局，升级传统产业，提倡节能减排发展循环经济，调整能源结构，创新技术及全民参与环境保护等，不仅使生态环境得到保护，还可以使产业经济与生态环境和谐发展。

10.3　我国生态文明建设面临挑战

10.3.1　我国生态面临问题

我们国家在生态文明建设中面临生态系统服务不强的问题。一是森林的结构不健全，中幼龄林在森林生态系统中占主导地位，森林单位面积蓄积量和生产力低，远远低于世界平均水平，天然林和次生林面临退化的压力和威胁。单位面积的森林蓄积量不到全世界平均值的二分之一，单位蓄积量涉及木材的生产和对水源涵养、水土保持、调节气候等功能的发挥（图 10.5）。

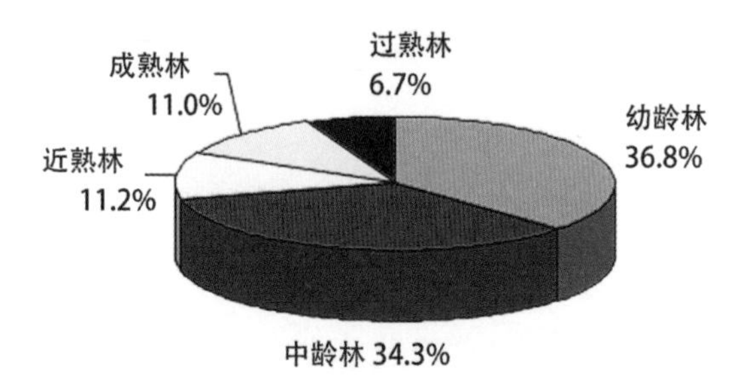

图10.5　我国森林结构

二是草地生态系统退化，目前草地生态系统只有世界平均水平的三分之一，而且 90% 的草地在退化（图 10.6），单位面积产肉量为世界平均水平的 30%。

图10.6　草地退化

三是湿地生态系统面积仍在萎缩，功能持续退化。以三江平原 50 年来土地利用、覆被的空间格局为例，与 1954 年相比，大量的湿地消失（图 10.7）。

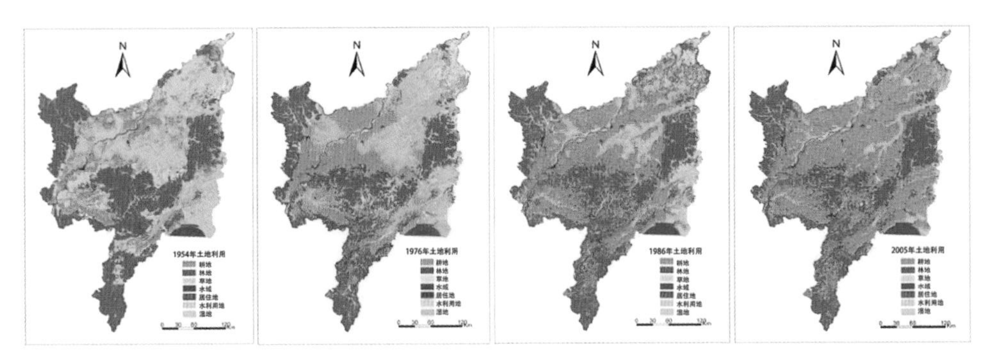

图10.7　三江平原50年来土地利用、覆被的空间格局

10.3.2　生态系统管理滞后

我国生态系统的管理严重滞后，就土地利用而言，增加一类生态系统面积，势必要减少其他生态系统的面积。目前，我国草地和湿地仍然面临着不断增加的压力和威胁。因此，我国森林、草地和湿地生态系统管理的目标必须尽快实现从“以增加面积为主”转向“以提高单位面积生态系统服务能力为主”的战略转变。

加强生态系统管理需要制定新的全国生态环境保护与建设规划，从总体角度出发，从生态文明建设和国土空间优化的角度出发，综合各类生态系统和建设用地、耕地和城镇化的发展，进行全国一盘棋的国土空间优化和生态系统建设。指导思想应体现生态系统服务和管理的理念，目标应该是建立健康的和可持续的生态系统，明确生态系统管理的量化指标和任务，明确优先保护区和重点生态建设区，健全实施机构和政策保障。

加强政府在生态系统管理中的综合协调，全社会共同参与，建立和完善中央与地方政府生态系统管理与协调机构，理顺不同政府部门之间和大流域上下游不同行政区域之间的协调和合作机制，根据生态的适应性和适宜性来进行生态系统建设，加强生态系统管理的科技支撑与全面系统评估（图 10.8）。

图10.8 全国生态环境保护与国土空间优化和生态系统建设

10.3.3 生态服务功能格局与变化

通过全国生态调查（2000—2010 年），生态系统中草地类型面积最大，并且草地、林地、农田和荒漠这四类占到整个生态系统的 84%（图 10.9）。

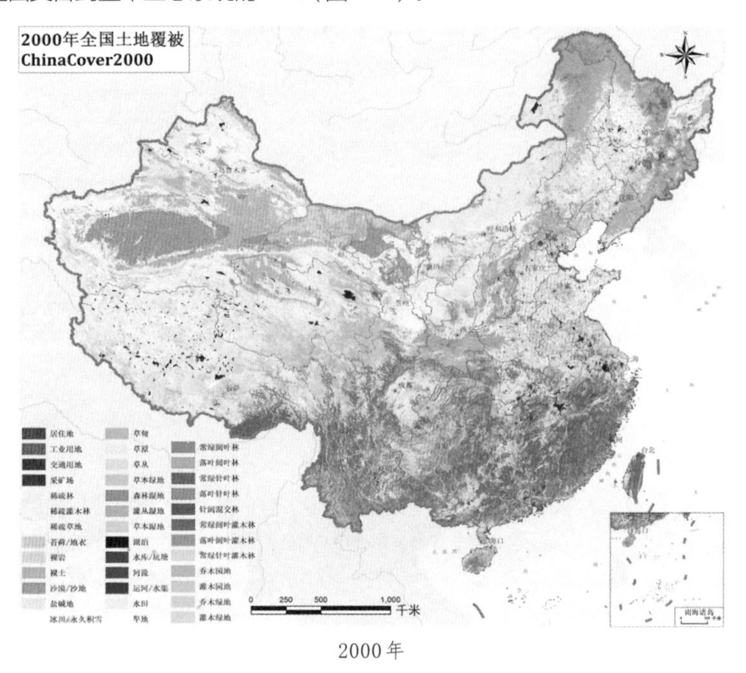

2000 年

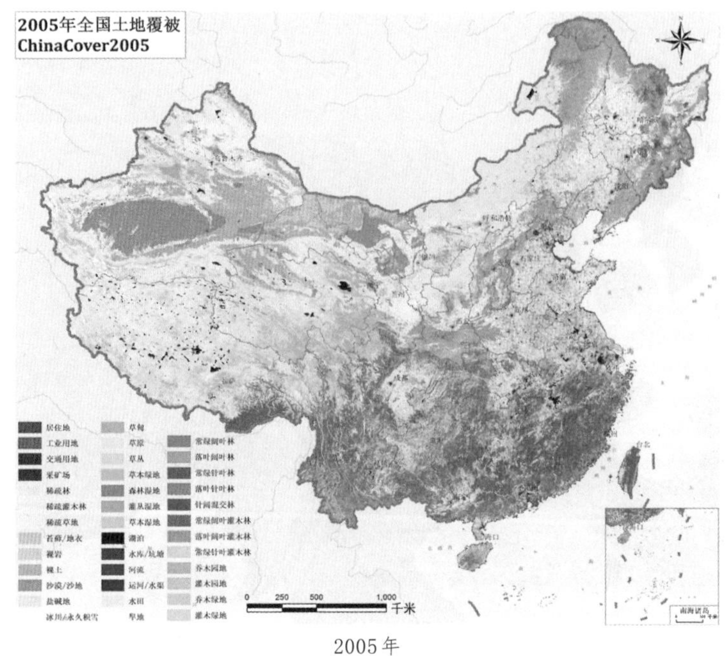

2005 年

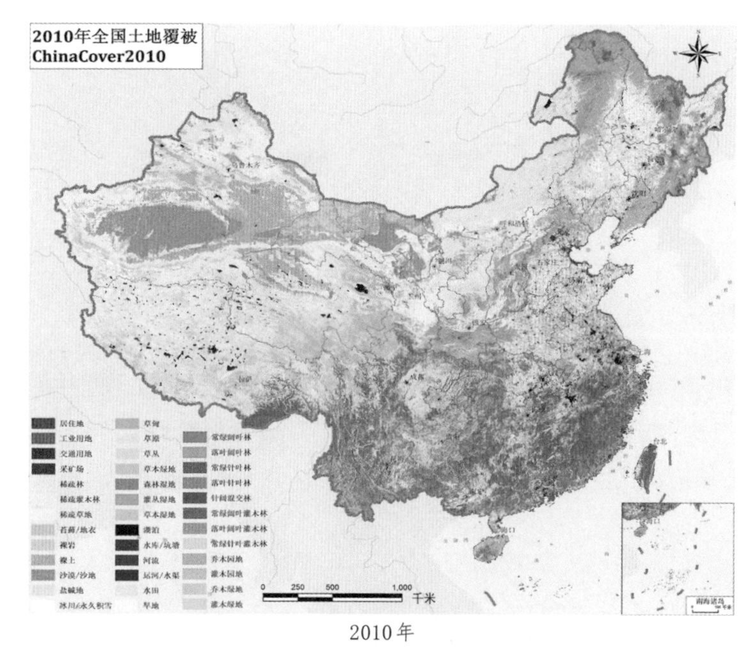

2010 年

图10.9　2000 年、2005 年、2010 年全国土地覆被

图片来源:《中华人民共和国土地覆被地图集》，中国地图出版社，2017 年

对这十年生态系统变化的来源与去向做总分析，得到如下结论：森林面积增加，城镇面积增加，但城镇面积增加占用了部分农田；草地、农田、湿地与裸地面积减少，主要转化为农田；城镇增加、农田减少的速度后 5 年快于前 5 年，草地与裸地减少的速度前 5 年快于后 5 年（表 10.1、表 10.2、图 10.10）。

表 10.1　2000—2010 年生态系统变化的来源总分析

变化来源	林地	草地	湿地	农田	城镇	裸露地
林地	99.07%	0.08%	0.60%	0.63%	1.49%	0.04%
草地	0.13%	99.26%	2.02%	1.16%	1.81%	0.14%
湿地	0.07%	0.12%	93.17%	0.54%	1.01%	0.12%
农田	0.66%	0.45%	2.91%	97.49%	17.97%	0.08%
城镇	0.01%	0.01%	0.05%	0.03%	77.15%	0.00%
裸露地	0.07%	0.08%	1.25%	0.16%	0.58%	99.61%

表 10.2　2000—2010 年生态系统变化的去向总分析

变化去向	林地	草地	湿地	农田	城镇	裸露地
林地	99.23%	0.11%	0.54%	0.9%	0.1%	0.12%
草地	0.09%	98.69%	1.09%	0.67%	0.11%	0.16%
湿地	0.08%	0.23%	93.99%	0.50%	0.10%	0.28%
农田	0.45%	0.75%	3.08%	95.64%	0.35%	0.2%
城镇	0.13%	0.15%	0.73%	2.22%	99.33%	0.09%
裸露地	0.02%	0.07%	0.56%	0.06%	0.02%	99.15%

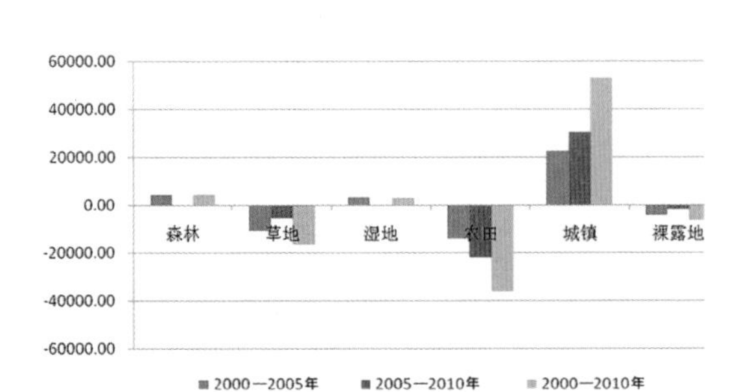

图10.10　2000—2010年生态系统变化的来源与去向总分析

在全国的生态调查中还存在水土流失问题，但水土流失面积在减少，2000 年至 2010 年十年间减少约 12 万多平方千米，减少的幅度是 5.1%，前 5 年流失面积高于后五年流失面积，水土流失问题总体上有所遏制（图 10.11）。

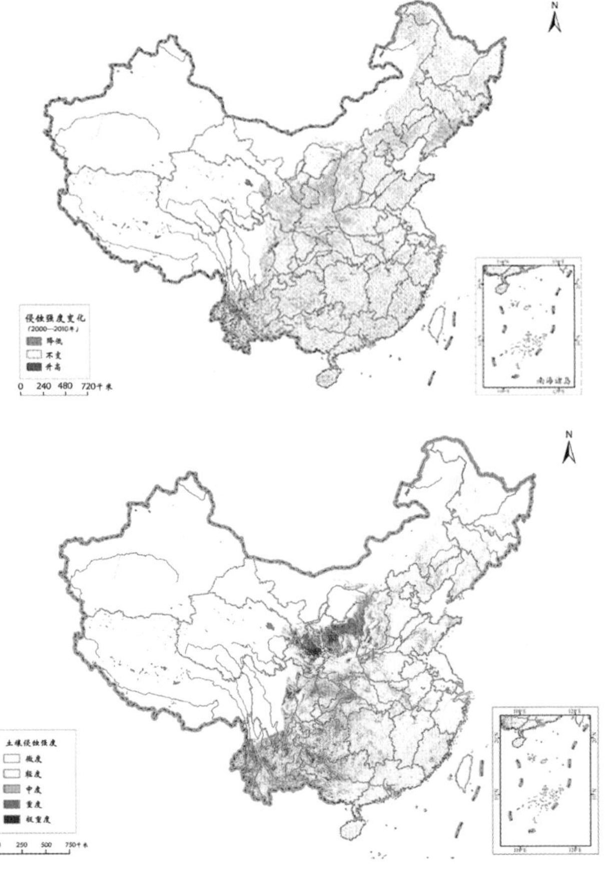

图10.11　水土流失现状（2010年）及侵蚀强度变化（2000—2010年）
图片来源：全国生态环境十年变化（2000—2010年）遥感调查与评估项目；
数据来源：环保部卫星环境应用中心，2012

草地退化问题总体上向好的方面发展，但 2010 年内蒙古东北部地区由于气候、矿产资源开发对草地的破坏等原因，使局部地区呈现了退化的趋势（图 10.12）。

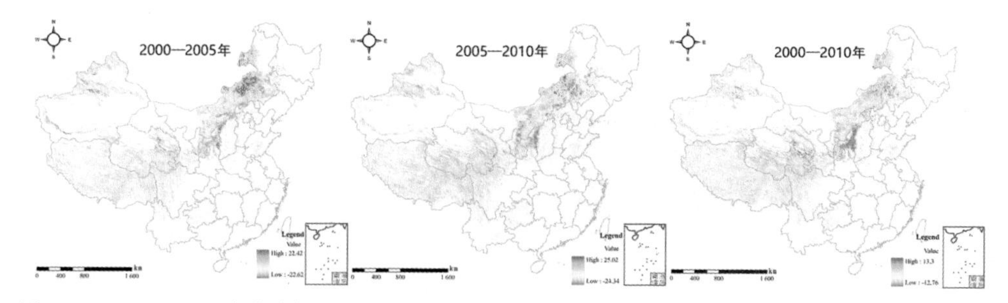

图10.12　2000—2010年草地变化

图片来源：全国生态环境十年变化（2000—2010年）遥感调查与评估项目；数据来源：环保部卫星环境应用中心，2012

土地的沙化面积总体上有所减少，近些年沙尘暴发生频率减少，防沙治沙工程取得一些成效。我国沙化总面积约 183.35 万平方千米，占国土陆地面积的 18.9%（图 10.13），2000—2010 年，因内蒙古东部草地退化原因，局部沙化土地有扩大的趋势（图 10.14）。

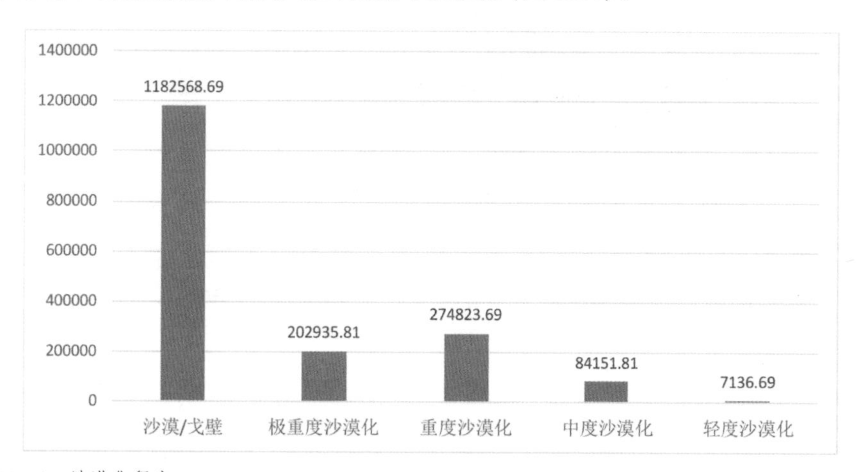

图10.13　沙漠化程度

图片来源：全国生态环境十年变化（2000—2010年）遥感调查与评估项目；数据来源：环保部卫星环境应用中心，2012

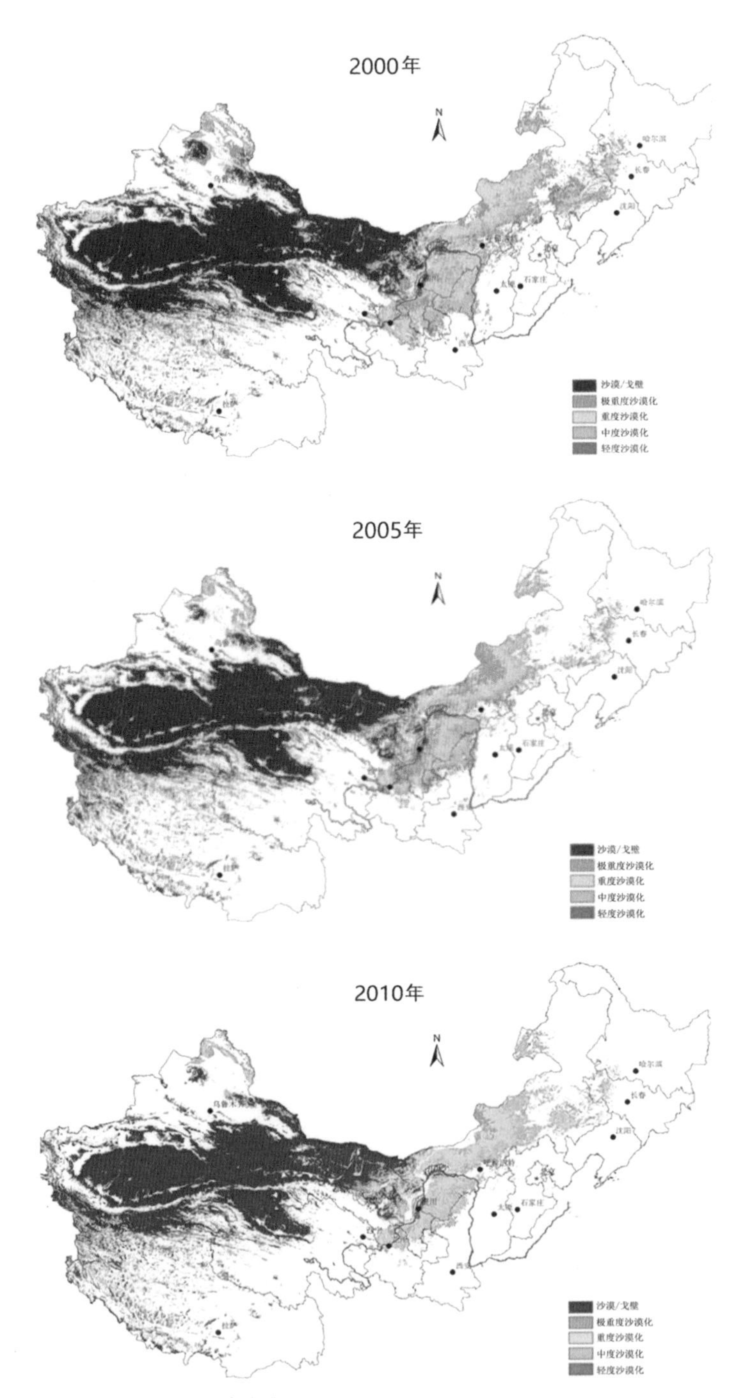

图10.14　2000—2010年沙漠化程度变化

图片来源：全国生态环境十年变化（2000—2010年）遥感调查与评估项目；数据来源：环保部卫星环境应用中心，2012

土壤保持功能发生变化，2000—2005 年，黄土高原土壤保持功能明显增加，云南和四川南部土壤保持功能明显减少。2005—2010 年，黄土高原区土壤保持功能持续增加，四川南部和云南部分地区土壤保持功能出现好转，而川中地区和云贵高原地区土壤保持功能则出现一定程度下降（图 10.15）。

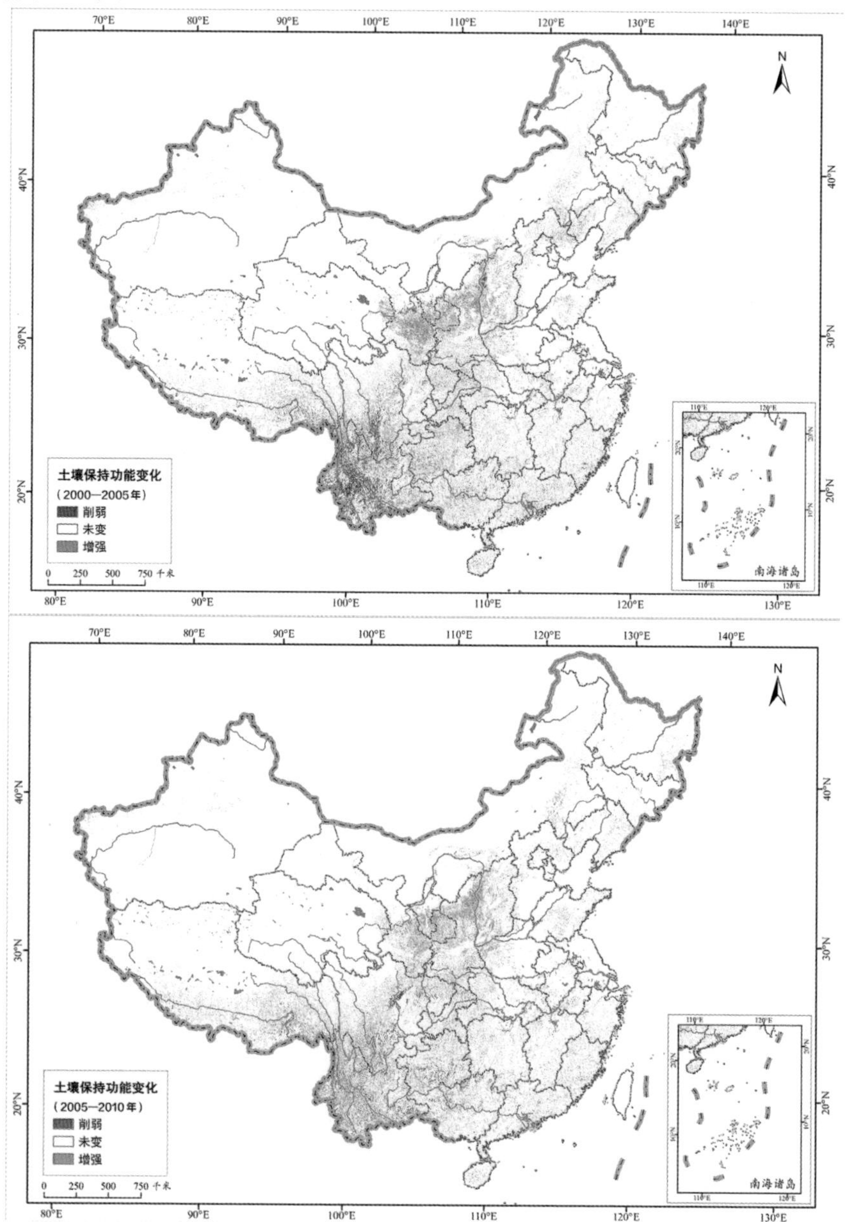

图10.15　2000—2010年土壤保持功能的变化

图片来源：全国生态环境十年变化（2000—2010年）遥感调查与评估项目；数据来源：环保部卫星环境应用中心，2012

全国生态系统服务功能格局变化比较明显，黄土高原退耕还林还草效果比较明显，但是生态系统的结构和功能还有增长空间，森林、草地、湿地不仅需要增加用地面积，还需要提高其服务功能（图 10.16）。

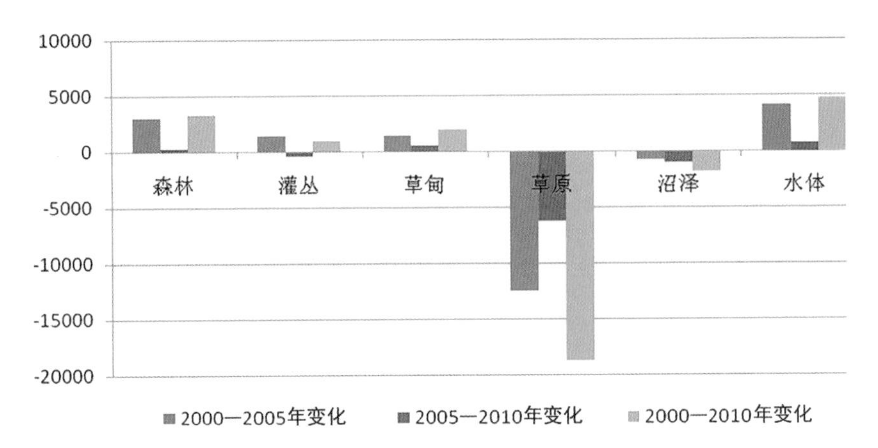

图10.16　全国生态系统服务功能格局变化

图片来源：全国生态环境十年变化（2000—2010年）遥感调查与评估项目；数据来源：环保部卫星环境应用中心，2012

10.4　城镇生态系统特征与变化

我国正处在城市化的加速发展阶段，目前城市人口有 7.5 亿，到 2030 年前还将增加 2.5 亿，达到 10 亿。我国在 2012 年达到了全球平均城市化率 52%，现在已经是 56%，未来到 2030 年城市人口达到 10 亿时（图 10.17），城市化水平可达到 65%，超出世界城市化水平，但低于美国同期水平（图 10.18）。

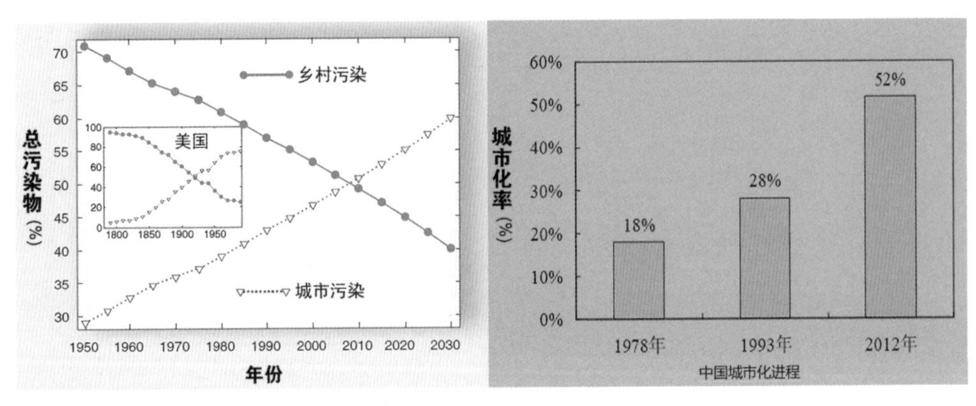

图10.17　中国正处在城市化的加速发展阶段

图片来源：全国生态环境十年变化（2000—2010年）遥感调查与评估项目；数据来源：环保部卫星环境应用中心，2012

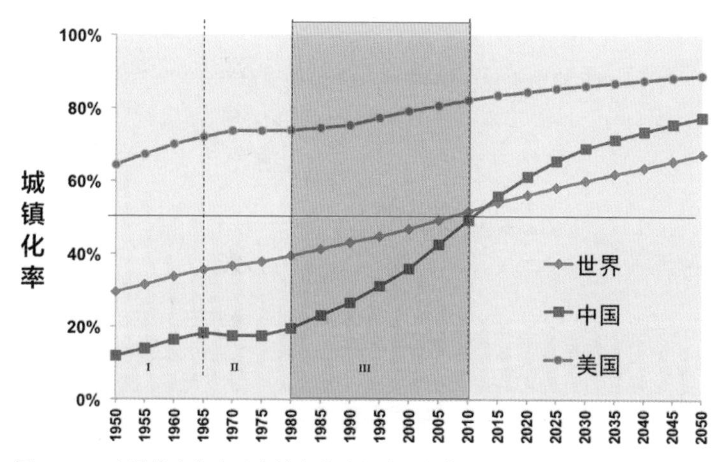

图10.18 中国城市化水平发展与世界和美国比较

图片来源:《中国投资发展报告(2013)》,社会科学文献出版社,2013

10.4.1 长三角生态服务格局变化

城镇面积的扩张及城镇人口的增加给生态系统服务造成很大的压力。通过对 1980 年至 2010 年土地利用类型变化的分析，可以看出，红色代表城镇化地区（图 10.19），太湖的污染形势严峻也是城市化及一些农业面源污染造成的。

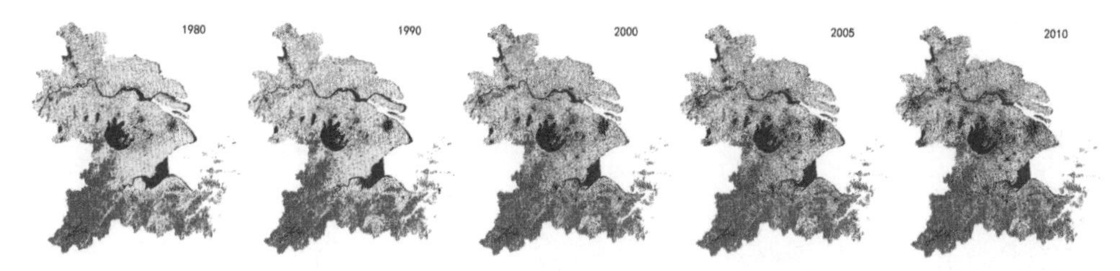

图10.19 1980—2010年土地利用类型变化(红色代表城镇化地区，绿色代表林地，青色代表草地，蓝色代表湿地，黄色代表耕地)

图片来源:全国生态环境十年变化(2000—2010年)遥感调查与评估项目;数据来源:环保部卫星环境应用中心，2012

10.4.2 快速城镇化过程及其特点

中国城镇化的土地依赖特征明显: 1981—2013 年，城市建成区由 0.67 万平方千米扩展为 4.78 万平方千米，城镇化率由 20.1% 提高到 53.6%。土地城镇化速度约为城镇化率的 2 倍（图 10.20）。由于土地的城镇化快于人口的快速城镇化，导致城镇化质量不高，城镇化过程中占地面积增加，但人口密度分布不均，同一些发达国家（日本）比起来，我们的城镇化质量和水平还是有很大差距。

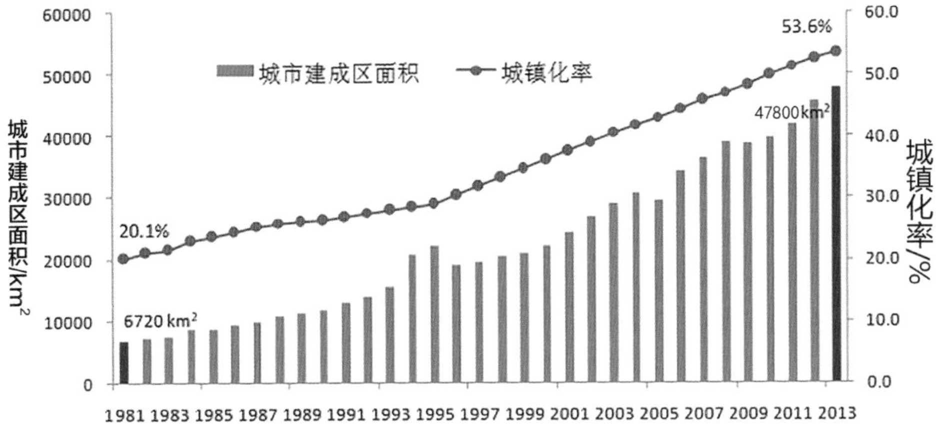

图10.20　中国城镇化发展（1981—2013年）

图片来源:《中国城市统计年鉴2013》

快速城镇化过程中也造成很多问题，城市过度拥挤、交通拥堵、空气污染、空间拥挤、农村村庄荒废、城市病和乡村病并发等。

2014年全国开展空气质量新标准监测的161个城市中，有145个城市空气质量超标。多地PM2.5指数直逼标准最大值，空气质量达到六级严重污染（图10.21）。雾霾天气引起的健康问题以急性效应为主，主要表现为上呼吸道感染、哮喘等疾病的症状增强。

图10.21　中国多地PM2.5指数达到六级严重污染

在全国423条主要河流、62个重点湖泊（水库）的968个国控地表水监测断面（点位）开展了水质监测，Ⅰ、Ⅱ、Ⅲ、Ⅳ、Ⅴ、劣Ⅴ类水质断面分别占3.4%、30.4%、29.3%、20.9%、6.8%、9.2%，主要监测指标为化学需氧量等（图10.22）。

图10.22 地表水污染严重

在近5000个地下水监测点位中，水质优良级的监测点比例为10.8%，良好级的监测点比例为25.9%，较好级的监测点比例为1.8%，较差级的监测点比例为45.4%，极差级的监测点比例为16.1%。

全国土壤普查结果首次公布：中国土壤污染总超标率已达16.1%，耕地污染尤其堪忧，超标率高达19.4%，重金属镉超标率为7.0%，在污染物超标中居首位，废气、废水、废渣是污染主因。

西部地区生态环境敏感性高、环境保护压力大，生态环境相对脆弱，但2014年以来，环保部审批的重化工项目中，中西部投资占全国78%，2015年一季度上升到82%。中西部地区重工业集聚、产业污染转移形势严峻。

我们国家现在面临那么多的生态环境问题，是西方发达国家在100多年以来遇到的环境问题的叠加，我们现在的环境污染是旧账新债共存。举个例子，在1900年，西方发达国家尤其是欧洲国家已经解决了粪便的污染问题，但是我国现在郊区的粪便与生活污水的处理能力较弱，房子建得很漂亮，但是没有污水处理设施。1940年发达国家解决了微生物耗氧有机物的污染，20世纪80年代之前已解决了光化烟雾问题。而我国要面临前三个问题和现在西方国家面临的问题，像持久性有机污染物的问题，我们将面临着这些问题交织在一起的困难局面。

旧的问题没有解决，新的问题又出现，我们现在使用的电子产品、化工产品的很多材料里面都含有激素类或者是内分泌干扰的元素等，这些影响都会持久性地存在。

环境污染对GDP的影响已达成共识，人类向自然环境尽最大极限获取资源过程中对环境造成严重的影响，随着生态环境恶化，修复到破坏前的状态可能需要几倍甚至几十倍的时间与经济付出。习近平的“绿水青山”理论也是基于此。从经济格局来分析，相当于环境污染迫使经济倒退，世界银行在2008年评估了世界环境资源退化影响，中国修复环境费用占总GDP的9%（图10.23）。

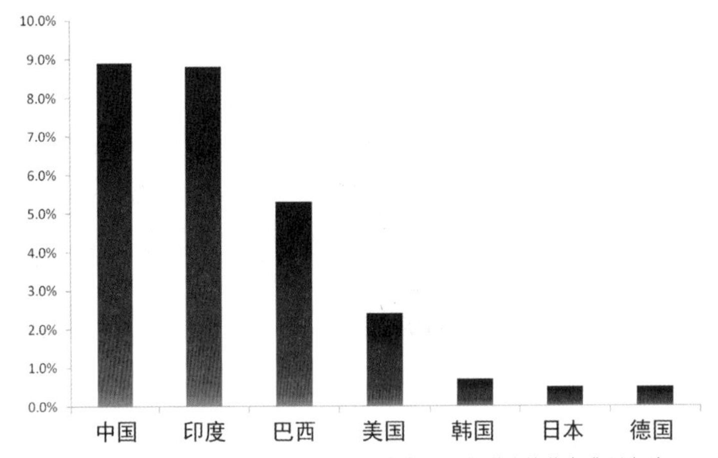

图10.23 世界银行2008年评估世界环境资源退化影响的修复费用占总GDP百分比

其中自然资源损耗占 4.1%，尤其是大气环境污染的损耗占总 GDP 的 3.8%，气候变化带来的损害占总 GDP 的 1.1%。未来目标“绿色值”GNI（2030）是 2.7%，我们要从环境退化与消耗的 9% 降低到 2.7%，这个任务非常艰巨。从表 10.3 中可以看出，污染损害的 3.8% 是人为原因造成的，降低到“绿色值”GNI（2030）0.3% 这方面是可控的；自然损耗中占比是 2.2%，能源的消耗可以通过提高利用率及科技提升采用新能源减少能源的消耗；但自然界植被覆盖再高，有机物的流失也会存在，换句话说就是肥沃的土壤流出带油的水，这也就印证了绿水青山就是金山银山的生态系统服务价值。

表 10.3 环境资源退化消耗与绿色值（GNI）比较

环境退化与消耗	GNI（2009）	GNI（2030）	净减少量
自然资源			
能源消耗	2.9%	1.9%	1.0%
矿产消耗	0.2%	0.2%	—
土壤养分消耗	1.0%	0.1%	0.9%
小计	4.1%	2.2%	1.9%
污染损害			
PM10 健康损害	2.8%	0.1%	2.7%
大气污染物损害	0.5%	0.1%	0.4%
水质污染对健康的损害	0.5%	0.1%	0.4%
小计	3.8%	0.3%	3.5%
气候变化的损害	1.1%	0.2%	0.9%
总消耗	9.0%	2.7%	6.3%

数据来源：世界银行，2008

绿水青山的生态文明是中国环境与发展道路的必然选择，是保持我国经济持续健康发展的迫切需要。加快转变经济发展方式，改变资源消耗大、环境污染重的增长模式，努力走出一条代价小、排放低、效益好、可持续的发展路子；在发展经济的同时，把资源利用好、环境治理好、生态保护好，让大自然能够更好地休养生息，给子孙后代留下更大的发展空间，是应对全球气候变化的必由之路。同国际社会一道积极应对气候变化，彰显负责任大国形象，为全人类的可持续发展做出贡献；拥有天蓝、地绿、水净的美好家园，是每个中国人的梦想，是中华民族伟大复兴的中国梦的重要组成部分。

10.5 构建生态系统服务和生态安全格局

我国提出必须更加自觉地把全面协调可持续作为深入贯彻落实科学发展观的基本要求，全面落实经济建设、政治建设、文化建设、社会建设、生态文明建设“五位一体”总体布局，促进现代化建设各方面相协调，促进生产关系与生产力、上层建筑与经济基础相协调，不断开拓生产发展、生活富裕、生态良好的文明发展道路。

实现绿水青山的生态文明主要依靠科学技术，科学技术在人类文明进步中发挥了决定性作用，科技进步将深刻改变人类的生产和生活方式，深刻改造人们的思维方式和世界观；科技进步也加速了现代化和可持续发展进程。依靠科技创新延长产业链，发展绿色循环经济，提高产品的附加值，同时也会使单位耗能和排放降低，有效减轻经济活动对资源环境带来的压力。

实现绿水青山的生态文明还需要对衰退产业进行有的放矢调整，通过采取循序渐进策略、倾斜政策、资金扶持等措施对衰退产业加以保护，使其逐渐过渡。加强对衰退产业就职人员的培训，增强下岗人员的再就业能力，并借助新兴产业吸收衰退产业的过剩生产能力和劳动力，防止出现局部地区就业的过度紧张及由此引发的社会问题。注重新兴替代产业扶持，增强经济发展的后劲，政府出台相关优惠政策，促进产、学、研结合，增强科技成果转化能力。

实现绿水青山的生态文明要依据完善的节能减排、保护生态环境的法律法规体系，制定并实施节能减排、保护生态环境的规划、政策、制度，将能源资源的消耗和生态环境的损耗记入成本，建立健全科学民主的决策体制与机制。要将节能减排、保护生态环境的绩效纳入干部考核任用指标，完善节能减排、保护生态环境的标准，依法完善科学监测、行政管理、民主监督机制。

实现绿水青山的生态文明需要培养生态文化，积极倡导绿色生活方式，使人们在现实生活中随时随地认识到节能和保护生态环境的重要性，提升全社会对生态文明理念的认识。生态文化重要的特点在于用科学的观点去观察现实事物，解释现实社会，处理现实问题。运用科学的态度去认识人类的发展，建立科学的节约资源和保护生态环境思维理论。通过认识和实践，形成经济学和社会学相结合的价值观和生命观，使人们在现实生活中随时随地认识到节能和保护生态环境的重要性。

实现绿水青山的生态文明需要加强人才队伍的建设，加强科技创新创业队伍建设，为产业结构调整奠定人才基础。推进教育创新，培养勇于并敢于创新创业的人才，营造有利于创新人才成长和发挥才能的文化环境和创新氛围，提高公众科学素养和节能、环保意识。

实现绿水青山的目标在于构建区域和国家的生态安全格局。区域和国家的生态安全格局的构建是一个巨大复杂的生态系统，在排除干扰的基础上，能够保护和恢复生物多样性，维持生态系统结构和过程的完整性，实现对区域生态环境问题的有效控制和持续改善区域性空间格局。

建设区域生态安全格局可对生物多样性保护起到直接的促进作用，在生态学理论、方法、经验与生物多样性保护实践之间架起一座桥梁。而区域生物多样性的恢复为保持生态系统功能过程的完整性和稳定性奠定基础，从而决定了区域生态安全格局的可持续性。因此，针对区域生态环境问题，从规划顶层设计做起，优先生态设计，建设城市生态基础设施工程，从区域尺度保护和恢复生物多样性，维持生态系统结构和功能的完整性，才能长久实现区域生态安全，耦合调节服务与文化服务，优化景观生态格局。

我国地域辽阔，自然环境和生态系统类型多样，区域生态系统空间格局复杂，人类活动影响剧烈，是研究人类活动对生态系统服务功能的影响和生态服务功能对人类福祉影响的天然实验室。选择不同退化程度和演替序列的生态系统类型和不同发展水平的区域，研究人类活动影响下生态系统服务功能的变化，评价不同生态系统、不同社会经济条件下生态系统服务对人类福祉的影响，建立复杂环境条件下生态系统服务功能价值化方法，将为生态系统服务功能研究做出贡献。

综合生态系统定位观测和遥感监测数据，建立生态系统服务功能评估数据库，建立国家层面的生态系统监测研究网络，评估全国生态系统重要生态服务功能，确定生态系统服务功能对自然和人为活动的响应特征与空间格局，基于生态经济学理论，建立生态系统服务功能价值化评价方法。

绿水青山就是金山银山，保护环境就是保护生产力，要建设天蓝、地绿、水清的美丽中国，让人民在宜居的环境中享受生活，切实感受到生态保护带来的经济效益与经济发展带来的生态效益，通过生态系统功能实现绿水青山的生态系统服务价值。

11

打造绿水青山的商业模式

伍业钢

绿水青山本身就是金山银山,在打造绿水青山的过程中,必然会带来经济效益。那么,在绿水青山的打造和修复过程中,应该如何实现最大的经济效应,打造什么样的“绿水青山”?把整个区域修复成什么样的“绿水青山”,才能产生最大的“金山银山”的经济效益?这是我们所考虑的“绿水青山”商业模式的第一个命题。同理,“绿水青山”商业模式的第二个命题显然是必须考虑打造和修复“绿水青山”的资金投入成本和资金来源。而投入产出的经济关系,即如何用最小的投资获取最大的产出,或最佳的投资获得最优的回报,也就成为“绿水青山”商业模式的第三个命题。另外,“绿水青山”商业模式还有第四个命题,那就是可持续的问题,即投入产出的可持续性问题、绿水青山的生态可持续性问题。因此,打造和修复绿水青山,离不开一个可持续的、可行的、可借鉴的商业模式。本章在理解打造绿水青山就是金山银山理念的基础上,结合已有的商业模式种类,提出“绿水青山”商业模式,用四个案例讲述如何运用“绿水青山”商业模式实现绿水青山、解决投资平衡及可持续性问题。

11.1 “绿水青山就是金山银山”是经济发展的理念

“绿水青山就是金山银山”不仅是一个生态理念，也是经济发展的理念，是一个可持续发展的理念。

作为生态理念，应该把绿水青山视为最为珍贵稀有的资源，可以说生态是基础，永远是第一位的；它不是单纯的要保护的概念，生态是一个发展的概念，是一个带来长久经济效益的概念，再进一步说，是解决“中国新的发展模式”的新概念。

作为经济发展理念，首先是打造和修复绿水青山的过程，这是一种经济增长的过程，也是经济增长的主要组成成分。二是在美好生态环境下，把生态优势变为发展优势，把生态资源优势变为产业优势，再把独特的发展优势和特色的产业优势变为品牌优势，促进发展。

作为可持续发展理念，“绿水青山就是金山银山”理念体现了发展的基础、发展的目标、发展的初衷、发展的模式。发展是硬道理，是人类永恒的主题，但不同发展阶段面临的问题是不同的，这就需要科学认识、把握和解决不同发展阶段中的问题。未来随着经济发展模式的变化，生态容量将变化，产业优势也会不断变化，商业模式必然需要不断完善。要切实打造可持续发展格局，从而真正让绿水青山成为金山银山的宝库，即生态优势保障经济优势，形成良性循环、螺旋式上升。

因此，绿水青山本身就是金山银山，在打造绿水青山的过程中，必然会带来经济效益。那么，在绿水青山的打造和修复过程中，应该如何实现最大的经济效应，打造什么样的“绿水青山”？把整个区域修复成什么样的“绿水青山”，才能产生最大的“金山银山”的经济效益？这是我们所考虑的“绿水青山”商业模式的第一个命题。同理，“绿水青山”商业模式的第二个命题显然是必须考虑打造和修复“绿水青山”的资金投入成本和资金来源。而投入产出的经济关系，即如何用最小的投资获取最大的产出，或最佳的投资获得最优的回报，也就成为“绿水青山”商业模式的第三个命题。另外，“绿水青山”商业模式还有第四个命题，那就是可持续的问题，即投入产出的可持续性问题、绿水青山的生态可持续性问题。因此，打造和修复绿水青山，离不开一个可持续的、可行的、可借鉴的商业模式。

11.2 “绿水青山”提升城市的土地价值

打造绿水青山的一种商业模式就是与城市土地的一级开发结合，可以直接从土地价值的提升获利；进行一级土地开发，同时通过其他模式（如补贴方案等），享受升值收益结构。

河流、湖泊、湿地以其丰富的多样性，精心呵护人类家园。水系和湿地不但本身就是一个金山银山，而且在打造的过程中，同时也带来了生态效益、经济效益和社会效益。

一个城市河流水系首先要强调防洪、防涝、防旱功能，其次，运用多种生态技术来设计好水系和湿地生态系统，要改善水质，增强系统的自净化能力，打造好景观，并融合于城市建设空间格局及城市建设功能，使整个河流水系更加生态和美丽，使城市更加生态和美丽。最后，是水岸两边和周边的土地升值，既做到防洪、防旱、防内涝，又能把水质提升到Ⅲ类水或更优。

11.2.1 重庆市大渡口区伏牛溪湿地公园及体育公园策划

项目地位于重庆市主城区大渡口区的核心位置刘家坝片区，是产业区与都市核心区的交界处，区位优势明显（图 11.1）。

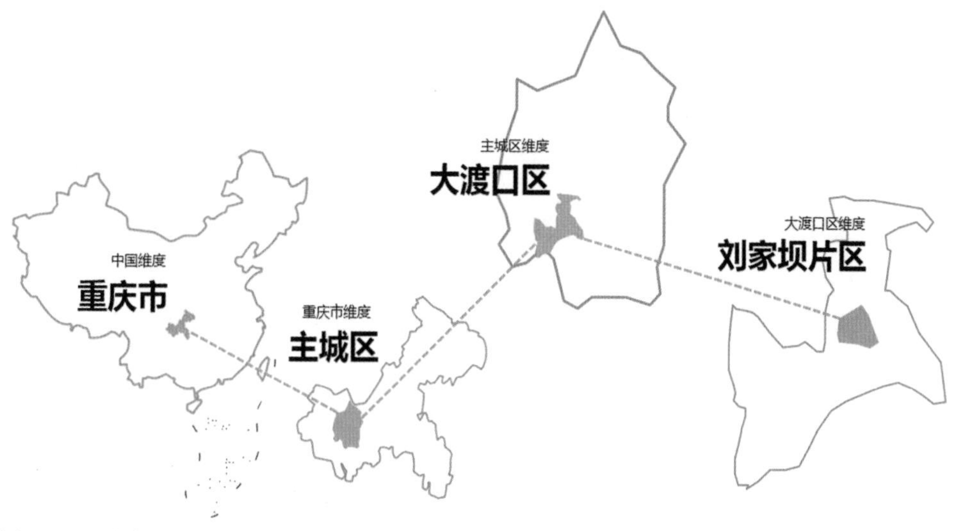

图11.1 区位分析

项目地距江北机场 37 千米、重庆北站 18 千米、重庆市政府 15 千米，均在半小时车程内。由轨道交通 2 号线和正在建设规划的 2 号线延伸段、5 号线一期、5 号线支线、12 号线与跨越规划区的 1 号线、6 号线连接，形成连接市中心的轨道交通圈（图 11.2），区域位置优势显著。

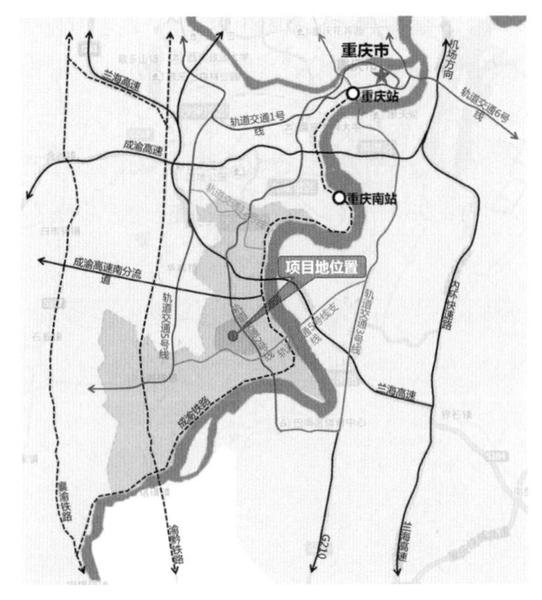

图11.2　对外交通分析

此次规划范围共分为三块：伏牛溪湿地公园、体育运动公园、商业用地（图 11.3）。其中，伏牛溪湿地公园规划面积为 153 公顷，可经营面积 79 公顷，平均容积率为 1.5。体育运动公园规划面积为 73 公顷，平均容积率为 0.6。商业用地面积 87 公顷，平均容积率为 2.0。

图11.3　规划范围

伏牛溪河流全长 6.4 千米，全线高差较大约 98 米，河道坡降比为 15.3‰。设计考虑伏牛溪河道坡降比较大、局部较缓和的因素，利用增加跌水堰等措施提升水动力（图 11.4）。通过湿地作用，可以将水质从劣 V 类提升到Ⅲ类。

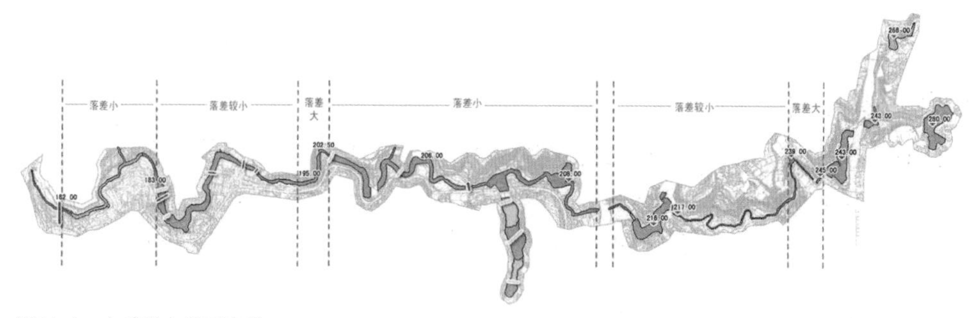

图11.4　水系形态平面分析

根据地块现状、用地状况，以维护生态环境为根本原则，合理布置科普游览、文化体验、休闲娱乐等产业项目（图 11.5）。

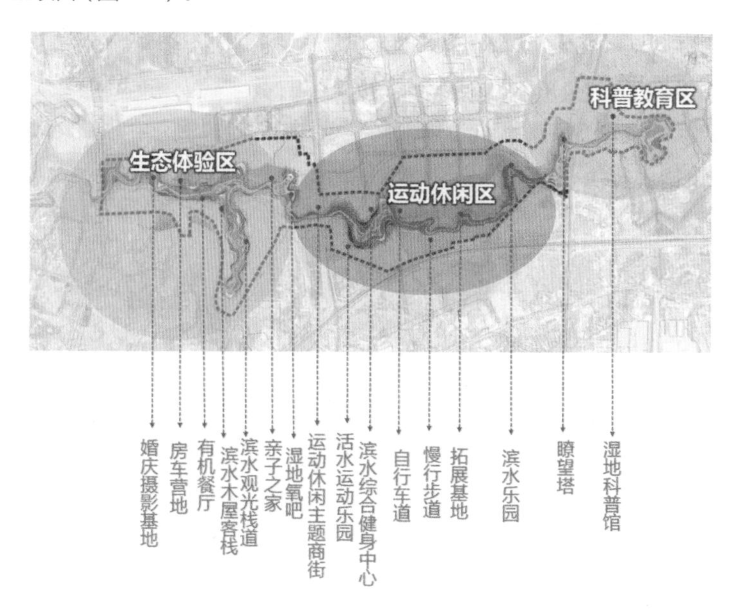

图11.5　产业项目布局

11.2.2 重庆市大渡口区伏牛溪湿地公园及体育公园建设经济分析

伏牛溪湿地公园建设期总投资约 5.1 亿元。其中，湿地景观生态工程费用 3.36 亿元，公园服务设施建设费用 1.73 亿元（表 11.1）。

表 11.1 总投资估算

序号	类别	费用（亿元）	相关说明
一	湿地景观生态工程费用	3.36	包括伏牛溪湿地公园生态驳岸、湿地、水生态修复工程、水利建筑物等生态景观费用 2.9 亿元及前期工程费、管理费、相关税费、不可预见费。依据为《湿地类型主要工程项目技术经济指标》（国家林业局）、相关行业经验及《工程勘测设计收费标准》（国家发展计划委员会）
二	公园服务设施建设费用	1.73	包括公园座椅、环卫、指示、步道等基础设施和占公园总面积 3% 的经营性服务设施建设
合计（亿元）		5.09	

通过占公园总面积 3% 的经营性服务设施运营、租金和旅游收益能够平衡公园维护管理成本，并实现 33.9% 的盈利。计算如下：运营利润 = 经营收入 − 经营成本 − 维护成本，为 772 万元，收益率 = 运营利润 / 经营收入，为 33.9%。

其中，湿地公园经营收入为年租金和旅游收入，共计约 2280 万元（表 11.2）。

表 11.2 湿地公园经营收入

分类	项目	数量		单价		收入（万元）	总计（万元）
		建筑量（平方米）	游客量（万人）	元 / 平方米 / 年	元 / 人次		
租金收入	滨水商业	5000	—	1246	—	623	1484.6
	有机餐厅	2000	—	1246	—	249.2	
	湿地氧吧	2000	—	1460	—	292	
	滨水木屋客栈	3000	—	1068	—	320.4	
旅游收入	湿地科普馆	—	8	—	10	80	795
	瞭望塔	—	5	—	5	25	
	活水运动乐园	—	10	—	30	300	
	婚庆摄影基地	—	2	—	50	100	
	拓展基地	—	3	—	30	90	
	滨水综合健身中心	—	10	—	20	200	
							约 2280

湿地公园每年营业项目管理费用和相关税费共计 1002 万元（表 11.3）。

表 11.3　湿地公园经营成本

成本类型	分类	费率	成本（万元）	总计（万元）
租赁经营成本	管理成本	20%	297	445
	相关税费	10%	148	
旅游经营成本	管理成本	60%	477	557
	相关税费	10%	80	
				1002

湿地公园每年设施维护费、水体保洁费、绿地管理养护费及其他费用共计 506 万元(表 11.4)。

表 11.4　湿地公园维护管理成本

费用类型	测算单价（元 / 平方米）	计价数量（万平方米）	总计（万元）	说明
设施维护费	4.2	10.5	44	园林建筑、小品、园路及铺装场地、园艺设施、电气设备设施的日常维修保养
水体保洁费	2.4	14.6	35	工作内容包含人工清除打捞漂浮物。依据《水利工程养护维修预算编制办法及定额》及《城镇市容环境卫生劳动定额》中的保洁作业标准。按公园水体面积计
绿地养护管理费	15	25.4	381	依据城市绿地养护管理投资标准
其他费用	—	—	46	综合管理、应急抢险及防治危险性有害生物普查等应急处置费用、安全服务巡查等，按上述三项费用总和的 10% 计
公园年运维成本总计			506	—

建设期 5.1 亿元投资的解决思路：与湿地公园周边 79 公顷建设用地捆绑，将其纳入周边土地的一级开发成本，并以湿地打造带来的环境改善显著提升土地出让价值（图 11.6）。

图11.6　周边土地利用开发示意图

周边土地一级开发成本 17.1 亿元。将湿地公园成本纳入后，一级开发成本为 22.2 亿元，约合 2810 万元 / 公顷（表 11.5）。

表 11.5　一级开发成本

类型	费用（亿元）	相关说明
前期工程费用	0.7	包含规划设计费、可研、测量、地质勘查费等，以及临时水、电、路、房屋费，依据《工程勘测设计收费标准》（国家发展计划委员会、建设部）
拆迁安置补偿费用	6.6	按照《重庆市土地管理规定》即市政府第 53、54、55 号令，依据拆迁安置规划原则，对征用拆迁的耕地、经济作物、林、地上附着物、安置等进行补偿
市政基础设施建设费用	7.8	包括湿地公园周边可经营用地的道路、给排水、电力管网等重大市政基础设施系统约 46 公顷，依据《市政工程投资估算指标》（建设部）
管理费	0.5	项目工程费 ×3%
财务费用及税费	0.8	项目工程费 ×5%
不可预见费（预备费）	0.8	项目工程费 ×5%
合计	17.1	

数据来源：重庆市旅游局网站、《中国旅游消费价格指数（TPI）监测报告》、《公园维护管理费用指导标准》

不考虑湿地公园的情况下: 根据《重庆市国有土地使用权基准地价》和《重庆市大渡口区商业、住宅、工业级别》，区域属于建胜镇，土地级别为 7，选取周边相同级别国有建设用地使用权交易信息评估现状土地价格，楼面地价约为每平方米 1980 元，总出让收益 23.5 亿元（表 11.6）。

表 11.6　土地出让收益（不考虑湿地公园的情况）

土地位置	用途	成交单价（元 / 平方米）	楼面地价（元 / 平方米）
大渡口区大渡口组团 I 分区 I59/02 等宗地	商业用地、二类居住用地、小学用地	4074	1800
大渡口区大渡口组团 H 分区 H15-3-1/04 等宗地	二类居住用地、商业用地、商务用地、中小学用地	4268	1817
大渡口区大渡口组团 I 分区 I46-2/03 号宗地	二类居住用地	3717	1239
大渡口区大渡口组团 N 分区 N40-1/02 号宗地	商业用地	3980	1990

纳入湿地公园的影响后: 扣除其他因素带来的土地增值，仅因湿地公园建设带来的土地增值幅度测算取值 45%，楼面地价增值为 2871 元，总出让收益 34.1 亿元（表 11.7）。

表 11.7 土地出让收益（纳入湿地公园后）

区域	占地面积（公顷）	容积率	未来楼面地价（元 / 平方米）	土地增值（亿元）
湿地公园周边土地	79	1.5	2871	10.6

因此，将湿地建设成本纳入周边土地一级开发后，收益增值幅度超过成本增加幅度，相比传统开发模式增加收益 5.5 亿元（图 11.7）。

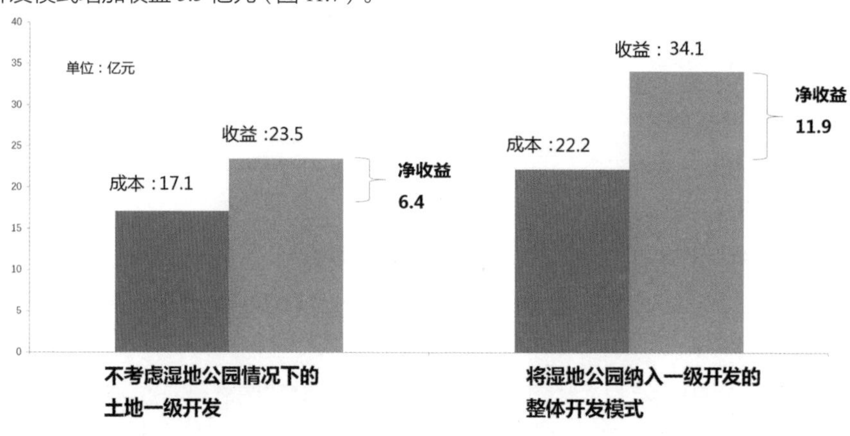

图 11.7 开发对比分析

数据来源：重庆市旅游局网站、《中国旅游消费价格指数（TPI）监测报告》、《公园维护管理费用指导标准》

11.3 “绿水青山”提升城市的品质

城市就像人们赖以生存的母体，优美生态景观是城市的“形”，综合功能内涵是城市的“神”。形神兼备、秀外慧中的城市才是有品质的城市，才是“让人来了还想再来”的城市。

城市品质之“品”，主要是城市建设文化品位；城市品质之“质”，主要是城市居民生活质量。以“绿水青山”提升城市品质，主导城市可持续发展，是国际、国内城市现代化建设大趋势。“提升城市品质，建设美丽城市”应该是每个城市的目标。同时，城市品质也决定城市未来发展的竞争力。城市发展品位和质量，反映一座城市的精神和气质，是城市核心竞争力的关键内容。

11.3.1 温州市三垟湿地概念性规划

项目地植物物种组成单一，以人工种植为主，本土植物较少，缺乏乡土树种为主的植物带。水生植物基本空白，种类和数量分布很少，仅有少数区域有部分水花生、凤眼莲等水生、湿生杂草。动物资源多样性水平低下，组成不合理，鸟类主要以候鸟、留鸟为主，水禽数量较少，土壤动物种类也较为单一。淡水鱼类种类较少，主要是人工养殖的经济鱼类，并存在物种入侵的隐患。

因此，水质普遍为V类水，富营养化程度严重；特别是建成区周边的水体，受生活垃圾、生活污水及部分无纺布工业废水排放的影响严重。湿地内水网密布且河流流向多变，水体流动性差，水体交换能力弱。驳岸比较生硬，亲水性差，缺少吸引力，目前主要采用了松木桩驳岸、植物生态浮岛和硬质驳岸处理的方式固岸。

11.3.2 温州市三垟湿地建设经济分析

自2004年开始，温州市就认为13平方千米的湿地建设是温州市最为重要的发展项目，但建设投资估算约130亿，政府面临如何出资建设等问题。当时提出开发模式建议如下：在这13平方千米的湿地里，拿出1平方千米作为配套或旅游设施。通过参考《温州市区基准地价成果表》，该地块级别属于Ⅲ级，楼面地价分别为商服用地11565元/平方米、住宅用地6555元/平方米，修正系数1.0。再结合基准地价与周边出让信息评估地块现状地价（表11.8），得出土地出让约为1.5亿元/公顷。那么这100公顷土地就可得150亿元，足以补贴湿地公园建设费130亿元。

表11.8 土地出让信息

区域	出让方式	地块位置	容积率	出让面积	用地性质	建筑面积（m^2）	起始总价	发布时间
龙湾区	挂牌/拍卖	状元片区ZY-ZB01-030地块（横街村三产）	大于等于1.0且小于等于3.0	7942平方米	城镇住宅用地	小于等于23826	1.1亿元	2015年3月20日
瓯海区	挂牌/拍卖	瓯海区原行政中心区A-20b地块	大于等于1.0且小于等于1.8	25235平方米	城镇住宅用地、批发零售用地	—	5.27亿元	2015年1月30日

11.4 “绿水青山”打造与城市建设的融合

古希腊哲学家亚里士多德说：“人们为了生活来到城市，为了生活得更好留在城市。”那么如何让城市除了满足人们的生产生活要求之外，成为更能满足人们望得见山、看得见水、记得住乡愁的生态宜居城市？

好的城市建设应遵循以生态为基底，以规划为龙头，通过综合生态工程措施，改善城市生态系统，恢复自然河流湖泊的自净化能力，维持水生态环境的长期稳定，激活水系核心动力，恢复生态永续活力，打造生态宜居的绿色家园，重塑绿水青山就是金山银山。

11.4.1 北京房山区琉璃河湿地公园设计方案

在北京的房山区有一个琉璃河镇，琉璃河镇享有“北京之源”的美誉，具备浓厚的历史人文风情，琉璃河和燕都遗址公园是镇内最具代表性的载体（图 11.8）。水为生命之源，琉璃河作为整个镇的灵魂，其水质、生态的治理与景观的打造成为设计的首要任务。

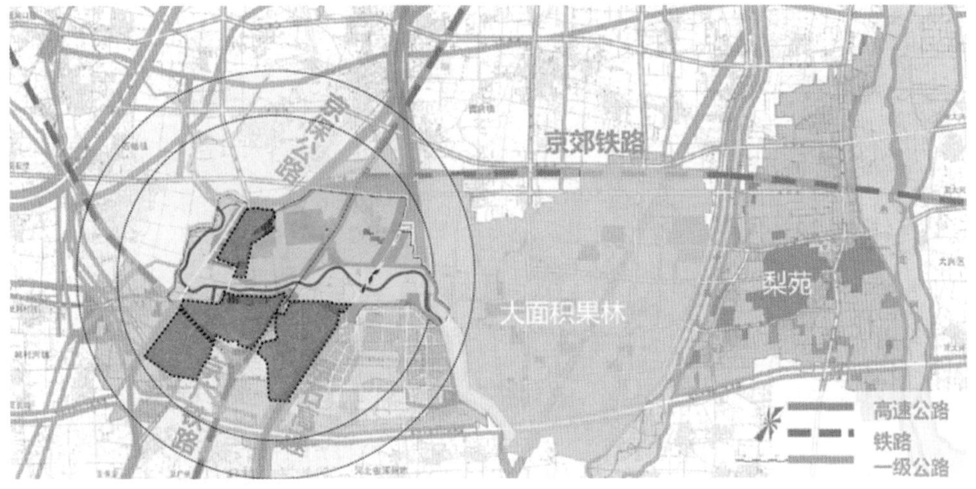

图11.8 琉璃河镇发展蓝图

琉璃河镇从 2006 年开始就希望建设湿地，北京是一个极为缺水的城市，缺水的城市怎么建湿地？建湿地有什么用处呢？

通过在当地调研考察得知，当地中水处理厂每年大概要处理 20 万吨污水，这 20 万吨的水要排在这 760 公顷的湿地里面，利用湿地净化水质。但湿地不是污水处理厂，一般污水处理厂排放水质为一级 A、一级 B，湿地不能完全净化水质。在整个设计中我们需要采用一些技术手段，比如将污水处理厂排出的污水进行提标，或在湿地里设计坑塘系统（图 11.9），这个坑塘形似蜂窝，如同空气滤清器。湿地设计 1.5 ~ 2 米深的坑塘，通过沉淀、曝氧设计，再加上坑塘边上的植被吸收，当表面深度 20 厘米的水通过湿地后，周边的植物都可以生长，最后实现**V**类水。再通过湿地的空间格局来实现从**V**类水到**Ⅲ**类水的转变，这样就从技术上解决了水质问题。那么剩下的就是商业模式问题，如何实现投资平衡？

图11.9　规划平面图

11.4.2　北京房山区琉璃河湿地公园投融资方案

选取测算范围为琉璃河中心城区 0101 街区、0201 街区、0202 街区、0203 街区 4 个片区（图 11.10）。4 个街区的开发共涉及洄城、二街、三街、平各庄、北洛 5 个行政总体规划村。根据镇政府所提供《房山区琉璃河镇总体规划（2011—2020 年）》村庄整合规划，董家林、刘李店、周庄、福兴 4 个行政村将整体搬迁至 0101 片区和 0203 片区，4 个村拆迁成本纳入 4 街区整体成本。计算 9 个村庄总院数 3262 座，总人口 10364 人（其中户籍人口 9494 人，籍外人口 870 人）。4 个片区开发共涉及搬迁安置总人口为 10364 人，以 50 平方米 / 人考虑，共需建安置房 518210 平方米，建安综合成本以 4000 元 / 平方米记取，回迁房建设成本 207284 万元，安置房销售价格为 2000 元 / 平方米，故安置房补差金额为 103642 万元。土地整理总成本为 82.85 亿元（表 11.9）。

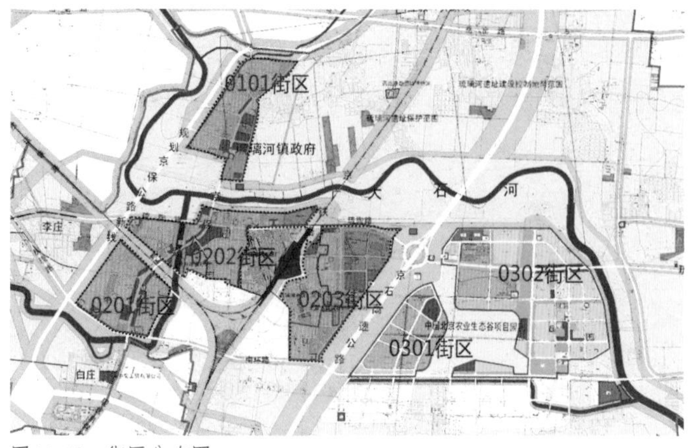

图11.10　街区分布图

表 11.9 土地整理成本

序号	项目	金额（万元）	所占比例
1	前期费用	10534.80	1.27%
2	征地费用	145096.05	17.51%
3	拆迁费用	343786.72	41.50%
4	安置房补差	103642.00	12.51%
5	市政工程费用	37857.10	4.57%
小计		640916.67	77.36%
6	财务费用	64265.73	7.76%
7	一级开发利润	76910.00	9.28%
8	两税两费	46395.31	5.60%
成本合计		828487.72	100%

注：楼面单价 3674.87 元 / 平方米。

根据镇政府所提供《房山区琉璃河镇中心区控制性详细规划（街区层面）》《琉璃河土地利用现状图》及征地各村的土地面积、人口统计表等资料，4 片街区开发征地涉及洄城、刘李店、李庄、二街、三街、平各庄、北洛 7 个村土地，扣除现状建成区域面积共需征地 255.98 公顷，所涉耕地面积 70.51 公顷（表 11.10）；在确定人均土地面积的基础上确定征转人员数，共计征转人数 1577 人（表 11.11）。

表 11.10 征地成本

项目	数量	标准	金额	备注
土地补偿费	255.98 公顷	195 万元 / 公顷	49916.4 万元	房山区征地区片价格
安置补助费	1577 人	49.98 万元 / 人	78829.98 万元	北京市人民政府令第 148 号
青苗补偿费	70.51 公顷	1.5 万元 / 公顷	105.76 万元	当地平均水平
解除土地承包合同	70.51 公顷	2.25 万元 / 公顷 / 年	1903.71 万元	流转至 2027 年
耕地开垦费	70.51 公顷	22.5 万元 / 公顷	1586.43 万元	京政办发〔2002〕51 号
耕地占用税	70.51 公顷	42 万元 / 公顷	2961.33 万元	北京市人民政府令第 210 号
防洪费	139.63 公顷	20 万元 / 公顷	2792.51 万元	北京市政府第 21 号令
小计	—	—	138096.13 万元	—
不可预见费	—	—	6904.81 万元	小计费用的 5%
征地费用合计	—	—	145000.93 万元	—

表 11.11 征地面积、人口统计 1

名称	总面积（公顷）	总人数（人）	征地面积（公顷）	扣除现状建成区域面积（公顷）	实际征地面积（公顷）	征转人数（人）	征转比例	所涉耕地面积（公顷）
洄城	136.41	815	49.26	8.33	40.92	245	30%	4.11
刘李店	196.13	998	41.23	15.33	25.90	132	13.21%	2.49
李庄	433.33	2637	74.55	0	74.55	454	17.20%	53.21
二街	204.38	1869	45.91	28.67	17.25	158	8.44%	0
三街	228.64	1520	57.19	6.67	50.53	336	22.10%	0
平各庄	167.69	1002	26.15	0	26.15	156	15.59%	5.48
北洛	147.93	692	27.35	6.67	20.68	97	13.98%	5.21
合计	1514.51	9533	321.65	65.67	255.98	1577	16.54%	70.51

根据镇政府提供的相应资料，4 个街区开发拆迁涉及洄城、刘李店、董家林、二街、三街、平各庄、北洛、周庄、福兴 9 个行政村，共计 9494 人，住宅院落为 3262 座，涉及集体企业非住宅面积 30555 平方米（表 11.12），涉及国有企业（燕流公司）土地面积 2.67 公顷，建筑面积约 2000 平方米。拆迁总成本约为 34 亿元（表 11.13）。

表 11.12 征地面积、人口统计 2

地点	人数	院落	集体企业非住宅面积（平方米）
洄城	815	210	0
刘李店	998	450	2400
董家林	716	405	1800
二街	1869	682	12355
三街	1520	380	5000
平各庄	1002	328	5000
北洛	692	250	2000
周庄	1190	387	1000
福兴	692	170	1000
合计	9494	3262	30555

表 11.13 拆迁成本

项目		数量	计费标准	补偿金额（万元）	备注
住宅拆迁		3262 院落	90 万元 / 院落	293580	参照当地拆迁水平
集体企业拆迁	重置成新价	30555 平方米	2000 元 / 平方米	6111	房山区集体土地房屋拆迁补偿办法
	停产停业补偿费	30555 平方米	300 元 / 平方米	916.65	
	搬迁费	30555 平方米	40 元 / 平方米	122.22	
	小计			7149.87	
国有企业拆迁	区位补偿价	26680 平方米	1200 元 / 平方米	3201.6	《北京市非住宅房屋拆迁评估技术标准》（京房地评字〔1999〕656 号）
	重置成新价	2000 平方米	2000 元 / 平方米	400	房山区集体土地房屋拆迁补偿办法
	停产停业补偿费	2000 平方米	300 元 / 平方米	60	
	搬迁费	2000 平方米	40 元 / 平方米	8	
	小计			3669.6	
合计				304399.47	
其他费用	拆迁服务费	304399.47 万元	拆迁总额 1%	3043.99	京价（收）字〔1993〕第 238 号
	拆迁评估费	304399.47 万元	评估总额 1%	3043.99	京发改〔2013〕1522 号
	拆迁测绘费	652400 平方米	1.36 元 / 平方米	88.73	国测财字〔2002〕3 号
	房屋拆迁及渣土清运费	652400 平方米	30 元 / 平方米	1957.2	市场价格
	小计			8133.92	
总合计				312533.39	
拆迁不可预见费				31253.34	按总合计 10% 计取
拆迁总成本				343786.72	

可出让土地面积为 177.72 公顷（表 11.14）。其中，安置房占地 33.22 公顷，实际可出让面积为 144.5 公顷土地（地上建筑面积 2 254 471 平方米）；考虑湿地公园建设周期（2 年）及 4 个片区的整体土地周期及充分实现土地价值最大化，土地上市时间初步定于 2018 年。

表 11.14　实际可出让土地面积

0101 街区		0201 街区		0202 街区		0203 街区	
项目	面积（公顷）	项目	面积（公顷）	项目	面积（公顷）	项目	面积（公顷）
根据控规可出让商住面积	63.78	根据控规可出让商住面积	61.68	根据控规可出让商住面积	58.53	根据控规可出让商住面积	59.41
扣除现状建成区域面积	23.67	扣除现状建成区域面积	23.67	扣除现状建成区域面积	11.67	扣除现状建成区域面积	6.67
可出让面积	40.11	可出让面积	38.01	可出让面积	46.86	可出让面积	52.74

投资平衡计算中（表 11.15），土地整理成本经测算为 3674.9 元 / 平方米；区财政可支配收益 =（土地出让价款 – 土地整理成本）×52.5%（区级财政可支配比例）。

表 11.15　投资平衡表

项目	单位	合计	建设期			还款期			区政府收益
			2015 年	2016 年	2017 年	2018 年	2019 年	2020 年	2021 年
建设投资	亿元	17.4	4.5	7	5.9	—	—	—	—
投资回报	亿元	5.97	0.2	0.74	1.39	1.78	1.28	0.59	—
当年还款额	亿元	23.36	—	—	—	7.32	8.9	7.14	—
还款余额	亿元	—	4.7	12.44	19.73	14.18	6.55	—	—
出让面积	万平方米	225.45	—	—	—	60	60	40.9	64.55
土地楼面价	万元 / 平方米	—	—	—	—	0.6	0.65	0.7	0.75
土地出让价款	亿元	152.04	—	—	—	36	39	28.63	48.41
土地整理成本	亿元	82.85	—	—	—	22.05	22.05	15.03	23.72
政府收益	亿元	69.19	—	—	—	13.95	16.95	13.6	24.69
区财政可支配收益	亿元	36.33	—	—	—	7.32	8.9	7.14	12.96
区政府剩余土地收益	亿元	12.96	—	—	—	—	—	—	12.96

11.5 “绿水青山”的生态可持续性与经济可持续性

生态可持续性应该是经济可持续发展的主脉络，要在满足经济可持续发展且不会危及子孙后代的情况下满足自身需求。而经济可持续性是重视经济来维持和发展生态系统的可持续产出，它以生态可持续性发展为基础，以社会的可持续性发展为根本目的，是经济发展和人类社会进步的必然趋势，是一种激动人心的愿景。因此，生态可持续性是人类社会存在和发展的基础，经济可持续性是人类社会生存发展的手段，二者是相互联系、相互促进的。我们不仅要绿水青山，也要经济可持续发展。

爱飞客生态小镇不仅是经济的可持续，也是生态的可持续。对于生态的可持续性，主要就是要恢复原始林，对整个城市及水质的长期保护。对湿地空间比例的设计要保证水质能够长期稳定在Ⅱ类水，甚至远期达到Ⅰ类水的标准，这样森林就不需要投入很多的运维成本和管理费用，能够接近于自然演替的发展，这是生态可持续。经济可持续就是从整个土地的配置和生态产业的导入，发展城市经济。

11.5.1 爱飞客生态小镇的“绿水青山”设计方案

荆门市地处武汉城市圈和鄂西生态文化旅游圈辐射地带，素有“荆楚门户”之称。漳河新区位于荆门市中心城西郊，爱飞客生态小镇位于漳河新区中部，地形地貌以水系、农田为主，少量林地为辅。绿色生态科技产业城位于漳河新区东部，地形地貌以农田、水系为主（图 11.11）。

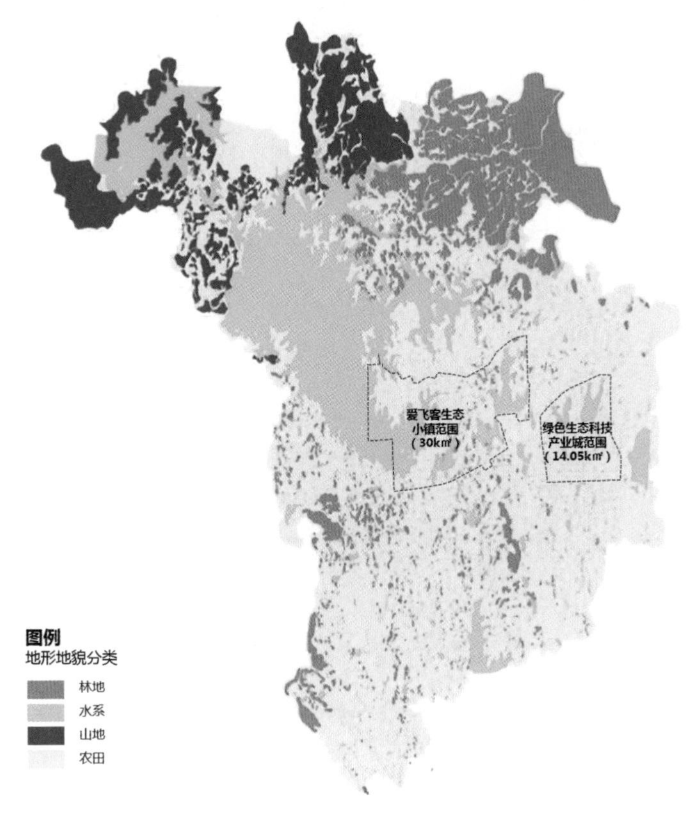

图11.11 规划区及周边区域地形地貌分布

由模拟结果可知（图11.12），由于地势的低洼以及防水设施的缺乏，在较大且集中降雨强度下（荆门最大降雨量达340.6毫米），项目地部分区域出现了内涝风险，对项目地内的安全造成了一定的风险和威胁。

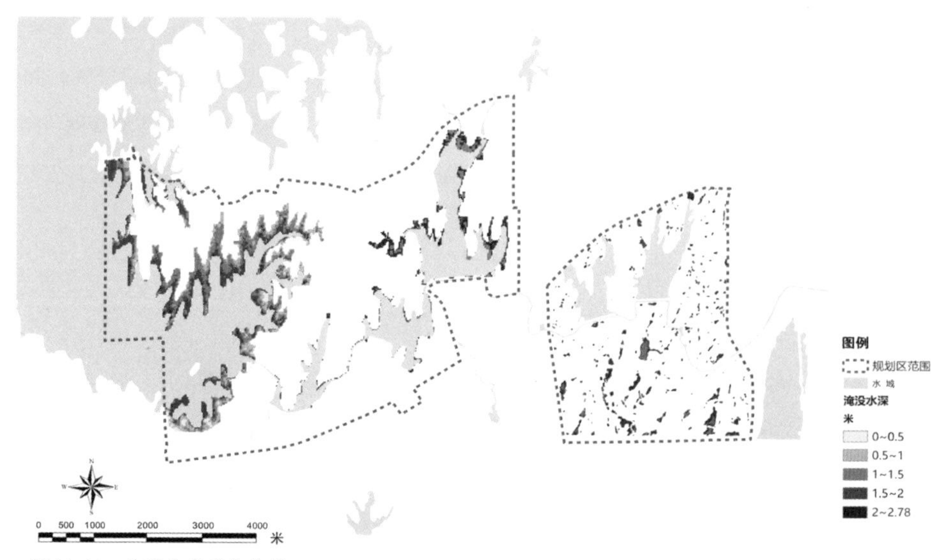

图11.12 地理信息系统分析

为达到真正的绿色、生态城市目标，在有限的区域内通过各项生态模拟数据分析，最大程度地增加项目地块森林、绿地、绿廊和绿带覆盖率，打造荆门自然森林生态系统，保护荆楚生物多样性及基因库，以漳河水库为大生态背景，以“市政”为基础，以“蓝网”为脉络，以“绿网”为骨架，构建综合生态基础设施体系（图11.13）。

图11.13 总平面

11.5.2 爱飞客生态小镇的“绿水青山”建设工程实施方案

建设绿色基础设施，雨洪安全格局从整个流域出发，留出可供调、滞、蓄、净、排的湿地和河道缓冲区，满足水安全自然宣泄空间以达到水安全格局的目标。

通过 GIS 模拟，利用径流模型和数字高程模型进行模拟，控制具有关键意义的区域和空间的位置，最大限度地减少洪涝灾害程度，增加湿地面积，达到水安全的目标（图 11.14）。

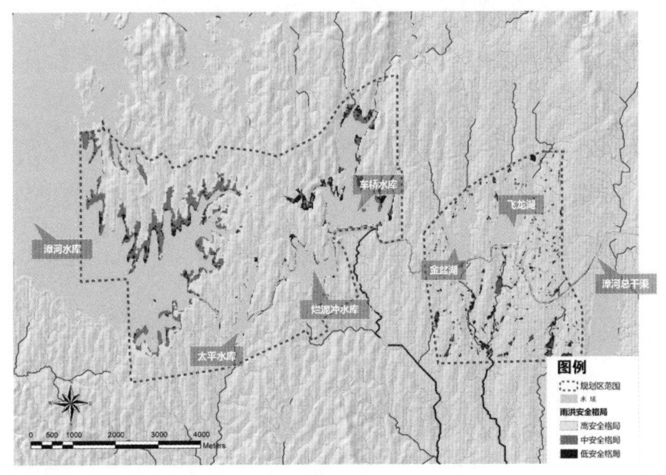

图11.14 雨洪安全格局

通过综合叠加源、缓冲区、廊道和战略点的分析得到生物保护安全格局，并制定相应保护和管理措施与手段，从而优化生物安全格局（图 11.15）。

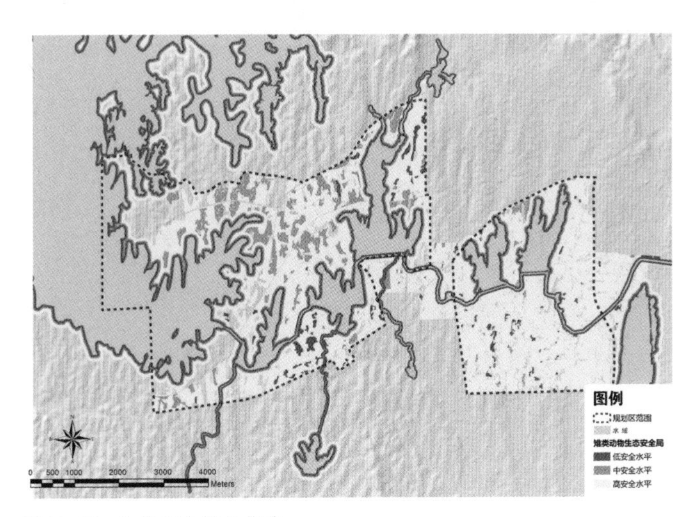

图11.15 生物安全格局构建

建设海绵城市，通过低影响开发措施，实现区域内建筑与小区雨水净化存储，实现雨水资源的有效利用。结合绿地规模与竖向设计，在绿地内设计可消纳屋面、路面、广场及停车场径流雨水的低影响开发设施。通过透水铺装、下沉式绿地、雨水花园、生态植草沟、种植池等汇集和净化路面雨水，达到控制城市地表径流的目的。

建设生态治理工程，执行水资源（水源地保育）、水生态（水质及水体净化）、水景观（城市空间）“三位一体”综合生态治理策略，并且针对不同类型河湖情况，设计不同形式治理策略，最终目标是建立河湖自净化系统，打造水清岸美的景观体系，实现生态效益、经济效益、社会效益的最大化和可持续。

建设绿色市政基础设施，包括水、能源和固废三个子系统。水是如前所述形成“三位一体”的自净化系统。能源是建立分布式能源体系，推广智能电网应用，优化道路照明设备，建立太阳能社区试点。固废是建立综合、无害化的废弃物处置系统。

11.6 结语

绿水青山的打造，其经济模式完全要靠顶层设计，因地制宜，才能使其得到最好的经济回报。也就是说，政府要有政绩，同时要有效率，整个项目要有可持续性，银行要愿意提供贷款进行项目投资。所以绿水青山说到底就是经济的模式，是一个新型的模式。同时，希望湖州的经验能够为国家未来发展带来一条可持续发展的道路。

12

绿水青山的经济学

李百炼

当今人类已处理、转换与消耗近 80% 的可用生态圈，却未能完全理解自己的行为所带来的严重后果，比如雾霾、水质污染等棘手的环境问题。要解决这类问题我们首先要从复杂系统的科学分析入手，优化应用法律、政策、金融、生态工程与修复技术等来实现综合治理的目标。要实现“绿水青山”，解决今天的生态环境问题，我们就要改变现有的经济体系，改变传统的“为经济而经济”的生产模式。人类的资本包括三种：第一是经济资本，第二是社会政治资本，第三是环境资本。只有这三个资本协调统一，人类整体才能真正达到高水平。我们要重现社会资本，修复自然资本，做大经济资本，使得生态系统服务价值和功能不断升值。

习近平在 2005 年 8 月 24 日出版的《浙江日报》头版“之江新语”专栏，用笔名“哲欣”发表了评论文章《绿水青山也是金山银山》。他指出：“我们追求人与自然的和谐、经济与社会的和谐，通俗地讲，就是既要绿水青山，又要金山银山。我省‘七山一水两分田’，许多地方‘绿水逶迤去，青山相向开’，拥有良好的生态优势。如果能够把这些生态环境优势转化为生态农业、生态工业、生态旅游等生态经济的优势，那么绿水青山也就变成了金山银山。”（图 12.1）

绿水青山也是金山银山

哲 欣

之江新语

ZHIJIANG XINYU

我们追求人与自然的和谐、经济与社会的和谐，通俗地讲，就是既要绿水青山，又要金山银山。

我省“七山一水两分田”，许多地方“绿水逶迤去，青山相向开”，拥有良好的生态优势。如果能够把这些生态环境优势转化为生态农业、生态工业、生态旅游等生态经济的优势，那么绿水青山也就变成了金山银山。绿水青山可带来金山银山，但金山银山却买不到绿水青山。绿水青山与金山银山既会产生矛盾，又可辩证统一。在鱼和熊掌不可兼得的情况下，我们必须懂得机会成本，善于选择，学会扬弃，做到有所为有所不为，坚定不移地落实科学发展观，建设人与自然和谐相处的资源节约型、环境友好型社会。在选择之中找准方向，创造条件，让绿水青山源源不断地带来金山银山。

图12.1　习近平在2005年8月24日出版的《浙江日报》头版《之江新语》专栏，用笔名“哲欣”发表了评论文章《绿水青山也是金山银山》

12.1　为什么绿水青山就是金山银山？

2005 年 4 月 23 日《经济学人》杂志（图 12.2）的“生态投资回报率”评估报告显示，投资自然界的系统性回报效益大概在 7.5 至 200 倍之间。2017 年最新的联合国世界水资源综合评估报告也指出，包括治理污水在内的废弃物的管理具有很大的潜在价值，所带来的综合效益是投资额的 5.5 倍。

图12.2 《经济学人》杂志的“生态投资回报率”

另外，绿水青山更重要的价值是对人类健康所带来的“无价”影响。比如当美国纽约的饮用水供应系统（图 12.3）出现问题时，最终没有选择投资 60 ~ 80 亿美元修建且每年再花费 5 亿美元运营的污水处理厂方案，而是选择由生态学家综合 25 年景观生态学分析提出的耗资 14 亿美元投资流域生态系统保护和修复的方案，一劳永逸解决城市供水方案。尊重自然生态系统，能有效地发挥生态系统服务功能，从而实现可持续发展的目标。可见，投资“绿水青山”，就会有“金山银山”的回报，这就是绿水青山的经济学。

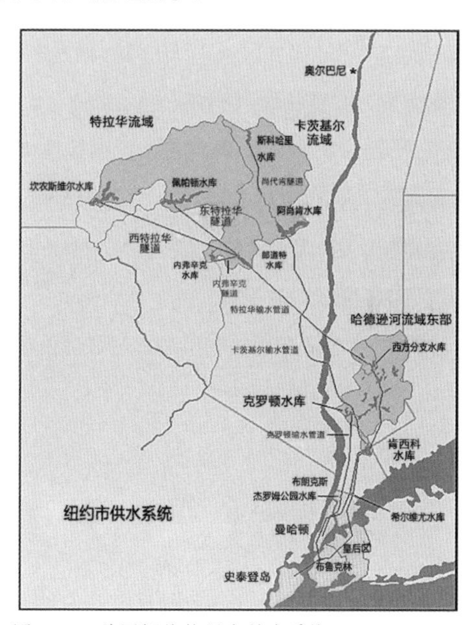

图12.3 美国纽约饮用水供应系统

近几年，绿色发展概念在中国逐渐深入人心，从政府到群众都在逐步挖掘“绿色发展”的内涵。可以说生态环境与地方经济的发展已经密不可分，传统价值链只是涉及各部门、各利益链条的相互作用，而“绿色发展”是具有一定结构特征、执行一系列功能的动态平衡协作，也是浙江余村发展的写照。

十年来，余村坚持绿色发展的理念，重新编制了发展规划，把全村划分为生态旅游区、美丽宜居区和田园观光区三个区块，将村民生活、生产与发展的空间做了合理布局。村集体经济总收入从 2005 年的 91 万元，增加到 2015 年的 375 万元，村民人均年收入从 8732 元增加到 32990 元。2016 年上半年，余村的各项指标依然扬起美丽的上升曲线；这样的曲线，正是“绿水青山就是金山银山”重要思想在基层的生动实践。

12.2 绿水青山的经济学原理

12.2.1 自然资本

自然资本是指能从中导出有利于生计的资源流及服务的自然资源存量和环境服务。自然资本不仅包括为人类所利用的资源，如水资源、矿物、木材等，还包括森林、草原、沼泽等生态系统及生物多样性。

2013 年 9 月，习近平在访问哈萨克斯坦的纳扎尔巴耶夫大学时再次提出：“我们既要绿水青山，也要金山银山。而且绿水青山就是金山银山。”发掘绿水青山的价值，正是未来新经济和自然资本所倡导的目标和宗旨。而自然资本是中国未来新的增长动力之一。自然资本的出现，改变了中国未来的投资结构与投资方向，将使中国经济重获生机。

传统经济学以自然资源无限供给作为条件，自然资本的稀缺性将直接影响一个地区的经济产出，如中国越来越多的沿海地区，由于土地、能源和水资源供应不足，制约了当地经济的发展。增加资源的数量和质量，就会增加社会总产出。生态文明建设中的一个难点，是如何实现经济增长和环境保护协同推进。自然资本的提出，对于解决这个难点提供了一个好的解决方案。未来中国无疑需要继续发展，而前提是仍然需要有足够的投资。投资自然资本是寻找新的有可持续发展意义的投资领域，是符合中国转型发展的方向的。

12.2.2 生态补偿

生态补偿（图 12.4）是由于行为主体的经济活动，提高或降低了生态系统服务功能，对其他利益相关者产生影响，从而在利益相关者之间进行利益调整的一种方式，包括受损者和保护建设者接受补偿，损害者和受益者提供补偿。要真正守护绿水青山，我们亟须采取生态补偿措施。随着经济社会快速发展，一些地区水资源过度开发利用、水污染、河湖萎缩、地下水超采、水土流失等问题突出，部分地区生态环境脆弱，保护者和受益者之间的利益关系脱节，应用金融工具建立水生态保护补偿机制，有助于中国河湖永续利用。

图12.4 生态补偿

国内外学者们从不同的角度和侧重点对生态补偿的含义进行了探讨。李文华（中国工程院院士、生态学和森林学家）认为，生态补偿是以保护和可持续利用生态系统服务为目的，以经济手段为主要手段调节相关者利益关系的制度安排。广义的生态补偿应该包括环境污染和生态服务功能两个方面的内容，也就是说不仅包括由生态系统服务受益者向生态系统服务提供者提供因保护生态环境所造成损失的补偿，还包括由生态环境破坏者向生态环境破坏受害者的赔偿。

12.2.3 绿色GDP

绿色 GDP 是指一个国家或地区在考虑了自然资源（主要包括土地、森林、矿产、水和海洋）与环境因素（包括生态环境、自然环境、人文环境等）影响之后经济活动的最终成果，即将经济活动中所付出的资源耗减成本和环境降级成本从 GDP 中予以扣除。改革现行的国民经济核算体系，对环境资源进行核算，从现行 GDP 中扣除环境资源成本和对环境资源的保护服务费用，其计算结果可称之为“绿色 GDP”。绿色 GDP 这个指标，实质上代表了国民经济增长的净正效应。绿色 GDP 占 GDP 的比重越高，表明国民经济增长的正面效应越高、负面效应越低，反之亦然。

以前我们仅通过 GDP 来看一个国家的繁荣，它的确需要经济支撑，但是并不意味着 GDP 能够体现这个国家的整体发展。比如说，自 1950 年联合国开始收集 GDP 数据以来，它一直在增长。

但是人类社会幸福进步的真实发展指数到20世纪70年代就到了上限，甚至之后有些下降（图12.5）。过去几十年全球尺度的发展，经济的确是增长的，因为GDP是衡量经济活动的一个指数，但是我们并没有带来整个社会的繁荣。人类社会的繁荣昌盛不是简单的经济增长，还包括整个生态系统的健康与可持续，“绿水青山”可以带来生态效益、经济效益和社会效益的统一。

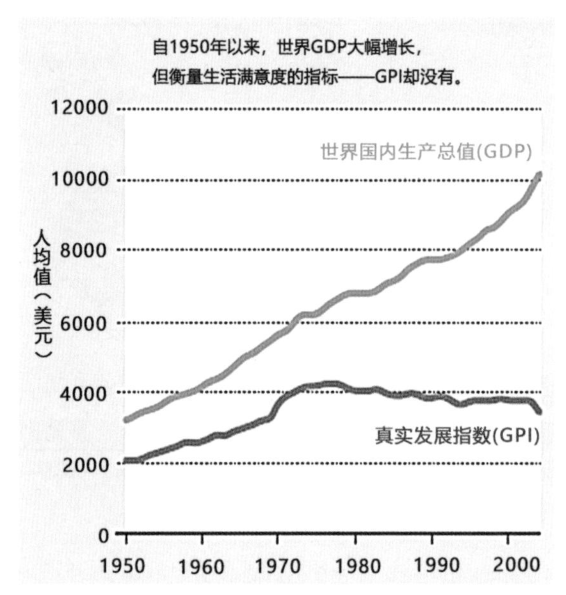

图12.5 1950年至2000年全球GDP和人类真实发展指数的比较

注：GPI（Genuine Progress Indicator），真实发展指数。

12.3 绿水青山如何成为金山银山？

当今人类已处理、转换与消耗近80%的可用生态圈（图12.6），却未能完全理解自己的行为所带来的严重后果，比如雾霾、水质污染等棘手的环境问题。要解决这类问题我们首先要从复杂系统的科学分析入手，优化应用法律、政策、金融、生态工程与修复技术等来实现综合治理的目标。要实现“绿水青山”，解决今天的生态环境问题，我们就要改变现有的经济体系，改变传统的“为经济而经济”的生产模式。人类的资本包括三种：第一是经济资本，第二是社会政治资本，第三是环境资本。只有这三个资本协调统一，人类整体才能真正达到高水平。我们要重现社会资本，修复自然资本，做大经济资本，使得生态系统服务价值和功能不断升值。

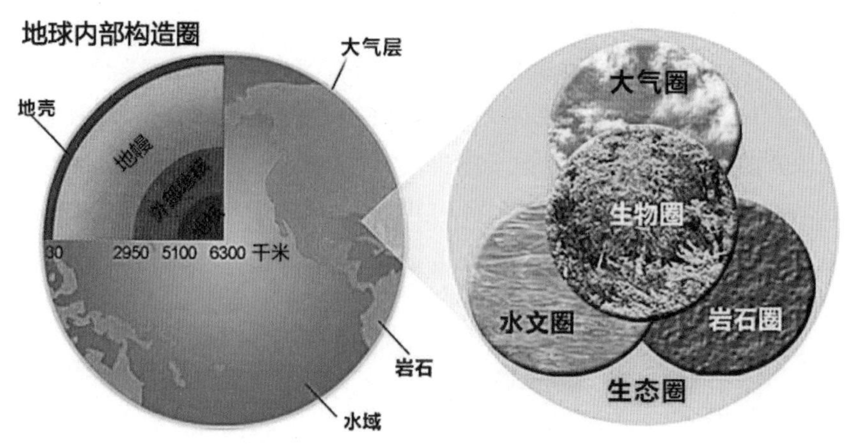

图12.6 地球生态圈

中国在过去的三十多年的经济高速发展过程中出现了大量的生态环境问题，资源消耗量过大，资源未充分有效利用和生态环境遭受破坏严重，有些地区出现生产和生活过程中排放的废弃物超过生态环境的自净能力和承载力的现象，使得经济发展所带来的红利大部分都被生态环境的破坏所抵消。虽然各级政府加大了对生态环境治理的力度，使局部生态环境恶化状况有所改善，但整体生态环境的趋势未得到有效改善。

中国的经济结构调整和转型势在必行，生态修复和环保产业应大力发展，涉及多个领域，包括湿地保护、盐碱地修复、矿山修复、水利工程修复等，以及产业链的调整，涉及上游的苗木种植，下游的各级政府建设单位、基础建设业主方、房地产公司等。在这样的变革过程中，一个能支持并促进低碳、生态环境更为持续的金融体系至关重要。对创新、环保与环境规划的投资能帮助我们将对生态系统过程的理解整合到一个自然资源持续治理的框架中。例如，通过金融均衡调节机制，解除对金融创新的约束和限制，回归金融作为投资与融资平衡的本质；通过对污染与生态破坏建立根据程度和数量动态计算的资源税、排放税等税收机制，改变企业的投入产出比，使得企业愿意加大对减轻污染与排放的投入，避免企业采取放任污染排放或者停产停业等极端措施。将金山银山和绿水青山结合起来，使得人们能够充分享受现代科技文明带来的生活水平的提高，使得经济活动与生态环境达到和谐的均衡。通过这些创新，我们能防止地球生态系统进一步退化并可能扭转原有的破坏局面，中国的新常态，将是污染的工业化向环境生态和谐均衡的新工业文明过渡。

从 1974 年全球首家政策性环保银行成立，到 2002 年“赤道原则”被正式提出，绿色金融（图 12.7）由来已久，也就是说，项目融资中模糊的环境和社会标准得到了明确和具体化，使银行业的环境与社会标准得到了基本统一，有利于形成良性循环。如今，在绿色金融发展程度较高的欧洲等地，“赤道原则”等标准已经逐渐成为银行业和其他金融机构通行的行业准则。对于银行来说，接受“赤道原则”有利于获取或维持良好的声誉，保护市场份额，所以许多银行已将绿色金融理念融入中长期规划与日常经营中，并制订了详细的操作层面的细则，一些商业银行还建立了环境和社会风险评估系统，由银行内部的多个部门共同参与实施绿色金融相关措施。另外，对于整个社会来说，可以使环境与社会可持续发展落到实处，赤道银行客观上成为保护环境与社会的私家代理人，通过发挥金融在和谐社会建设中的核心作用，可以使人与自然、人与社会、人与人等达到真正的和谐。

图12.7　绿色金融

有数据显示，欧洲资本市场中社会责任投资（SRI）占比达到了25%。与成熟市场相比，我国金融市场绿色发展的理念培育还处于初期。但无论是政府还是老百姓，都越来越关注环境、资源等问题，绿色发展、节能减排等理念已经深入人心，这为绿色金融的发展打下了良好的基础。不少金融机构开始关注绿色金融，其中一些也做出了尝试。我们要共同探索新常态下的新经济发展方向，着力改变政府财政投入解决环境问题的现状；建立金融资本向自然资本（Natural Capital，简称NC）的投资模式，实现GDP与自然资本的双增长；寻求以市场手段引入环保资金的融资机制及回报法则，为区域可持续发展提供理论评估依据以及切实可行的转型策略与运行模式；探索金融机构、政府、自然资本投资企业、社会力量、中介机构五种力量的协同创新机制。

面对全球环境问题，在中国的大力倡议下，绿色金融被纳入二十国集团领导人（G20）杭州峰会（图12.8）议程。G20绿色金融研究小组还提交了《二十国集团绿色金融综合报告》，并在识别绿色金融发展面临的机制和市场障碍、提高金融体系动员私人资本进行绿色投资能力等方面提出了大量建设性建议，包括修订《商业银行法》建立贷款人环境责任制度，通过贴息和担保机制推广绿色信贷、绿色债券，简化绿色企业首次公开募股审核或备案程序等。而且，这些措施会涉及基建改善、脱贫、教育医疗改善，也包括提高能效、保护环境、防止气候变化等一揽子的目标，这也对联合国《2030 可持续发展议程》有很大的意义。2017 年在德国召开的 G20 峰会延续了 2016 年 G20 杭州峰会提出的“绿色金融”理念，希望通过形成国际共识，逐步实现政府决策体系以生态系统服务为总纲，进而产生本质性变化，真正实现“绿水青山就是金山银山”。

图12.8　2016年二十国集团领导人杭州峰会

国际绿色金融合作的加强，也将推动我国绿色金融的发展。金融工具的使用有助于优化和加快推动中国的经济结构转型，促进与生态保护相关的产业及其相关联金融体系的发展，可以引导资金流向节约资源技术开发和生态环境保护产业，引导企业生产注重绿色环保，引导消费者形成绿色消费理念。另外，可以出台信贷政策对环保、节能项目予以一定额度的贷款贴息，对于环保节能绩效好的项目给予优惠。国家利用较小的资金调动大批环保节能项目的建设和改造，形成显著的“杠杆效应”。同时，可以发挥政策性银行的作用，不断推出“绿色金融”产品。

无论是中国的经济结构的调整和转型诸如生态修复和环保产业发展，还是全球系统范式的变革、促进人与自然和谐的政策、创新和生态教育与价值观的建立，都需要生态大数据的支撑。通过生态大数据平台，我们可进行数据融合、加工处理、建模和进行计算模拟、情景分析等，从而为生态环境保护和修复提供决策支持。生态大数据帮助我们减少能源与物质的消耗及污染物的排放，大力创新并将新颖的生态规划设计、生态工程和生态修复相关领域提出的理论与技术方法付诸应用。在生态保护、修复过程中应采用“师法自然”的生态修复方法，将生态理念贯穿始终，通过模拟自然，尤其是地形、地貌、水文、生态，构建人与自然和谐系统，依靠自然、人工促进的生态修复过程，建立生态自净化系统、河流生态系统和生物多样性系统，依靠水动力、土壤、植物、微生物四大核心要素，最大限度地消减污染，产生生态红利（图 12.9）。

图12.9　依靠自然、人工促进的生态修复过程，建立水系生态自净化系统

12.4　绿水青山与绿色发展

习近平在党的第十九次全国代表大会的报告中强调绿水青山与绿色发展的理念：

“坚持人与自然和谐共生。建设生态文明是中华民族永续发展的千年大计。必须树立和践行绿水青山就是金山银山的理念，坚持节约资源和保护环境的基本国策，像对待生命一样对待生态环境，统筹山水林田湖草系统治理，实行最严格的生态环境保护制度，形成绿色发展方式和生活方式，坚定走生产发展、生活富裕、生态良好的文明发展道路，建设美丽中国，为人民创造良好生产生活环境，为全球生态安全作出贡献。”

“推进绿色发展。加快建立绿色生产和消费的法律制度和政策导向，建立健全绿色低碳循环发展的经济体系。构建市场导向的绿色技术创新体系，发展绿色金融，壮大节能环保产业、清洁生产产业、清洁能源产业。推进能源生产和消费革命，构建清洁低碳、安全高效的能源体系。推进资源全面节约和循环利用，实施国家节水行动，降低能耗、物耗，实现生产系统和生活系统循环链接。倡导简约适度、绿色低碳的生活方式，反对奢侈浪费和不合理消费，开展创建节约型机关、绿色家庭、绿色学校、绿色社区和绿色出行等行动。”

我们所走过的路可以简单地用图 12.10 来概括：过去我们认为社会、经济、环境同等重要，但是在实际操作中却以经济为大，环境和社会就像“米老鼠的耳朵”一样。我们今天提的“绿水青山就是金山银山”的发展理念并非环境、社会、经济同步发展，更非只求经济发展而不顾环境与社会，而是一个以环境为大、再是社会、最后是经济的可持续发展体系，在这样的体系下，通过金融对整个利益相关者进行重新调控。经济的发展受制于生态环境的承载能力，要以水定城，水量、水质决定城市的规模；以水定产，比如说水质、水量、水的流动关系来决定发展什么样的产业，产业结构是什么样，产量是多少，这样才能有效地实现绿水青山的可持续发展。

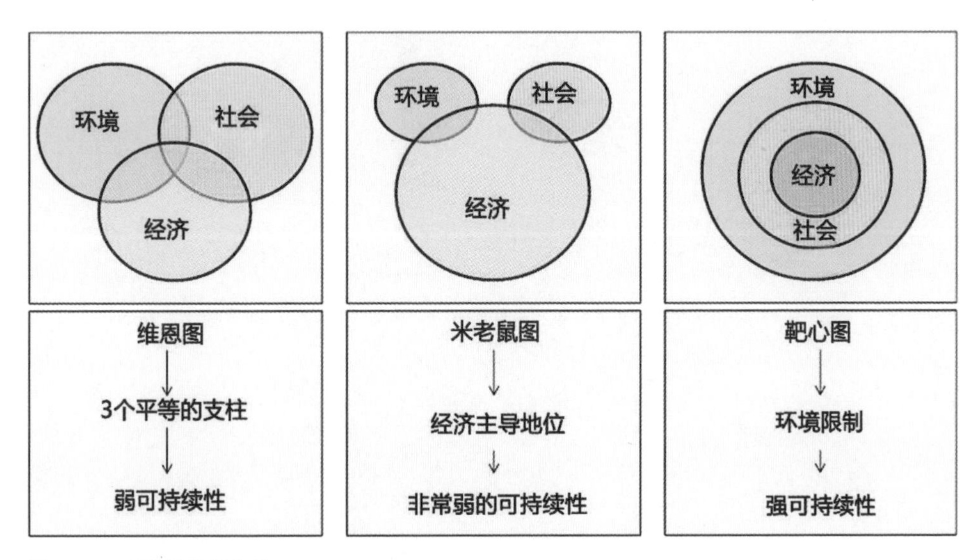

图12.10 可持续发展体系

绿水青山并非取之不尽、用之不竭，必须在生态承载力范围内，通过先期研究，建立生态模型，分析整个网络利益相关链，提升相关各方的参与积极性与生态回报，使得各方共赢互利，在确保生态环境与社会发展的前提下，可持续发展经济。“绿水青山就是金山银山”将是新的经济增长点、新的经济发展引擎，它的核心价值是生态效益、经济效益和社会效益的统一。我们将共同致力于从人类福祉出发，在可持续发展框架下，设计和建立包含自然资本的未来新经济体系，构筑尊崇自然、绿色发展的生态体系，形成绿色发展方式和生活方式，建设美丽中国，为人民创造良好生产生活环境，为全球生态安全做出贡献。

13

“绿水青山”与“五水共治”的实践经验

浙江省环保厅

习近平总书记在浙江工作期间就提出“绿水青山就是金山银山”，把“进一步发挥浙江的生态优势，创建生态省，打造绿色浙江”纳入八大战略，为浙江省生态文明建设确定了根本指南。浙江省委、省政府始终坚持“绿水青山就是金山银山”的发展理念，做出“五水共治”的重大决策部署，一届接着一届干，一张蓝图绘到底。到目前为止，浙江省已经累计建成了 2 个国家生态市、34 个国家生态县（市、区）、7 个国家环保模范城市、45 个国家生态示范区、691 个国家级生态乡镇，总数位居全国前列。

浙江省地处东南沿海、长三角地区南翼，全省陆地总面积是 10.18 万平方千米，组成是“七山一水两分田”，是陆域面积最小的省份之一，也是海岸线最长的省份，占全国 1% 的土地面积却承载了 4% 的人口，所以浙江省的环境经济发展、环境治理的压力非常大。

浙江省委、省政府一直高度重视生态环保工作。习近平总书记在浙江工作期间就提出“绿水青山就是金山银山”（图 13.1），把“进一步发挥浙江的生态优势，创建生态省，打造绿色浙江”纳入八大战略，为浙江省生态文明建设确定了根本指南。浙江历届省委、省政府以强大的战略定位，与时俱进深化探索实践，做出了一系列治水战略部署，绘就了浙江科学治水宏伟蓝图。近年来，浙江省委、省政府坚持一张蓝图绘到底，做出“五水共治”的重大决策部署，推动浙江迈入综合治水的新征程。

图 13.1　绿水青山就是金山银山

13.1　浙江省“绿水青山”的实践经验

浙江省以“两山”重要思想为指引，加快建设美丽浙江。2010 年率先做出了推进生态文明建设决定，提出建设全国生态文明示范区。2012 年提出“坚持生态立省方略，加快建设生态浙江”。2014 年全面贯彻落实十八大以来习近平总书记系列重要论述精神，做出关于建设美丽浙江、创造美好生活的决定。2016 年 4 月，又做出了关于补短板的若干意见，明确到 2020 年建成生态省。2017 年省十四次党代会进一步强调在提升生态环境质量上面更进一步、更快一步，努力提升美丽浙江。围绕这一系列决策部署，浙江省连续开展了四轮“811”生态环保的专项行动，构筑了以美丽浙江建设为目标，以生态省建设为载体，以提高环境质量为核心，以发展生态经济、改善生态环境、培育生态文化、完善生态制度为基本内容的生态文明建设格局。

13.1.1 浙江省生态文明建设的主要做法

1）强化组织领导保障，着力构建生态文明建设的社会行动体系

以生态省建设和美丽浙江建设为抓手，强化组织领导，把生态文明的建设纳入浙江科学发展的全局。

（1）构建层层落实的组织体系

习近平总书记在浙江工作期间亲自担任生态省建设工作领导小组的组长，创建了延续至今的组织领导机制，带动各级组织把生态文明建设放在心上、抓在手上。2015 年，浙江省委、省政府将生态省建设领导小组调整为美丽浙江建设领导小组，继续由省委书记任组长、省长任常务副组长，42 个省级部门主要负责人为成员，办公室设在省环保厅。各市、县（市、区）成立相应的组织管理机构，做到了党委领导、政府负责、人大和政协推动、环保牵头、部门协同、社会公众参与这么一种严密的从上到下的组织管理机构。

（2）建立严格的考核机制

每年下达县（市、区）和成员单位的美丽浙江建设工作任务书，开展中期评估、专项督查和年终考核。坚持把考核结果作为评价地方党政领导班子实绩和领导干部任用和奖惩的重要依据，以考核促进各项任务落实。即每年年初下达工作任务，年终都会作为考核，考核的结果作为对干部评价任命的一个重要依据。

（3）健全科学的评价体系

2012 年浙江省出台了《浙江省生态文明建设评价体系（试行）》，对县（市、区）的生态文明建设进行了全面量化的评价，进一步强化各级领导对生态文明建设的责任。根据《中共中央办公厅、国务院办公厅关于印发〈生态文明建设目标评价考核办法〉的通知》，由省统计局牵头研究制定浙江省绿色发展指标体系并继续开展年度生态文明建设评价。

（4）完善相关的工作机制

形成组织协调、指导服务、督查督办、考核激励、全民参与、宣传教育等六大生态文明建设推进机制。加强跟踪督查与指导服务，及时总结推广先进经验，不断深化生态文明建设。

2）大力弘扬生态文化，不断营造共建共享生态文明的良好氛围

坚持“生态兴则文明兴”的理念，积极创设生态文化载体，引导组织广大群众参与实践，努力培育主流社会风尚（图 13.2）。

（1）深入开展各类创建示范试点

到目前为止，浙江省已经累计建成了 2 个国家生态市、34 个国家生态县（市、区）、7 个国家环保模范城市、45 个国家生态示范区、691 个国家级生态乡镇，总数位居全国前列。

图13.2　2017年9月21日，全国生态文明建设现场推进会在浙江省安吉县召开

（2）加强生态文明的宣传教育

在全国设立首个省级生态日，省四大班子领导亲自出席每年的“浙江生态日”（图13.3）的系列活动，带动全社会积极关注和参与，打造了主题文化品牌。广泛开展生态文明主题宣传报道，举办生态省建设成果展。编印生态文明建设系列教育读本和生态省建设工作简报，组织生态文明知识进机关、进企业、进社区、进学校、进家庭等活动。

图13.3　“浙江生态日”系列活动

（3）扩大公众参与

加强信息公开，依法做好主动公开和依申请公开工作，监督企业环境信息公开，保障公众知情权、监督权。引导和发挥好民间环保组织和环保志愿者作用，成立环保联合会，构建环保统一战线。开展生态环境质量公众满意度调查，把调查的结果作为美丽浙江建设工作考核评优秀的前置条件，赋予群众应有的评判权。即浙江省每天对每一个县（市、区）的公众满意度都会做一个统计调查，进行排名，名次作为每个县（市、区）年终考核评优秀还是良好的一个条件。

3）着力解决突出环境问题，切实增强生态文明建设工作成效

坚持以环境保护为根本措施，牢固树立问题导向和环境质量导向，切实推进污染整治和生态保护，提高生态文明建设的实效。

（1）开展全领域的环境治理

2013 年浙江省委做出了“五水共治”战略决策，成立了省治水办公室并独立运作，把治污水作为重中之重（图 13.4）。结合“水十条”，以“清三河”（清理垃圾河、黑河、臭河）和劣 V 类水质断面削减计划为“牛鼻子”，强力推进水环境整治。连续四年将雾霾治理纳入政府十方面的民生实事，实施能源的结构调整、机动车污染防治、工业污染治理、产业布局与结构调整、城市扬尘和烟尘整治、农村废气污染控制、港口船舶污染防治等 7 项行动。2016 年，设区城市空气优良天数比例为 83.1%，比 2013 年增加了 14.7 个百分点。加强土壤环境治理，编制浙江版“土十条”，突出危废全过程监管、重金属污染综合防治和污染场地排查等重点，着力管控土壤污染风险，累计建成污泥、工业危废、医疗废物处置设施 78 座、21 座、11 座。

图13.4　浙江省剿灭劣V类水工作会议

（2）推进治污水与转型互动

坚持环保倒逼，加快去污染产能，累计关停铅蓄电池、电镀、造纸、印染、制革、化工六大重污染行业和地方特色行业企业 30000 余家，整治提升 9000 余家。加强畜禽养殖污染治理，关停搬迁 50 头以上规模养殖场 40000 余家，调减生猪存栏 700 余万头，治出转型实效。

（3）统筹推进城乡环境综合整治

结合美丽县城、特色小镇的建设，大力推进绿色城镇化。深入实施“千村示范万村整治”工程，全面开展公路边、铁路边、河边、山边等区域洁化、绿化、美化“四边三化”工作。不断提升美丽乡村的整体水平，统筹城乡推进环境基础设施建设。截至 2016 年底共建成城镇污水处理厂 296 座，配套管网 38000 千米，日处理能力达到了 1224 万吨。县以上城市污水处理率达到了 93.3%，农村生活污水治理村庄覆盖率从 2013 年的 12% 提高到 90%，建成城镇生活垃圾末端处理设施 110 座，日处理能力达 5.9 万吨，城镇生活垃圾无害化处理率达到了 99.3%，农村生活垃圾集中收集已实现全覆盖（图 13.5）。积极推行垃圾分类制度，作为全国的示范推广，设区市垃圾分类收集覆盖面达 55%。

图13.5 “千村示范万村整治”：垃圾分类收集及太阳能垃圾站

（4）加强自然生态保护

贯彻落实《关于划定并严守生态保护红线的若干意见》，跟进出台浙江省实施意见，划定生态保护红线 2.15 万平方千米，占全省陆域面积 20.4%，现有各类自然保护区 38 个，占全省陆域面积的 2.2%，每年对省级以上自然保护区规范化建设进行考核，考核结果与专项资金发放挂钩。推进生物多样性保护，制定《浙江省生物多样性保护战略与行动计划（2011—2030 年）》。

（5）实行最严格的环境监管执法

加强环保行政执法与司法联动，在全国率先出台了环保、公检法多个部门联动机制和相关政策文件，省级层面公检法机关在省环保厅全部设立了联络机构，全省所有市、县实现环保公安联络室或警务室全覆盖。充分运用新环保法，加大执法检查力度。2013 年以来，全省共查处环境违法案件 5.4 万起，处罚金额达 22.1 亿元，行政拘留 2390 人、刑事拘留 4204 人，刑事打击力度连续四年位列全国首位，受到环保部通报表扬。构建环保行政执法与舆论监督相结合的监管机制，注重发挥“今日聚焦”“治水拆违大查访”等新闻栏目监督作用，加大环境违法行为曝光力度、处置力度，以及违法“黑名单”惩戒力度。

4）建立健全生态环保机制，逐步完善生态文明建设长效机制

坚持改革驱动，从抓环保制度建设入手，协调推进生态文明体制改革任务统筹落地。

（1）突出监管制度的创新完善

率先推出“河长制”全覆盖（图 13.6）和跨行政区域河流交接断面水质考核制度，强化了政府对环境质量总负责的法定职责；率先建立环境行政执法与司法监督相结合的监管机制，加大了环境违法的行政、民事、刑事追责力度；按照最多“跑一次”的改革要求，开展“规划环评 + 环境标准”的改革试点，下放了 97.5% 以上的省级审批权限；率先编制实施县以上环境功能区划，加强生态环境空间管制；率先试行排污许可证“一证式”管理改革，探索加强固定源全过程监管。

图13.6　五级联动河长制体系覆盖浙江全省

（2）突出环境要素的优化配置

注重运用财政、市场、价格手段，强化激励约束和利益调节，全面推行与污染物排放总量挂钩的财政收费制度与出境水质和森林覆盖率挂钩的财政奖惩制度。建立覆盖所有水系源头地区的生态补偿制度，已累计安排省级生态环保财力转移支付资金 142.8 亿元。持续深化排污权有偿使用和交易试点，排污权配额累计成交金额 61 亿元，约占全国 10 个试点省份总额的三分之二。用能权、水权、碳排放权市场化改革和水、电、天然气等能源价格市场化改革有序推进。

（3）突出责任机制的深化改革

探索建立与主体功能相适应的党政领导班子综合考评机制，对丽水、衢州两个市和淳安等 26 个县不再考核 GDP，强化生态保护责任，树立绿色发展导向。2017 年着重推进环境保护督查和领导干部生态环境损害追责两项制度，致力于从制度层面构建完整的责任链条，推动环境保护“党政同责”和“一岗双责”。

13.1.2 浙江省生态文明建设的主要经验与存在问题

总结过去几年的工作，浙江省的生态文明建设就是创新、协调、绿色、开放、共享五大发展理念在浙江的生动实践，主要有五方面的经验：

一是始终坚持“绿水青山就是金山银山”的发展理念，一届接着一届干，一张蓝图绘到底。

二是始终坚持把打好“拆治归”转型升级组合拳作为关键招数。针对全省生态文明建设的突出“短板”，先后部署开展了四轮“811”专项行动和“五水共治”“四边三化”“三改一拆”等既治标又治本的环境治理新举措，把生态文明建设推进到一个全新的高度。

三是始终坚持把深化改革和创新驱动作为基本动力，大力推进生态文明治理体系和治理能力现代化建设。成立省“五水共治”领导小组，省委主要领导亲自挂帅，治水办实行实体运作，“河长制”等治水经验在全国推广。

四是始终坚持统筹协调城乡均衡发展的工作思路，不断加大投入，加快推进环境基础设施、环境公共产品向农村覆盖，整体改善城乡环境面貌，营造优美人居环境。

五是始终坚持政府主导、共建共享的行动体系，充分调动政府、企业、社会等各方主体共同参与生态文明建设的积极性。

在看到成绩的同时，浙江省也认识到存在的困难和问题。一是能源资源空间利用效率不高，资源环境约束仍然明显。二是社会环境诉求仍居高位，生态环境质量改善和长效巩固仍是短板。三是生态文明建设管理水平有待提升，合力仍需进一步形成。四是公众生活方式不尽合理，生态文明意识有待提高。

13.1.3 浙江省生态文明建设下一阶段建设重点工作

1）培育绿色的生产方式，加快经济转型

强化创新驱动发展，加快建设创新型省份，着手推进生态强省、品牌强省和标准强省。调整优化产业结构，根据资源环境承载能力，统筹谋划区域经济及产业发展空间格局。推进产业结构的优化升级，加快发展绿色经济，努力形成有利于节约资源、环境保护的现代产业体系。提升生态循环型工业水平，不断优化现代生态循环农业结构，加快绿色循环型服务业发展，打造低碳产业体系。促进资源节约集约高效使用，加强全过程节约管理，大幅降低能源、水、土地消耗强度，提高利用效率和效益。

2）优化国土空间开发格局，强化生态屏障保障

优化区域空间开发格局，贯彻落实《浙江省主体功能区划》，全面实施环境功能区划，着力构建以生态保护红线区为底线、生态功能保障区为基本骨架的生态安全格局。加大生物多样性保护力度，确保钱塘江、瓯江、太湖等主要流域源头地区和海洋生态功能区维持原生态。大力推进森林生态建设和海洋生态保护，在全省建成较完备的森林和海洋生态体系。强化生态修复治理，全面加强矿山生态环境整治、复垦和沿海滩涂、重点港湾湖库、海域海岛及海岸线的生态修复。

3）全方位推进综合治理，不断改善生态环境质量

深化五水共治，重拳打好劣V类水剿灭战，深入推进重点流域主要污染河段及平原河网的污染整治、水质提升工程，确保浙江省八大水系达到或优于Ⅲ类水质，县以上城市集中式饮用水水源地水质全面达标。重点做到八个坚持，一是坚持挂图作战、对表落实，排出项目表、时间表和责任表，“狠、准、快”地加以推进；二是坚持工程为先、综合施策，围绕“截、清、治、修”，协同推进六大工程；三是坚持全程监控、销号管理，实行挂号整治，全面落实报结制度；四是坚持执法护航、督查倒逼，严厉打击环境违法行为；五是坚持科技支撑、多元投入，加强技术供给，强化要素保障；六是坚持严格标准、严格考核，强化考核的刚性约束；七是坚持河长治水、压实责任，发挥各级河长在水环境治理中的排头兵作用；八是坚持社会联动、全民治水，引导全社会力量共同参与和监督。

加快大气污染防治，实施优化调整能源结构、调整产业布局结构、深化工业污染治理、防治机动车船污染、整治城市扬尘和烟尘、控制农村废气污染等措施，加强区域联防联控，进一步改善大气环境质量。

加强土壤和固废综合治理，开展土壤污染状况详查，实施农业用地分类管控，深化污染源头综合防治，加强污染地块风险管控和未利用地保护力度；扎实推进城镇生活垃圾分类处理，实现县域生活垃圾产、处能力平衡。加强环境风险防控，不断提升突发环境事件预警应急能力、重点领域环境风险管理能力和核与辐射安全监管水平。

4）着力打造美丽人居，营造良好的生活环境

深入推进绿色城镇建设，深入推进小城镇环境综合整治，努力打造一批次各具特色洁净小镇、活力小镇、风情小镇，为全国小城镇发展提供“浙江样板”，深化美丽乡村建设，以生态和人文为导向，全面推进生态人居、生态环境、生态经济、生态文化建设，打造美丽乡村升级版。大力推进绿色建筑和低碳交通，建成绿色交通示范省。

5）全面深化改革创新，不断健全生态文明制度体系

强化生态文明法制保障，不断完善地方生态文明建设法规体系。深化生态环境监管制度改革，实施最严格的自然资源和生态空间管控制度。重点突破“最多跑一次”改革、“规划环评＋环境标准”改革，争取省政府支持，出台深化“规划环评＋环境标准”改革示范性文件，进一步把试点范围扩大到全省所有省级特色小镇和部分省级及以上产业园区。同时制定全省统一的环境准入标准，完善项目环评审批负面清单，对负面清单外且符合环境标准要求的项目，推行豁免环评审批、网上在线备案、精简环评内容、调整审批方式、全程高效管理、同步验收备案等六大改革措施。全面实施环评审批“最多跑一次”改革，切实减少审批时间。对环境影响很小的登记表项目由建设单位网上备案，实现“一次都不跑”；对实行承诺备案制的项目，当天受理当天完成备案。健全资源环境市场化配置机制，完善自然资源资产产权制度，建立权责明确的自然资源产权体系。完善环境经济政策，全面推行与主要污染物排放总量挂钩的财政收费制度，健全亩产效益综合评价体系，建立资源要素差别化使用激励约束机制、低效企业推出激励机制和新增项目优选机制。完善生态文明考核评价制度，建立体现生态文明建设要求的目标体系、考核办法和奖惩机制。

6）培育绿色的生活方式，形成全社会参与的良好风尚

大力培育生态文化，构建生态文明立体式大宣教格局，形成政府、企业、公众互动的社会行动体系。倡导绿色生活方式，提升公民人文生态素养，使生态文明成为主流价值观，形成人人、事事、时时崇尚生态文明的社会新风尚。深入推进生态示范创建，深入推进部省共建美丽中国示范区建设，深化安吉县“两山”理论实践示范县创建，并在全省面上推广。

13.2 浙江省“五水共治”的工作情况

进入新世纪，特别是习近平同志担任浙江省委书记时提出“绿水青山就是金山银山”的重要思想，做出一系列治水战略部署，绘就了浙江科学治水宏伟蓝图。近年来，浙江省委、省政府坚持一张蓝图绘到底，做出“五水共治”的重大决策部署，推动浙江迈入综合治水的新征程。

13.2.1 主要做法

1）抓规划部署、明确任务

浙江省委十三届四次全会通过了《全面深化改革再创体制机制新优势的决定》，做出“五水共治”（即治污水、防洪水、排涝水、保供水、抓节水）重大决策。2013 年 12 月召开的全省经济工作会议向全省发出了“五水共治”总动员令，明确提出了“三五七”时间表，“三年”（2014—2016 年）解决突出问题，明显见效；“五年”（2014—2018 年）基本解决问题，全面改观；“七年”（2014—2020 年）要基本不出问题，实现质变；2020 年要实现质变。推出了“十百千万治水大行动”，分别制定了治污水、防洪水、排涝水、保洪水、抓节水实施方案和年度工作计划。各地结合实际层层动员部署，细化分解目标任务，层层挂出线路图、时间表、任务表。总体制定一个方案，每年制定一个年度工作计划。

2）抓治污先行、重点突破

把治污水作为“五水共治”的大拇指，主要抓好“清三河、两覆盖、两转型”。“清三河”就是重点整治黑河、臭河、垃圾河；“两覆盖”就是力争到2016年、最迟到2017年实现城镇截污管网和农村污水处理、生活垃圾处理基本覆盖；“两转型”就是抓工业转型和农业转型。2013年从全省水质最差的浦阳江抓起，以水晶行业污染整治为突破口，推进治水与转型互动（图13.7）。2014—2015年，从感官污染最明显的垃圾河、黑臭河入手，全省完成了6500千米垃圾河的清理、5100千米黑臭河的治理，水体黑、臭、脏等感官污染基本消除。接下来扎实推进“两覆盖”，截至2016年底，共建成城镇污水处理厂296座，配套管网3.8万千米，县以上城市污水处理率达93.3%；农村生活污水治理的村庄覆盖率从2013年的12%提高到90%，基本建立了“户集、村收、镇运、县处理”农村生活垃圾收集处理体系。抓好“两转型”，“十二五”以来，全省开展铅蓄电池、电镀、印染、造纸、制革、化工六大重污染行业和地方特色行业整治，累计关停淘汰企业30000多家、整治提升企业9000多家；关停搬迁存栏生猪50头以上规模养殖场（户）40000余家。

图13.7　浦阳江流域清淤“大会战”

3）抓剿劣行动、挂图作战

深入实施《浙江省劣V类水质断面削减计划（2015—2017）》和《浙江省劣V类水剿灭行动方案》，全面剿灭劣V类水，重点抓好三方面：一是五张清单挂图作战。通过现场检查、水质监测等方式，对全省小微水体进行了全面排查（图13.8），共排摸出需整治的劣V类小微水体16455个。制定“一河一策”工作方案，梳理了劣V类水体清单、主要成因清单、治理项目清单、销号报结清单和提标深化清单，合计“五张清单”。市、县、镇、村四级层层签订工作责任书，立下军令状，落实主体责任，并实施挂图作战，确定项目表、时间表和责任表。二是抓好六大工程。各地紧扣“截、清、洁、修”四个环节，加快推进截污纳管、河道清淤、工业整治、农业农村面源治理、排污口整治、生态配水与修复六大工程。

图13.8　德清县:消灭劣V类水，不放过小微水体

4）抓项目建设、协同推进

以“十百千万治水大行动”为载体，一是强化防洪水，重点是抓好强库、固堤、扩排工程建设，强化流域的统筹、堵疏并举，制服洪水之虎。“五水共治”以来，全省病险水库除险加固主体完成467座，已完工近1663.7千米海塘河堤加固。二是抓排涝水，重点抓好强库堤、修疏通道、攻强排，打通断头河，开辟新河道，着力消除易淹易涝片区。目前，全省建设雨水管网已完成5693千米，雨污分流改造管网已完成4500千米，清淤排水管网已完成90900多千米，增加应急抽水设备能力47.3万立方米/小时，全省防汛排涝能力有效提升。三是加快保供水，重点是抓好开源、引调、提升工程建设，保障饮用水源，提升饮水质量。全省已完成新建供水管网7332千米，改造供水管网5144千米。四是着力抓节水，重点抓好改装器具、减少漏损、再生利用和雨水收集利用，合理利用水资源。全省建设屋顶集雨等雨水收集系统任务已完成23540处；改造节水器具已完成45.8万套，改造“一户一表”56.5万户，新增高效节水面积61240公顷。

5）抓依法治水、完善机制

加快推行地方环境的立法，浙江省出台了《浙江省饮用水水源保护条例》《跨行政区域河流交接断面水质保护管理考核办法》《浙江省综合治水工作规定》《浙江省河长制规定》等，金华市颁布了《金华江流域水环境保护条例》、绍兴市颁布了《绍兴市水资源保护条例》，夯实治水的法制基础。不断深化“河长制”，2013年，省委、省政府印发了《关于全面实施“河长制”进一步加强水环境治理工作的意见》，在全国省域率先推行河长制，逐步建立了省、市、县、乡镇、村的五级河长体系（图13.9）。截至目前，全省有省级河长6名、市级260名、县级2772名、镇级19358名、村级35157名。2017年7月28日，《浙江省河长制规定》经省十二届人大常委会第四十三次会议审议通过，于同年 10 月 1 日起施行。印发《浙江省全面深化河长制工作方案（2017—2020 年）》等一系列河长制配套文件，进一步细化河长制各项工作规定。

图13.9 江干区丁兰街道二号港民间河长张海青正在巡河

6）抓多元投入、科技支撑

建立政府、市场、公众多元化的投资体系，鼓励和引导民间资本参与“五水共治”项目投资，拓展多元筹资机制。省财政计划 7 年投入资金 600 亿元治水，各地“三公”经费削减 30% 以上全部用于治水。同时加强专业技术力量的支持，建立全省“五水共治”技术服务团，举办“五水共治”技术促进大会，建立专家“派工单”制度和“点对点”服务制度，组织治水专家到基层挂职服务。加快推进治水设施第三方运维，加快治水专业化、市场化进程。2017 年为指导剿劣工作，建立了首席技术顾问制度，遴选 33 位高水平专家负责指导 33 个市控以上断面的消劣工作（图 13.10）。

图13.10 浙江省"剿灭劣V类水"首席技术顾问启程仪式在杭州举行

7）抓跟踪督导、考核倒逼

以“五水共治”考核为总抓手，推进“水十条”和治水各项工作，建立治水月通报、季督查、年考核的工作体系。省委、省政府派出了30个督查组，每年对全省89个县（市、区）开展多轮次的专项督查。各级治水办、环保联动，组织开展“五水共治”环境保护执法专项行动、“河长制”专项督查行动、剿灭劣V类水铁拳一号执法行动、暗访督查行动等。加强考核问题，根据面上进展情况，及时对工作滞后地区的主要负责人进行约谈；年底全面开展考核，奖优罚劣，考核结果作为领导干部年度考核的重要内容和依据。2014年4个市、15个县（市、区），2015年4个市、25个县（市、区），2016年6个市、29个县（市、区）获得了治水优秀的“大禹鼎”（图13.11）。

图13.11　浙江省领导为2015年度省“五水共治”工作优秀市、县授“大禹鼎”

8）抓社会行动、全民参与

引导鼓励各界参与治水，构建群策群力、共建共享的社会行动体系。在省内各大媒体开设“五水共治百城擂台”“今日聚焦”“寻找可游泳的河”专题报道、“治水拆违大查访”专栏，重点聚焦治水拆违工作，形成强大舆论攻势。出台全省“五水共治”志愿服务指导意见，社会团体纷纷组建治水队、护水队，开展各类志愿服务（图13.12）。村民组织以村规民约、门前“三包”责任书等手段，引领群众自我管理、自我监督。同时，通过设立举报热线、举报信箱、媒体曝光专栏等，仅2016年全省水污染事件就有12起被“治水拆违大查访”曝光，8起被“今日聚焦”栏目督办，多名地方领导干部被约谈、问责，充分体现群众广泛参与监督治水、共同护水的良好局面。

图13.12　全民治水志愿者队伍

13.2.2 主要成效

1）改善环境质量

通过治水，全省基本清除“黑、臭、脏”等感观污染，城乡环境得到很大改观，最直观的感受是垃圾河、黑臭河变成了景观河（图 13.13），由黑臭河、垃圾河变风景河的“昔日臭水塘，今日莲花香”的沿岸村庄比比皆是。2017 年上半年，全省地表水省控断面中，Ⅲ类水以上水质断面占 81%，比 2013 年上升 17.2 个百分点；劣 V 类占 0.9%，比 2013 年减少 11.3 个百分点。2016 年 4 月 21 日，环保部组织在浙江省浦江县召开全国水环境综合整治现场会。根据与环保部对接情况，2016 年国家“水十条”考核中浙江省水环境质量目标和重点工作得分均为优秀，且名列前茅。

图13.13 浦江县全域消灭牛奶河、垃圾河、黑臭河

2）促进转型升级

通过治水充分发挥出系统性的倒逼机制，通过环保加压，加快淘汰落后产能，加快消化过剩产能，倒逼产业转型升级，同时也为新兴产业的发展腾出空间（图 13.14）。治水促进有效投资、供给侧改革，一大批优质项目，对于保持经济平稳增长具有重大的牵引和现实意义，近三年，全省治水重点项目已共计投资 2300 多亿元。

图13.14 浙江金华乡村水景

3）提升治理能力

全省防治水患、保障水安全的能力不断提升。在全国率先实现所有建制镇都建成污水处理设施，农村生活污水处理设施行政村基本实现全覆盖（图 13.15）。每年除险加固 100 座水库，加固 500 千米海塘河堤，每年整治疏浚、综合整治 2000 千米河道。每年清疏 10000 千米给排水管道，入海强排（机排）能力、洪涝应急强排（机排）能力显著增强，供水能力、节水水平明显提升。

图13.15　德清县农村生活污水处理设施

4）改善民生福祉

浙江通过“五水共治”等有力举措，推动环境持续优化，带动了整个区域的发展水平明显提升，绿水青山的红利溢出效应日益明显。绿水青山就是金山银山，全省各大流域沿线的村民最有体会。“污水变清水、臭河变风景，猪棚换大棚、养猪变养生”等现象在浙江比比皆是，看着家门口的河流干净了，环境优美了，臭气消失了，对家乡的热爱更加强烈，幸福感倍增。全省生态环境质量公众满意度得分从 2013 年的 57.6 分提高到 2016 年的 76.7 分（表 13.1）。

表 13.1 2016 年浙江省各市生态环境质量公众满意度得分

地区	认知度得分	生态环境得分	人居环境得分	环境污染整治成效得分	环保满意度得分	信心度得分	满意度得分	总得分
杭州	67.78	77.40	77.23	72.92	76.30	78.68	76.68	74.61
宁波	68.94	73.83	75.74	69.36	73.44	77.09	74.10	72.55
温州	73.07	77.47	77.18	74.56	78.54	79.68	77.68	76.30
嘉兴	70.80	69.77	74.05	68.03	74.82	78.30	73.33	72.57
湖州	75.25	77.05	78.44	74.04	78.54	80.45	77.93	77.12
绍兴	76.78	76.38	77.74	72.95	76.62	78.44	76.61	76.66
金华	73.70	77.58	78.00	76.29	78.97	80.52	78.41	76.99
衢州	79.92	83.84	82.65	79.57	81.22	81.83	81.90	81.31
舟山	73.05	83.28	81.82	76.10	77.80	79.41	79.77	77.75
台州	79.19	80.76	80.82	77.00	80.19	80.98	80.11	79.83
丽水	83.13	88.87	86.33	82.55	85.46	85.50	85.89	85.06
全省	74.17	77.92	78.40	74.30	77.90	79.73	77.83	76.73

5）密切干群关系

在治水中，各级领导、干部、河长身先士卒（图 13.16），模范带头，党员走在前列，治水让老百姓看到了干部良好的思想政治素质、敢于担当的勇气、求真务实的作风。治水密切了党群干群关系，赢得了社会广泛支持，治水治出了地方党委政府自信、自觉、自强的精气神。据省统计局调查统计，2014—2016 年，全省社会公众对治水的支持度每年均达到 96% 以上，治水赢得了百姓的普遍赞誉。

图13.16 浙江省优秀河长

13.2.3 浙江“五水共治”的思考

通过近几年的治水实践，“两美浙江”建设的美好蓝图正逐步化为现实，“绿水青山就是金山银山”重要思想日益深入人心，为今后一个时期浙江省水环境治理乃至环境保护各项工作更进一步、更快一步提供了有力支撑。

1）必须坚持顶层设计、压实责任

坚持党委领导、政府负责、人大和政协监督支持，形成四套班子齐上阵、各级各部门共同抓的组织领导格局和责任落实机制。各地对辖区内治水工作实行统一领导、指挥和管理，并进行统一规划、统一部署、统一协调、统一标准、统一考核。层层传导压力、层层落实责任，真正做到守土有责、守土尽责。

2）必须坚持精准突破、标本兼治

水环境污染，表现在水里、问题在岸上、根子在产业，坚持岸上与岸下齐抓、治标与治本并重，始终将治水作为倒逼经济转型升级的突破口，推动工业和农业的“两转型”，真正打开从消除感观污染到整体提升水环境功能的通道。

3）必须坚持统筹兼顾、协同共治

坚持一个重点一个重点地抓，一个阶段一个阶段地深化，同时，做到治污水与抓“四水”、城镇治污和农场治污、流域治水与近海治理、“三改一拆”、小城镇环境综合整治等协同推进。

4）坚持改革创新、常态治水

注重建章立制，建立完善了河长制、评价考核、生态补偿、水资源市场化配置等制度体系。率先在全国省域推行河长制，并推动河长制向小河、小溪等小微水体延伸，确保从大江大河到小河小溪都有人管。

5）必须坚持高压严管、依法治水

坚持以最严格的法治保障治水，实行最严格的水资源和水环境管理制度，形成严厉打击涉水违法犯罪行为的高压态势，执法力度持续保持全国领先，切实为治水保驾护航。

6）必须坚持全民参与、共治共享

坚持人民群众的主体地位，坚持多元投入、多元共治，鼓励倡导社会各界来共同参与、共同监督、共同建设、共同分享治水的成果，形成政府、企业、社团、公众等各方力量优势互补、相得益彰的良好局面，实现了从“要我治水”到“我要治水”、从“政府治水”到“全民治水”的转变。

14

湖州建设“绿水青山就是金山银山”先行区

湖州市生态文明办

湖州将建设践行“绿水青山就是金山银山”理念的先行示范市作为立市的根本，坚持绿色发展理念，先后开展节能减排、重污染高能耗行业整治、农村环境连片整治、“五水共治”、“四边三化”、“三改一拆”、矿山综合治理等专项行动；实施企业“关、停、并、转”，打好腾笼换鸟、机器换人、空间换地、电商换市等转型升级组合拳；大力推进“生态 +”绿色发展，加快构筑生态农业为基础、新型工业为支撑、现代服务业为引领的现代产业体系。湖州是“生态 +”绿色发展的先行地，湖州生态文明建设核心是既护美了绿水青山，又做大了金山银山。湖州一直坚持以“生态 +”理念引领产业发展，制定了“生态 +”行动的实施意见，明确了“两山”转化的基本路径，做精生态农业，做强绿色工业，做优现代服务业，走出了一条生态经济化、经济生态化融合发展的新路子。

2005 年 8 月 15 日，时任浙江省委书记的习近平，在湖州市安吉县天荒坪镇余村考察时，首次提出了“绿水青山就是金山银山”这一重要思想。2013 年 9 月 7 日，习近平主席在哈萨克斯坦纳扎尔巴耶夫大学回答学生问题时指出：“建设生态文明是关系人民福祉、关乎民族未来的大计，是实现中国梦的重要内容。我们既要绿水青山，也要金山银山。宁要绿水青山，不要金山银山，而且绿水青山就是金山银山。”2015 年 2 月 11 日和 2016 年 7 月 29 日，习近平总书记又先后叮嘱湖州要“照着绿水青山就是金山银山这条路子走下去”“一定要把南太湖建设好”。

湖州，地处浙江北部、太湖南岸，是连接长三角城市群南北两翼、贯通长三角与中西部地区的重要节点城市，是沪、杭、宁三大城市的共同腹地，是环太湖地区唯一因湖而得名的城市，是一座拥有 2300 多年历史的江南古城，素有“丝绸之府、鱼米之乡、文化之邦”的美称。悠久的历史也兼具优良的生态禀赋，“五山一水四分田”，山水林田湖交叉分布，森林覆盖率达 50.9%，是太湖流域和长三角地区重要的生态涵养地（图 14.1）。近年来，湖州先后获得了国家卫生城市、中国优秀旅游城市、国家园林城市、国家环境保护模范城市、国家森林城市、国家历史文化名城、全国唯一一个生态县区全覆盖的国家生态市、全国唯一一个市级全域旅游示范区、全国内河水运转型发展示范区、“中国制造 2025”试点示范城市、全国绿色金融改革创新试验区、国家生态文明建设示范市和第一批“绿水青山就是金山银山”实践创新基地等荣誉称号，成为“两山”重要思想的诞生地、美丽乡村建设的发源地、“生态 +”绿色发展的先行地、太湖流域的生态涵养地和全国首个地市生态文明先行示范区。

图14.1　浙江省湖州市苕溪

湖州生动践行了“绿水青山就是金山银山”重要思想，坚持绿色发展的理念，先后开展节能减排、重污染高能耗行业整治、农村环境连片整治、“五水共治”、“四边三化”、“三改一拆”、矿山综合治理等专项行动；实施企业“关、停、并、转”，打好腾笼换鸟、机器换人、空间换地、电商换市等转型升级组合拳；大力推进“生态 +”绿色发展，加快构筑生态农业为基础、新型工业为支撑、现代服务业为引领的现代产业体系；将湖城作为一个全域景区来打造，乡村旅游呈现爆发式增长，形成了“洋式 + 中式”“生态 + 文化”“景区 + 农家”“农庄 + 游购”四大模式和十大乡村旅游集聚示范区；做好生态农业的文章，推动农业向二、三产业的横向融合和涉农产业链的纵向延伸，建设国家生态循环农业示范市。

14.1 湖州的生态文明建设

多年来，湖州在习近平总书记“绿水青山就是金山银山”重要思想的指引下，以理念引领为先导，以环境治理为基础，以绿色发展为核心，以共建共享为根本，以制度创新为保障，促进了“两山”的有效转化，逐渐探索走出了一条生态经济化、经济生态化的具有历史意义的道路。由此，湖州生态文明建设形成了两大特色：一是既保护了绿水青山，又打造了金山银山，探索走出了一条绿色发展之路；二是构建了立法、标准、体制“三位一体”的制度保障体系，这在全国领先，走在了全国前列。

湖州的生态文明建设的特殊地位可以概括为 5 点。

14.1.1 湖州是习近平总书记“两山”重要思想的诞生地

2005 年的 8 月 15 日，时任浙江省委书记的习近平到湖州市安吉县余村（图 14.2）考察，首次提出了“绿水青山就是金山银山”的重要思想。2006 年 8 月 2 日，习近平同志在考察南太湖保护开发工作时再次强调“绿水青山就是金山银山”，湖州要充分认识和发挥好生态这一最大优势。2015 年 2 月 11 日和 2016 年 7 月 29 日，习近平总书记又先后叮嘱湖州要“照着绿水青山就是金山银山这条路子走下去”“一定要把南太湖建设好”。因此，湖州建设生态文明是落实习近平总书记的殷切嘱托，是重大的政治任务和特殊的历史使命。

图14.2 湖州市安吉县余村

14.1.2 湖州是中国美丽乡村的发源地

习近平总书记主政浙江时，于 2003 年提出了“千村示范，万村整治”工程。从那时起，湖州就开展了以“科学规划布局美、创新增收生活美、村容整洁环境美、乡风文明素质美、管理民主和谐美”，及“宜居、宜业、宜游”的“五美三宜”为主要特征的美丽乡村建设。2015 年湖州市安吉县牵头制定了美丽乡村的指南，成为全国首个美丽乡村的国家标准，奠定了湖州美丽乡村发源地的基础。

14.1.3 湖州是“生态+”绿色发展的先行地

湖州生态文明建设核心是既护美了绿水青山，又做大了金山银山。湖州一直坚持以“生态+”理念引领产业发展，制定了“生态+”行动的实施意见，明确了“两山”转化的基本路径，做精生态农业，做强绿色工业，做优现代服务业，走出了一条生态经济化、经济生态化融合发展的新路子。“十二五”期间，湖州市的生产总值年均增长 9.2%，比全省高了 1 个百分点；财政收入和地方财政收入年均增长 13% 和 13.2%，比全省高了 1.9 个百分点和 1.6 个百分点。应该说，湖州不仅环境保护得好，而且发展也比较快。

14.1.4 湖州是太湖流域的生态涵养地

湖州常年提供 40% 的入太湖的自然径流量。这几年，湖州开展了以治污水、防洪水、排涝水、保供水、抓节水的“五水共治”，以公路边、铁路边、河边、桥边等区域开展洁化、绿化、美化的“四边三化”，以改造旧住宅区、旧厂房、城中村和拆除违法建设的“三改一拆”，把太湖沿岸 5 千米范围内的不达标企业关停，安置了常年住在太湖水面上的渔民，使入太湖水质连续 9 年保持在Ⅲ类以上，实现了“清水入湖”，为环太湖乃至长三角地区构筑了一道生态安全屏障（图 14.3）。

图14.3 湖州市太湖南岸

14.1.5 湖州是全国首个地市生态文明先行示范区

《浙江省湖州市生态文明先行示范区建设方案》是全国唯一经国务院同意、国家六部委联合批复的，所以，作为全国首个地市生态文明先行示范区，湖州推进生态文明建设具有重大的政治责任。

14.2 湖州生态文明建设的做法和成效

十多年来，湖州坚定不移践行“绿水青山就是金山银山”的重要思想，统筹推进生态文明建设和经济社会发展，取得了积极成效。

14.2.1 走出了城乡一体的新路子

坚持以工哺农、以城带乡，实现城乡统筹发展，很重要的一条是农村发展要有产业支撑。没有产业支撑，农村发展就没有承载体、就无法可持续、就难有生命力。湖州以美丽乡村建设为载体，坚持做优农村生态与经营农村生态相结合，较好地解决了农村产业发展问题（图 14.4）。2004 年 7 月，浙江省在湖州安吉召开了全省“千村示范、万村整治”工作现场会，部署启动了社会主义新农村建设，这是第一次现场会，是美丽乡村的 1.0 版。2014 年的 11 月，浙江省“深化千万工程建设美丽乡村”现场会在湖州德清召开，提出要以改革创新的精神拓展美丽乡村建设的广度和深度，全面提升美丽乡村建设水平，推进美丽中国在浙江的生动实践，这是美丽乡村建设的升级版，是 2.0 版，它的内涵是全域美、持久美、内在美、发展美和制度美“五个美”。2016 年湖州市的安吉县、德清县成为全省美丽乡村建设示范县，占了全省总数的三分之一。目前，湖州市美丽乡村建成率达到 80%，建成了 22 条覆盖所有县区、连接所有乡镇的美丽乡村示范带，实现了从建设到经营、从投入到收获的转变，有效地破解了城乡二元结构，实现城乡均衡发展，得到了国家部委、科研机构、专家学者的充分肯定。

图14.4 湖州市南浔古镇

14.2.2 探索了绿色发展的新模式

推进生态文明建设，绿色发展是第一要务。近年来，湖州在“两山”转化上主要是做好三篇文章。

（1）做好融合的文章

依托绿水青山发展生态农业，推进“三农”一体、“三产”共融、“三生”互促，实现了休闲农业发展布局由分散向集聚、发展方式由粗放向集约、产品服务由低端向高端三大转变。湖州市连续4年农业现代化发展位列浙江省的第一位，成为全国第二个基本实现农业现代化的地级市。安吉县溪龙乡便是湖州市发展生态农业的一个缩影，单白茶一项就贡献了当地农民人均年收入7000多元，实现了“一片叶子成就了一大产业，富裕了一方百姓”。依托绿水青山大力发展生态休闲旅游业（图14.5～图14.7），呈现了爆发式增长态势。2016年，湖州市接待国内游客突破8000万人次，接待入境游客突破80万人次，旅游门票收入突破8亿元，旅游经济总收入突破800亿元。德清县莫干山镇坚持美丽生态、绿色生产、低碳生活融为一体，发展“洋家乐”（裸心谷），部分“洋家乐”的单张床位1年上缴税金达13万元，实现了“绿水青山”的“淌金流银”。

图14.5　湖州市莲花庄

图14.6　湖州市飞英塔

图14.7 湖州市莫干山

(2) 做好倒逼的文章

推进生态文明建设，本质上是以生态文明理念和要求加速转型升级、改造提升产业。湖州用环境保护的倒逼机制，近 5 年整治关停了低小散企业有 4520 家，淘汰了 1182 家企业的落后产能，腾出了新的发展空间。其中铅蓄电池产业专项整治最具代表性，通过淘汰、兼并、重组等方式，企业数由 225 家减少到 16 家，数量减少了但是产值增加了 14 倍，税收增加了 6 倍，培育了天能、超威两家上市企业，成为全球领先的绿色能源供应商。

(3) 做好促进的文章

湖州发挥生态优势、区位优势、交通优势，打造宜居、宜业、宜游城市，吸引了一批高学历、高职位、高收入的白领人士来湖州投资兴业。到 2016 年底，湖州累计引进了创业团队 579 个，“国千”人才达 38 名，“省千”人才 99 名，湖州入选国家“千人计划”的人数居全省第 3 位。由此催生了一批新经济、新业态和新模式、新产业。涌现了一批省级创新培育特色小镇，包括湖州丝绸小镇、吴兴美妆小镇、南浔湖笔小镇、湖州开发区智能电动汽车小镇、太湖度假区健康蜜月小镇、德清地理小镇、长兴新能源小镇、安吉天使小镇等。如湖州开发区智能电动汽车小镇凭借优良的创业环境引进的微宏动力公司，自主研发生产的锂电池充电仅需 10 ~ 15 分钟，单次充电行程 300 千米以上，使用寿命 60 万千米，项目全部达产后年产值将达 300 亿元，实现环境优化与经济发展的互促共进。

14.2.3 构建了“三位一体”的新体系

湖州在推进生态文明建设中，既注重理念引领，又注重体制机制保障，构建了立法、标准、体制“三位一体”的制度保障体系。一是加强立法。2015 年，湖州获得地方立法权后，确立了“1+X”

的生态文明建设法规体系。目前，《湖州市生态文明先行示范区建设条例》已颁布实施。同时，还颁布了市容和环境卫生管理条例，并在研究制定美丽乡村、生态河道、乡村旅游、垃圾分类等地方性法律法规。二是建立标准。湖州是目前唯一经国家标准化管理委员会批复的全国生态文明标准化示范区。已制定出台了《湖州市生态文明先行示范区标准化建设方案》和重点领域标准制修订两年工作计划，建立了 32 项生态文明先行示范区标准导向目录，启动了首批 23 项市级以上标准设定以及 48 个生态文明标准化示范点创建，建立了全市首个市级专业标准化技术委员会和市生态文明标准化研究中心及生态文明标准化信息平台。三是创新制度。根据中央要求，结合湖州的实际，在生态文明制度方面做了一些探索和创新，制定实施了环境功能规划，从资源、环境、生态三个方面确立了资源消耗的上限，严守环境质量底线，划定生态保护的红线。在全国地级市当中，湖州率先建立了“绿色 GDP”的核算体系，推行了分类分级的考核，完成了自然资源资产负债的编制和领导干部自然资源资产离任审计两项国家试点。两项试点完成以后，湖州还实现了成果的转化，在全国率先制定了两个办法，一个是湖州市领导干部自然资源资产离任转型办法，还有一个是湖州市自然资源保护和利用绩效评价考核办法。出台了践行“两山”思想加快绿色发展的意见、推进“生态 +”行动的实施意见、提高资源环境利用水平若干意见以及开展生活方式绿色化行动实施意见、促进公众参与生态文明建设办法等一系列制度。建立了排污权有偿使用和交易制度，组建了市级环境权益交易中心。实施了环境行政执法与刑事司法衔接机制，在全省率先成立了市县两级法院环境资源审判庭。在全省建立了首家绿色银行。今年，湖州市还重点推进自然资源资产产权制度、自然资源有偿使用制度等改革。

14.2.4 打造了生态环境的新优势

湖州把改善生态环境作为生态文明建设的重要基础，通过有效的载体和有力的抓手，较好地解决人民群众关注的环境突出问题，在治水、治气、治矿方面走在了全省的前列。治水方面，连续三年夺得浙江省“五水共治”优秀市“大禹鼎”，在全省率先实行四级“河长制”，县控断面水质达到Ⅲ类以上。治气方面，在全省率先全面淘汰了 10 吨以下高污染燃料小锅炉和黄标车，2016 年空气质量中 PM2.5 浓度较 2013 年下降了 36.4%。治矿方面，在产矿山全部创建市级以上绿色矿山，其中“国家级绿色矿山”8 家，占全省总数的 38%。矿山企业由 612 家减少到 56 家，减幅达 91%；开采量由原先 1.64 亿吨压缩到 0.48 亿吨，削减了 70.7%，并将逐步减量实现“零开采”。湖州市被列为全国工矿废弃地复垦利用试点，以生态修复为重点对关停矿山进行全面治理，释放了环境与经济的“双重效益”。

14.2.5 营造了全民参与的新氛围

生态文明建设不仅是生产方式变革，更是生活方式、思维方式的变革。湖州坚持把培育生态文化作为生态文明建设的重要支撑，大力培植生态文化，增强文明意识，推广绿色生活，推动全民参与。一是加强教育培训。将生态文明列入党校干部培训的主体班次、干部网络教育的必修课程以及全市中小学教育的重要内容，全市党政干部参加生态文明教育培训的比例和学生环保教育普及率均达 100%，使“绿水青山就是金山银山”理念在湖州深入人心。二是弘扬生态文化。深入挖掘湖州溇港圩田、桑基鱼塘、丝绸文化、茶文化、竹文化等传统地域生态文化。太湖溇港 2016 年 11 月 28 日被列入了世界灌溉遗产名录，大运河湖州段被列入世界遗产名录，桑基鱼塘入选第二批中国重要农业文化遗产，湖州钱山漾文化遗址被命名为“世界丝绸之源”。浙江省自然博物馆落户安吉，建成了安吉生态博物馆群、德清生态文化道德馆等生态文明示范教育基地。联合中科院成立了中国生态文明研究院，承担了国家社科基金委托项目——“两山”重要思想“湖州模式”研究。三是凝聚社会力量。组织开展“生态文明，我们先行”“寻找我们的金山银山”和“生态乡镇巡礼”等系列活动，深入开展生态县区、生态乡镇、生态村居以及绿色企业、绿色学校、绿色医院、绿色饭店、绿色家庭等基层生态细胞创建活动。发布《湖州市民生态文明公约》，设立“8.15 湖州生态文明日”。培育壮大民间环保组织，引导各类社会组织健康有序发展，初步形成政府、企业、民间组织、公众共同推动的大格局。

14.3 湖州生态文明建设的下一步安排

湖州市将坚决贯彻落实习近平新时代中国特色社会主义思想和绿水青山就是金山银山理念，按照党的十九大及浙江省委十四次党代会、湖州市委八届党代会的要求，全域整治生态环境、全速发展生态经济、全面培育生态文化、全力创新生态制度，争当践行“两山”重要思想的样板地、模范生。重点抓好以下 5 个方面。

14.3.1 系统谋划整体推进，做好战略部署

湖州作为习近平总书记“两山”重要思想的诞生地，有责任、有条件在这方面先行先试，将加强谋划、找准路径，争创全国“两山”重要思想先行区，将其打造成为湖州市贯彻十九大精神、统领经济社会发展，开启生态文明新征程的重大载体，引领中国开创社会主义生态文明新局面，实现人民富裕、国家富强、中国美丽。进一步深化对“绿水青山就是金山银山”的思想内涵、战略目标、主要任务、实现路径等方面的研究，将研究成果转化为国家的决策。

14.3.2 打通“两山”转化的有效路径，抓好绿色发展

以“中国制造 2025”试点示范城市、绿色金融改革创新试验区、全国旅游业改革创新先行区等建设为契机，加大供给侧结构性改革力度，加快形成绿色发展方式，推动“绿水青山”与“金山银山”互促共进。抓好以绿色制造为主线的“中国制造 2025”试点示范城市建设，打造“中国绿色制造名城和智能制造强市”。抓好绿色金融改革创新试验区建设，构建与湖州生态文明建设和经济社会发展匹配、组织体系完整、产品工具丰富、稳健安全运行的绿色金融体系，以绿色金融强有力支持绿色产业创新升级。

14.3.3 提升生态产品供给水平和保障能力，建好“绿水青山”

持续加大环境综合治理，厚植湖州的“绿水青山”。持续深化河长制，开展水污染综合治理，确保水环境质量持续稳步提升，继续夺取“大禹鼎”。持续开展大气污染防治行动计划，以 PM2.5 和臭氧污染治理为重点，持续实施“治霾 318”行动，坚决打赢蓝天保卫战。认真落实《湖州市土壤污染防治工作方案（2017—2020 年）》，突出重点区域、行业和污染物，分类别、分用途、分阶段治理，稳步改善土壤环境质量。深入实施山水林田湖草一体化生态保护和修复，实施矿山复绿、综合治理毁林（竹）等专项行动，持续做好植树造林和平原绿化，夯实绿色生态屏障。

14.3.4 创新生态价值实现的体制机制，加强制度保障

继续深化完善立法、标准、体制“三位一体”的制度体系建设，力争使湖州制定的标准、建立的机制、探索的模式领跑全国。立法方面，抓好《湖州市生态文明先行示范区建设条例》贯彻执行，加快生态河道管理条例、美丽乡村建设、乡村旅游发展、城乡垃圾分类等生态文明领域法规的调研起草，完善地方法规体系。标准方面，继续抓好国家和地方标准的制定、标准的贯彻执行、标准化组织建设等，切实发挥标准的技术支撑、规范指导、引领推广等作用。体制方面，结合湖州实际深化探索，侧重在自然资源资产确权、生态资源有偿使用和补偿、生态文明绩效评价考核和责任追究、资源总量管理与节约、环境治理与市场体系等方面建立一批切实管用的制度。

14.3.5 打造绿色惠民共建共享品牌，促进全民参与

以增强群众获得感、幸福感为目标，培育打造具有地方特色的生态文化品牌，丰富“绿水青山就是金山银山”的内涵，推进生态文化供给模式创新。认真办好“绿水青山就是金山银山”重

要思想理论与实践湖州峰会，搭建时代感强、权威性高、影响力大、具有湖州特色的合作交流平台，并争取将论坛会址永久性落户湖州。切实加大宣传力度，邀请中央电视台、新华社等中央主流媒体，对湖州市践行“两山”重要思想成效开展集中宣传报道。充分发挥余村“两山”示范小镇、“两山”讲习所、浙江生态文明干部学院、中国生态文明研究院等作用，教育引导公众树立“绿水青山就是金山银山”的强烈意识，参与“绿水青山就是金山银山”的生动实践，大力推行生活方式绿色化，加快形成全社会人人、事事、时时、处处崇尚生态文明的良好风尚。

图书在版编目（CIP）数据

绿水青山的国家战略、生态技术及经济学 / 王浩等编著. -- 南京 : 江苏凤凰科学技术出版社，2019.3
ISBN 978-7-5537-9952-0

Ⅰ. ①绿… Ⅱ. ①王… Ⅲ. ①生态环境建设－研究－中国 Ⅳ. ①X321.2

中国版本图书馆CIP数据核字(2018)第292132号

绿水青山的国家战略、生态技术及经济学

编　　著　王　浩　李文华　李百炼　吕永龙　伍业钢
　　　　　严晋跃　侯立安　俞孔坚　傅伯杰
项目策划　凤凰空间 / 曹　蕾
责任编辑　刘屹立　赵　研　刘玉锋
特约编辑　曹　蕾

出版发行　江苏凤凰科学技术出版社
出版社地址　南京市湖南路1号A楼　邮编：210009
出版社网址　http://www.pspress.cn
总 经 销　天津凤凰空间文化传媒有限公司
总经销网址　http://www.ifengspace.cn
印　　刷　天津图文方嘉印刷有限公司

开　　本　710mm×1000mm　1/16
印　　张　17.25
版　　次　2019年3月第1版
印　　次　2019年3月第1次印刷

标准书号　ISBN 978-7-5537-9952-0
定　　价　158.00元